米内光政と山本五十六は愚将だった

「海軍善玉論」の虚妄を糺す

米内《よない》光政と山本五十六《いそろく》は愚将だった

「海軍善玉論」の虚妄を糺す

三村文男

遠きいくさの日々を
ともにすごし　ともにたたかい
あとに心を　のこしつつ
逝きし友らよ　はらからよ
つつしみて　みたまの前に
この書をささげまつらんとす
ゆるしたまえ
わがおもいあまりて
言の葉たらわざることを

目次

目次

装丁　Silver Stone
中野　美樹

序　大正から昭和への幼時記憶から

幼いころの記憶というものは、ふだんは姿を見せないが、思いがけないときにひょっこり出て来るようだ。その中で、これまでくりかえし思い出されたものの一つは、大正天皇崩御にまつわるものであった。大正十五年の春、私は神戸市雲中《うんちゅう》幼稚園の、モモ組という名の年少組から、年長組のサクラ組になったのが、誇らしくうれしかった。戦前は数え年が用いられていたので、正月を迎えるたびに、一つ歳を加えるよろこびがあった。サクラ組への進級がそれに拍車をかけた。次はいよいよ小学一年だ。

その年の暮、タングステン・フィラメント電球16燭光の黄色い光の中で、火鉢をかこんで親子三人が坐っていた。私はおそらく「幼年倶楽部」をひろげていたと思う。講談社の前身、大日本雄弁会講談社の月刊誌で、私の愛読書だった。父母の会話を聞くともなく聞いていた。ふと「ショウワ」という耳なれない言葉に、聞き耳をたてたらしい。この時、母が「大正より昭和の方が、ひびきが良くて言い易いですね」と言っていた。父の返事は覚えていない。新聞で見た昭和改元が、話題になっていたようだ。昭和という年号に、長じて後かなり長い間、私が好感をもっていたのは、この母の言葉が記憶の底にあったからではないかと、思われたりするのである。十二月二十五日のことであった。この日は翌年から、大正天皇祭という名の祭日となった。

御大葬は翌年二月七日に行われた。国民が唱和する歌が作られ、私も教わった。葬送の曲らしく、くらい感じのメロディであったことと、歌詞に「よみじゆく」という語句のあったことが記憶にのこっている。そしてずっとそのつもりだった。「黄泉路ゆく」の字をあてはめて、思い出していたのだったが、それから長年月を経た今、この稿を草していて、ふと敬語の無いことが気になった。たまたま金田一春彦氏の「日本の唱歌」(講談社文庫)に「御大葬奉悼歌」とあるのを見出したのは幸運であった。「よみじ」の記憶は「やみじ」の誤りであることがわかって、敬語のことも氷解した。さらにメロディーでは、終りの「やみじゆく」を「ドドーシーラー」と記憶していたのが、楽譜によると「シドーシーラー」であることも判明した。

作詞は芳賀矢一、当初は三節だったのを、宮内省の申し入れで、二節に短縮したという。

地にひれ伏して天地《あめつち》に　祈りし誠いれられず　日出づる国の国民《くにたみ》は　あやめもわかぬ闇路ゆく
大葬《おおみはふり》の今日の日に　流るる涙はてもなし　如月《きさらぎ》の空春浅み　寒風《さむかぜ》いとど身には沁む

金田一氏によれば「全国の学校の生徒に歌わせたものである。詞・曲ともにあわれの感がよく出ていたのは成功で、従来の式典には感動しない子どもたちも、この歌にはしんみりした思いをしたものが多かった」。東京音楽学校の作曲となっているが、「作曲者は信時潔であろうと言われている」という。もしそれが本当なら、戦中によく歌われた「海行かば」を、ハ長調の彼の名曲とすれば、これはハ短調の名曲として、それに匹敵するものと、いっていいのではないかと、楽譜をみて感じた。五文字のキーワードが、幼稚園児の私の脳裏にやきついたのは、メロディーに心を動かすものがあったからかもしれない。

昭和天皇御大葬の際に、この曲が一顧もされなかったことは、惜しみても余りあることである。皇室行事を神式で行うことについて、愚にもつかぬ論議が重ねられたあげく、鳥居を出したりひっこめたり、ぶざまな配慮にかまけて、この曲に思いをいたす人がいなかったということだろうか。メロディーだけでも流してもらいたかったと思う。それにふさわしい曲であった。

ガス入り球にかわるまで用いられた真空のタングステン球は、格段にくらいものであったが、それにもまして家の外は真っ暗闇に近いといってよかった。うっかり外に出ると、お化けがいるかもしれないと思っていた。そのかわり星空のきれいだったことは、今もわすれない。ことに三つ星とシリウスの輝く冬空の構図は、見るたびに心が安まる思いで、後に「子供の科学」という雑誌で、星座名をおぼえたのだった。

家庭の電気は多く定額制で、夕方になると電流がながれ、家家の窓はパッと明るくなった。「夕べの灯ともしごろ」というのは実感であった。昭和に入るとメーター制で、終日電気の来る家がふえて来た。過渡期にはそれをひるせん（昼線）と呼んだ。それが真空管式ラジオの普及と共に、私の小学校時代に大きな影響を与えることになった。こういうことから長い間、私にとって大正にはくらい印象があり、昭和を明るく感じる思いがあった。しかし後に歴史で学んだところでは、昭和にくらべて大正時代は、そうくらい時代でもなかったようだ。

大正のもう一つの思い出は、青い眼の人形である。物心ついたころ、女の子たちが日本人形とともに、青い眼の人形を手にしているのは、珍しいことではなかった。横にねかせると眼をつむるのもあったり、おなかをおさえると声を出すのもあった。童謡の「青い眼の人形」は野口雨情が大正十年「金の船」十二月号に発表した。

青い眼をした　お人形は　アメリカ生れのセルロイド
日本の港へついたとき　一杯涙をうかべてた
わたしは言葉が　わからない
迷い子になったら　なんとしょう
やさしい日本の　嬢ちゃんよ
仲よく遊んでやっとくれ

仲よく遊んでやっとくれ
三年後に本居長世が曲をつけたところ、大変な評判となって、国中でうたわれた。「大正のこの時代、流行歌的に流行した童謡で、東京の町を歩いて、これを歌わない子供はないという観を呈していたものである」と金田一春彦氏は書いたが（「十五夜お月さん」三省堂）、私も幼稚園で教わった。人形が涙を出したりするとは思わなかったが、遠くアメリカからやって来て、淋しいということは理解できた。迷い子になるな、子とり（誘拐）に気をつけよ、というのが日頃の母のいましめであったから、迷い子のところには共感した。しかし「仲よく遊んでやっとくれ」には違和感をおぼえた。いい言葉づかいではないと思った。
「日本の嬢ちゃんよ」が「日本のお嬢ちゃん」だったら、すんなり受けいれたと思うのだが、「嬢ちゃん」という呼びかけは聞いたことが無かったので、「ジョウチャン」と呼んで、いつも遊んでいた二才上の男の子のことを、念頭にうかべてこの歌をうたっていた。彼の名は瓜谷良平君であった。
小学校も同じ雲中小学校で、幼少の頃の私に大きな感化を及ぼした竹馬の友である。入学したばかりの私に、「幼年倶楽部」はやめて、「少年倶楽部」にしろとすすめた。佐藤紅緑の連載小説から、友情とか正義とかいった抽象的な語をひき出して、説いて下さった。はっきりとはわからなかったが、何か大切なもののようだと感じていた。戦後消息のわかった時、彼は神田外語大学の教授になっておられ、西下の機会に、一度神戸の拙宅へ寄られたことがある。数年前、白水社の広告に「スペイン語の入門」という著書の広告を見て、早速手に入れた。だが再会の時を得ないまま、他界されてしまった。

童謡の「赤い靴」でも青い眼が出て来るが、この歌の先入観から、西洋人はみな青い眼をしているという、固定観念をもってしまった。「黒い瞳の」というロシア民謡を知り、カラー映画で眼の色のちがった人を見かけるようになっておどろくのは、後の話である。

昭和二年、アメリカから一万体の青い眼の人形が、親善使節としてやって来て、全国各地の小学校幼稚園に贈呈された。私の雲中幼稚園でも贈呈式が行われ、「青い眼の人形」の歌をうたった。大人たちが大さわぎするので、どんな人形かと思っていたが、壇上にかざられていたのは、ふだん見なれた小さな西洋人形だったので、拍子抜けしてしまった。だが歌にうたわれ、大事にされた人形が、十五年の後にいためつけられようとは、夢にも思わぬことであった。

軍部の圧力によって、国民の音楽生活に対する当局の干渉は、支那事変いらい強化されて来た。軟弱な流行歌は勿論、軍歌でも「戦友」や「露営の歌」までが槍玉にあげられた。鬼畜米英とののしる相手との戦争になってからは、「青い眼の人形」をうたうことさえ禁ぜられた。具体的にどういう命令があったのかは知らない。法律があったわけでもないだろう。本居長世の名曲を抹殺した政府は、秦の始皇帝やナチスドイツのヒトラーの焚書坑儒と同じことをしたのだった。戦争の遂行に自信の無かった証拠である。

血迷った戦争指導者の呪いは、当然青い眼の人形そのものにも向けられた。焼却命令が全国の小学校幼稚園に出された。この理不尽な命令に対して、戦争協力のためとして、唯唯諾諾と、あるいは率先して人形を廃棄した者も、いやいやながら従った者もいただろう。戦後に彼等はどう思っただろうか。悔恨の言葉を聞いたことがない。命令する方もする方だが、従う方もよく従ったものだ。

親善使節の青い眼の人形が来た翌年、答礼として日本から京人形など数千体がおくられた。戦中アメリカでは、その廃棄命令が出されていない。半世紀後の平成になって、虫くいなどの補修を求めて、数体が送りかえされ、往時の製作者の子孫が担当して、修理返却したというニュースを聞いた。

ワシントンのポトマック河畔には、日本から贈られた桜の名所があって、原産地よりも立派に咲きほこっている。日米開戦時、その桜に対する攻撃の声が出たことはあるが、力をもつにいたらず、保全されて今日にいたった。この対比は自信の有無にもよるのだろうが、精神の面で、日本が敗れるべくして敗れたことを、示すものではないだろうか。

新井美恵子氏の「哀しい歌たち」(マガジンハウス)によれば、それでも三十八体の青い眼の人形が、危険を冒して護った有志者の力で、戦後まで生きのびたという。〇・四%にすぎないとはいえ、義人ありきの感慨がふかい。群馬県利根村東小学校の金子先生は、人形をこっそり御真影奉安庫にかくした。誰もあけないからみつかる虞れの無い場所であるが、万一露見していたら、不敬罪にひっかけられて、ただの処罰ではすまなかっただろう。世の中にはからだを張って、終戦時に玉音放送の録音盤を、蹶起将校の手からまもり通したり、原爆被害写真のフィルムを、占領軍の追及の手からまもりぬいた人もいたのである。

利根村が赤城根村といわれていた終戦翌年の正月から六月へかけて、私は新設された日本医療団赤城根診療所の、定員一名住込み医師として勤めていた。この時近くに金子先生も居られた筈だが、青い眼の人形のことを知る由もなく、お目に掛かる機会を逸したことは、かえすがえすも残念に思われる。

物いわぬ人形をこわし、焼きすてる人間は、猫の首をちょん切った少年が、その次に殺人と死体損壊の罪をおかしたように、殺人衝動を秘めている。教育あるいは教養とか修養によって、それをおさえるのが文化というものだろう。戦中日本人の精神の頽廃は、現代日本の社会にも、形をかえて続いているかのようだ。

新井氏は「人形を一番喜んだ女の子たちが、憎きアメリカの贈り物だからと、その敵愾心をあらわにし、人形処刑に熱心だったということだ」と書くが、伝聞形式とはいえ、これは信用できない。女の子たちと複数にしているが、軽率で曖昧な文章である。親善使節の来た十五年前なら喜んだ筈の女の子が、処刑に熱心だったという意味か。ふだん人形を喜んだ女の子が、アメリカの贈り物だからと、敵愾心をもったというのか。坊主憎けりゃ袈裟まで憎いと、廃棄命令を出した大人たちに同調して、人形処刑に熱心だった女の子が、或いはいたかもしれない。だが複数にしているその他の参加者の女の子の中には、心ならずも参加させられた、という者がいたのではないかという疑いがもたれるのだ。戦中物資の乏しい時代である。人形があり余っていたわけはない。人形を一番喜んだ女の子なら、廃棄処分を一番悲しむのが、むしろ自然ではなかったのか。他のところでも戦中の日本に対する呪詛の多いこの書の著者は、マインドコントロールされた日本の女の子たちが、そこまで精神的に荒廃していたと、主張したいのだろうか。

だが皮肉なことに、新井氏はこの章の中に、それとは全く反対の挿話を入れているのだ。昭和二十年東京の空襲で家族を亡くした少女が、「たった一人で私の住む村まで遠い親戚を頼ってやって来た」と氏は書く。昭和十四年生まれの氏と同年輩らしい。「これを歌うと、牢屋に入れられちゃうのよ」といいながら、その子は氏に「青い眼の人形」を教えてくれた。「それでも歌おう」という彼女。「私たちは心臓をドキドキさせて、その子の後ろについて行った」「この世には歌ってはいけない歌があり、みつかると牢屋に入れられてしまうほど恐ろしい歌があることをその時に教えられたのだった」。上空を通りすぎる敵機の編隊を見上げながら「それでも、歌ってはいけない歌を歌っている子どもの上には爆弾も降るかもしれない。恐ろしさにふるえながら、私たちは歌った」。

禁じられた歌「青い眼の人形」をこっそりうたう女の子と、焼却命令の出た青い眼の人形を、こっそりかくまった人と、気持はかようのではないか。氏は自らの体験から、「こんなかわいい歌がなぜいけない歌なのだろうか。『アメリカ生まれ』というところがまずいのではないか。子どもにもそれぐらいのことはわかった。『歌ってはいけない』と言われると、歌ってみたいのも子どもの性癖だ」と書く。新井氏の体験がまことならば、人形の処刑に立ち会った女の子たちは、本当はどんな気持だったのか、思いをめぐらすべきではなかったか。

新井氏は人形を保全した金子先生から、直接話を聞かれたらしいが、人形を処刑した先生、生徒たちの話は、直接に聞かれたのではないようだ。伝聞形式とはいえ、また戦中日本人の精神的頽廃を追及するためとはいえ、この軽率な文章を看過するわけにはゆかない。氏の筆法によれば、一番「青い眼の人形」の歌を喜んだ女の子たちが、この歌の禁圧に熱心だった、ということになるのではないか。

昭和改元を記念して、その一か月後日本放送協会の委嘱で作られた子供のうた「昭和の子供」（作詞久保田宵二　作曲佐々木すぐる）も大流行した。おくればせながら電気のひるせんを引いたわが家でも、毎日のようにラジオでこの歌をきいて、すっかり覚えてしまった。

昭和　昭和　昭和の子供よ　僕たちは
姿もきりり　心もきりり

山　山　山なら　富士の山
行こうよ　行こう　足並みそろえ
タララランラー　タララー　タララランランランラー

三番まである中のこれが一番である。歯ぎれのよいリズムと上行旋律が相俟って、うたっていて楽しくなって来るのだった。今でも口ずさむと心がはずみ、坂道をスキップしながら駆けおりた幼い日の胸のときめきが、よみがえるようだ。この歌の明るい感じが、昭和という時代の感じとして、私にはその後戦乱の時代を迎えるまでは、定着していたように思われる。大正の生まれではあるが、昭和二年に小学一年生となった私の実感が、この歌の題名「昭和の子供」そのものであった。

昭和三年（一九二八）の御大典、即ち天皇即位の大礼が、もう一つの明るい、華やいだ記憶として残っている。十一月十日に京都で行われた式典であるが、連日のように大きく報道され、私のいた神戸でも、それにまつわる公けの式典、奉祝行事やデパート商店街の売出しが行われ、錦の御旗のような幟もみられた。巷ではしばしば礼装の人を見かけた。勲章をかざった陸軍軍人は、錦絵に見る白い鳥の羽を団子のようにして正面につけた帽子をかぶっていた。ピカピカの飾りは、金モールというものだと教わった。海軍軍人は仁丹の広告を連想させるナポレオン帽を、前後の方向にかぶっていた。軍艦をのせているように見えた。役人はじめ民間人のシルクハットにモーニング姿もよく見られた。小学教師だった私の父もモーニングをあつらえた。シルクハットが私の好きなチャップリンと同じ形なのがうれしかった。活動写真の時代劇を見ていたら、主人公が闊歩するシーンで、大手を振りながら「御大典じゃあ」と叫ぶ台詞を、弁士が勝手につけ加えて、観客を笑わせた。今の言葉でいう御大典ムードが、昭和時代のはじめ、私に明るいイメージを残した。

もう一つの明るいイメージは、昭和七年（一九三二）夏のロサンゼルス、第十回オリンピックであった。先ずラジオで応援歌を知り、学校でも教わった。六年生の時だった。「走れ！大地を」（作詞斎藤竜　作曲山田耕筰）は歌詞も曲も躍動的で、すぐ好きになった。三番の歌詞に「君等の誉《ほまれ》は君等の栄《はえ》は　我等が日本の　青年日本の　誉だ！　栄だ！」とあったが、日本も若かったのか。若気のいたりで迷ったのか。その頃の私にとって、昭和という時代は希望にあふれて、展開してゆくかのように思われた。それから十有余年、焼土となった祖国に生きのびた時、多くの同胞を喪ない、悲劇を重ねた歴史を回顧することになろうとは、思いもよらぬことであった。今にして思えば、「走れ！大地を」の前年、すでに満洲事変がおこって、破滅の前兆を示していたのだった。「青年日本」はフロンティアを進めるつもりで、おくればせながら西欧の帝国主義に参列し、それが命とりになったのである。

日本が破滅の道に足をふみ入れるか否かの選択肢は、明治以来いく度かあった事が知られている。最も残念なのは、日露戦争終結時のそれである。アメリカの鉄道王ハリマンが明治三十八年（一九〇五）にやって来た。世界交通網の支配という野望をもつ彼は、九月五日のポーツマス講和条約で、日本がロシアから獲得した南満洲鉄道を買収しようとしていた。政府と交渉の結果、満洲を日本とハリマンの資本が共同経営することに意見が一致した。首相の桂太郎はじめ、枢密院議長の伊藤博文らも賛成し、十月十二日には首相とハリマンとの間に、南満洲鉄道に関する日米シンジケート組織について予備協定覚書が交換された。

それをひっくりかえして、満洲にアメリカ資本の進入を許さず、日本の権益独占という事にしてしまったのが、十月十五日にポーツマスから帰国した特命全権大使小村寿太郎外相であった。国内では小村の努力を無視して、対露軟弱外交の声が高まり、焼打ちさわぎが東京から神戸、横浜に飛び火した情勢であったので、小村としては、ここで国民の歓心を買って、非難をそらそうとする私心が国益をおさえたのかもしれない。身の危険を感じたからかもしれない。しかし折角の講和条約締結の功績を、無にして余りある行為であった。後日これに近いものがあったのは、日米和戦交渉時の松岡洋右外相である。

小村の演じた逆転劇によって、十月二十三日に予備協定は日本側から破棄を通告され、国民の血を流して得た権益という、帝国主義の大義名分は守られた。戦前の史書で私の目にふれたものは、すべて小村を先見の明ありとたたえるものばかりであった。しかしタブーとされる歴史のイフを持ち出すならば、日本が満洲の権益を独占しないで、ハリマンと共同経営しておれば、満洲事変は起こりようが無かった。左翼史家ならアメリカに獅子の分け前をやるだけのこと、帝国主義の破綻する歴史にかかわりようがないと言ってのけるかもしれない。だが満洲事変が無かったら支那事変はあり得ず、アメリカとの戦争も無かったと推測することは可能ではないか。それは後述のように、三者が密接にからみ合っていたからだ。

明治の選択肢で次に重要なのは、現在まで禍根を残した明治四十三年（一九一〇）の日韓併合であった。これにも満洲の権益を独占することがからんでいた。清朝の弱体のため、日本が満洲でロシアと争うこととなり、ロシアが一歩しりぞいてからは、清朝の中国に対して、列強に伍して行って来た砲艦外交が、ますます露骨になってゆく。明治四十五年（一九一二）二月十二日宣統帝が退位して、中華民国となった年が、大正時代の始まりでもあった。一次大戦の起こった大正三年（一九一四）の八月二十三日、日本は日英同盟にもとづいて対独宣戦布告し、中華民国のドイツ植民地を占領した。戦争が始まったばかりなのに、翌年一月十八日、日本はドイツの利権を継承すると共に、権益を拡大する二十一箇条要求を中華民国につきつけた。欧米列強が干渉するいとまの無いのをいいことに、五月七日には日本が最後通告を発し、九日に中国政府は全面的に要求を受諾せざるを得なかった。同時に五月九日を国恥記念日と制定し、永久に禍根がのこることになった。

安政以来の不平等条約に苦しんだ明治政府が、血の出る苦心の末に関税自主権を回復して、条約改正を果たしたのが明治四十四年（一九一一）、つい昨日のことである。その自らの痛みを忘れたかのように、不平等条約で他国民を痛めつけるとは、何という破廉恥であろうか。他国のナショナリズムを尊重しないナショナリズムが破滅することを知るのは、すべての権益を失い、自らの存立さえも危うくなった時であった。

海軍大将の米内光政、山本五十六、井上成美は平和主義三羽烏といわれている。たしかに強いアメリカに対して、彼等は不戦を主張した。しかし弱い（と見た）中華民国に対しては、そうではなかった。むしろ国運を左右する重大局面にあたって、彼等の判断は一貫して砲艦外交の姿勢のままであった。巷間彼等に対する讃美の声はかまびすしい。ことに前二者については、その行動判断の明らかな誤りを伏せてまで、牽強付会の讃美の書があとを絶たず、それに対する阿諛の声さえ聞かれる昨今である。

ことに米内光政は総理大臣として、また海軍大臣として、昭和史の重大局面にしばしば登場し、選択をせまられ、決断をして来た。その重責たるや、近衛文麿、東條英機に比して、より大ではあっても、小ではなかった。しかもその判断の誤りが、敗戦の惨禍を招来してしまった。彼の舵取りは、本書で論じてゆくように、痛恨昭和への水先案内人のそれであったのだ。

第一章　昭和の悲劇と米内光政

米内を斬れ

「米内を斬れ――」。終戦時の陸軍大臣阿南惟幾《あなみこれちか》大将は割腹自決の前、義弟竹下正彦陸軍中佐にこの言葉を洩らしたという。米内とは海軍大臣米内光政大将である。竹下は「機密作戦日誌」にその事実を記載したが、戦後しばらく伏せていた。それが公けになってから今日まで、終戦史を論ずる場合、あるいは阿南、米内の伝記をとり上げる際に、しばしばこの語について言及がなされている。しかし核心にふれた論議がされたとは思われず、このままでは昭和史の重要な部分を誤ることになると思うので、論考を加えてゆきたい。

「萬世ノ為ニ太平ヲ開カント欲ス」の詔書に、昭和天皇が裕仁と署名されたのは、昭和二十年八月十四日午後九時三十分ごろとされている。各閣僚と共に、阿南陸相が副署をすませ、官邸に帰って来た時は、すでに深更になっていた。「一死　以て大罪を謝し奉る」と書かれた遺書の日付は、八月十四日夜となっていて、署名花押のあと、「神州不滅を確信しつつ」と書き足している。だが自決は翌十五日の午前五時であった。「もう暦の上では十五日だが、自決は十四日夜のつもりである。十四日は父の命日だから、この日と決めた。それでなければ、二十日の惟晟（次男）の命日だが、それでは遅くなる。また十五日には陛下の玉音放送があることになっているが、私はそれを拝聴するに忍びない。辞表の日付も十四日にしておいてもらいたい」と竹下に語った言葉が残っている（角田房子「一死、大罪を謝し奉る」新潮社）。

遺書の「大罪」について、陸軍内部にクーデターなど不穏の動きがあった事をさすなどと、とかくの論がなされているが、現代人の感覚からする憶測には肯定し難いものがある。昭和初期の四年間を侍従武官として、昭和天皇にお仕えした阿南の心境は、明治以来の陸軍をうけついでおりながら、惨憺たる敗戦の屈辱にいたって、補弼の責を全うすることが出来なかったことの、おわびの気持がすべてであった。せめて自らの死によって、勅命に抗し奉るやからの蠢動をおさえたいという、最後の祈りと共に、皇運の無窮を信じていた。

角田氏の前書によれば、これより先の午後十一時すぎ、阿南は鈴木首相の許にあらわれ、訣別の挨拶をした。口には出さなかったが、鈴木はこれを「いとまごいに来た」と理解している。この時お互いの間で皇室の安泰が話し合われ、阿南の頬に涙が流れていたと、傍にいた迫水久常内閣書記官長が回顧している。

「阿南は豪北時代の日誌に『われ一人生きてありせば』という楠木正成の歌を書きつけた人である。正成のように『わたくしが生きております限り、天皇はご安泰でございます』と、どれほど阿南は言いたかったことか。それの言えない申しわけなさ、情けなさ、悲しさが、このとき彼の胸にこみ上げていたであろう」と角田氏は書く。

午前一時を過ぎたころから、阿南は竹下と酒をくみかわした。「この夜の阿南はよく飲み、よく語った。母の死以来ほとんど禁酒して重責に耐え続けてきた自分に『もういい。存分に飲め』といたわりの声をかけ、〝この世の飲み納め〟の酒をあおったのかと思われる。力の及ぶ限りをなし遂げた満足感と、すべての苦悩から赦される解放感に、思わず『ああ済んだ！』と叫びたいほどの喜びがありはしなかったか――。連隊長時代に若い士官から『切腹の作法を教えて下さい』といわれた阿南は、『何よりも大切なのは、切腹の時を誤たぬことだ』と教えている。八月十四日の夜こそ、まさに自分が切腹すべき時だ――という阿南の自信には揺ぎがなかった。自決前数時間の阿南の心は高揚し、〝陽気〟でさえあった」(以上角田房子「前書」)。

「米内を斬れ」の一言は、この時に出たという。阿川弘之氏は「不思議な言葉を遺して亡くなった」と書き、「命を終る間際の『米内を斬れ』という激しい言葉は何だったのだろう」と設問した上で、「米内と阿南と、少なくとも気質的には水と油であったように見える。竹下正彦はのちに、『率直に言って、阿南は米内がきらいだった。鈴木貫太郎首相に対しては、愛敬の念非常に強いものがあったが、米内をほめた言葉を聞いたことがない』と述懐しているそうだし、米内の方でも戦後小島秀雄少将に、『阿南について人は色々言うが、自分には阿南という人物はとうとう分からずじまいだった』と洩らしたそうである」と書く(阿川弘之「米内光政」新潮社)。

しかし、「きらい」は「斬れ」の動機にはならず、竹下の述懐もその謎ときになり得るものではない。角田氏の前書には、阿川氏のものとは趣の異なる竹下の言葉が次のように採録されている。「『思いがけない言葉でした』と竹下は語る。『私はかねがね阿南は米内さんを尊敬していると思っていたので……』」。「きらい」と「尊敬」とは、必ずしも矛盾するものではないが、両者をくらべた感じでは、阿川氏の解釈が単純に過ぎるように思われる。

阿南と同期の元参謀次長沢田茂中将が、昭和五十二年三十三回忌の会合で次のような発言をしている。戦争末期に陸海軍の統合が論議された時、賛成論者の阿南は「米内が統合された軍全体の大臣となり、自分は米内の次官になってもよいといった。貴様は米内を尊敬していたではないか。それだのに、なぜ、いまわの際に『米内を斬れ』などといったのか――これは謎だ」。角田氏は「沢田は思い出の中の阿南を昔ながらに〝貴公〟〝貴様〟などと呼んで、語りかけた」と書いて右の引用をしている(「前書」)。それにしても「阿南という人物はとうとう分からずじまいだった」とは、米内の器量を物語るものではないか。

元海軍少尉の生出寿氏は、その著「昭和最高の海軍大将米内光政」（徳間書店）にこの語をとりあげて「米内と阿南は、ことごとく対立していて、阿南からすれば、米内は不倶戴天の仇敵であった。」とコメントするが、全くうわべしか見ない浅見である。氏は「陸海軍が政策的に一致したときは、ほとんど日本が悪化した」と書き、井上成美海軍大将の、「二・二六事件を起こす陸軍と仲よくするは、強盗と手を握るがごとし」の発言を引用して、「井上のことばは極端としても、海軍は陸軍の政策に同調すべきではなかった。米内が最後まで阿南に同調しなかったことは、正解であった」というのは、陸軍悪玉海軍善玉説の典型で、身内かわいさからとはいえ、偏見に近い。

生出氏はまた同書で実松譲著「米内光政」から、「阿南の側近者の一人」が戦後次のように語ったと引用している。「天皇は、民族を絶滅させないためにも、もはや終戦せねばならぬ、国体護持が必ずしも絶対の条件ではない、という意味のことを申されたようであるが、それは米内などの入れ知恵によるものと、阿南は解釈していたらしい」。「われわれには、米内が、気のよわい天皇に悪い感化をあたえているように感じられた。阿南も同じであったと思う」。

実松氏が発言者の名を伏せていることの、うさんくささもさることながら、この発言が資料として甚だ価値の乏しい低級な内容であることを、実松氏も生出氏も理解して居られないようだ。まるで暗愚な殿様に佞臣がとり入ったのを陰口するような、幼稚な構図である。天皇が「申された」という非常識な語法は、発言者のものか、実松氏のものか、判然としないので不問とする。しかし昭和天皇を「気のよわい天皇」と表現したり、「入れ知恵」とか「感化をあたえている」といった言葉づかいは、発言者か実松氏か、いずれのものであったとしても、阿南のものではあり得なかった。

側近が阿南の前でこんな言葉を口にしたら、それこそ「斬れ」とまでゆかずとも、きびしく不敬をとがめられたことであろう。

米内海相の下で軍務局長を務めた保科善四郎中将は、後年「米内を斬れ」の語を知った後でも、阿南を米内とともに戦争終結の功績者とし、彼の人柄について「誠実無比の人であった」と証言している。実松氏が名前をあげなかった発言者が、本当に側近だったとしたら、あまりにも阿南を知らなさすぎたといえる。

生出氏はさらに「『米内を斬れ』はまた、最後を思いどおりにやれなかった陸軍の、陸軍に同調しなかった海軍にたいする怨みのようなものである」と書くが、これは事実に反するのみでなく、阿南の人物を矮小化するものだ。昭和十九年小磯内閣の時に出来た最高戦争指導会議の正式構成員は、参謀総長、軍令部総長、総理大臣、外務大臣、陸軍大臣、海軍大臣の六人であった。最終段階まで陸軍側の二人は米内海相と対立したが、海軍側の豊田総長は陸軍側について、米内に敵対したのである。豊田は大西次長の策動もあって、米内海相にことわりなく、内密に梅津参謀総長と二人で、八月十二日に参内し、天皇にポツダム宣言受諾反対の私見を上奏した。あとで豊田は大西と共に米内によびつけられ、はげしく叱責されるが、それでもなお受諾反対の策動をつづけ、米内海相に反対の立場をとりつづけた。彼等がこのぶざまな態度をとらなかったら、終戦史はかなり変わっていたかもしれない。しかし彼等をそうさせた責任は、ひとえに二人をその地位につけた米内の人事にあり、それは当時も不可解とされたものだが、自縄自縛の結果となった。対立が二対二ならば、生出氏のいうように、海軍が陸軍に同調しなかった事になるが、三対一で米内を苦境においこんだ海軍である。生出氏の説はこの点で事実に反している。

燕雀に鴻鵠の志はわからないというが、英雄偉人の心を知るは英雄偉人にしかず。阿南は自決の場にのぞみ、精神の最も高揚している時であった。「陸軍に同調しなかった海軍にたいする怨み」というが如き、低次元の私怨からは、遙かにはなれた高い境地にいたのである。ひたすら光輝ある歴史に敗戦という汚点をつけた申しわけなさに、自らを責めるのみであった。降伏という勅命の前に、おそれかしこむ阿南の心情は、生出氏には理解し難いのかもしれない。私怨を「斬れ」の動機とする矮小な人物像は、生出氏自身の人物像の投影ではないのか。

最近の解釈では、高橋文彦氏の「海軍一軍人の生涯」（光文社）に次の文章があった。「阿南はなぜ『米内を斬れ』と言ったのか。いまだに大きな謎となっている。あるいは、たとえ和平派の海軍大臣とはいえ、その立場上、多大な将兵を犠牲にした責任はとらねばならない。それが、帝国軍人としてのあり方である。だが、米内が自決するかどうかはわからない。そこで、自決しないようならば鉄拳を下せ、という意味で言ったのかもしれない」。

これは阿南の人物像を全く考慮していない形式的観念的な推論である。多大な将兵を犠牲にした責任をとって自決するのが、帝国軍人としてのあり方だというのは、高橋氏の主張なのか。そうではあるまい。氏の尊敬ないし崇拝する米内はそうしなかったからだ。米内はそう考えなかったが、阿南はそれが帝国軍人のあり方だと考えたのだろうと、高橋氏は阿南の心境に立ち入ったつもりのようである。だが阿南は多大の犠牲の責任をとって自決したのではない。まして自分が帝国軍人のあり方をそれで示したつもりもない。高橋氏が勝手にここで「帝国軍人としてのあり方」なる観念をつくり出しているにすぎないのだ。

たしかに日露戦争で多大の犠牲を出した第三軍司令官乃木希典大将は、凱旋時に死ぬつもりであった。しかしそれは帝国軍人としてのあり方と考えてのことではない。陛下の赤子を喪って申し訳ないの一心からである。明治天皇のお言葉で思いとどまった彼は、天皇崩御のあと、御大葬の日に殉死した。これには賛否両論が出たが、彼の死に感動する者は、帝国軍人としてのあり方といった教訓をひき出したりはしなかった。

一万人が戦死したら多大の犠牲というべきだろう。大東亜戦争の戦没者は、陸軍百四十四万海軍四十二万、計百八十六万人にのぼる。乱暴な計算であるが、帝国軍人としてのあり方が高橋氏のいうものであれば、百八十六人の司令官、将星たちが自決していてもいいが、自決した陸軍大将は六人、海軍大将は一人も死ななかった。自決者は少数派であった。帝国軍人としてのあり方という規範もモラルも存在しなかったのだ。今ごろ戦後生まれの史家から、このような語を聞かされるとは、おどろきである。

下級軍人には別の規範が存在した。昭和十六年東條陸相の告示した「戦陣訓」の「生きて虜囚の辱しめを受けず」捕虜になるよりは死ね、「陣地は死すとも敵に委すること勿れ」玉砕せよ、が多くの不条理をうみ出した。重傷で敵の病院に収容された捕虜が、脱走して原隊に帰ったら、法務官から拳銃を渡され、自決させられた例もある。これが帝国軍人としてのあり方というものであった。高橋氏の形式的な論理には、こういう事実が背景になっていることを前提に、次の問題にうつる。

「米内が自決するかどうかはわからない」と書くが、誰がわからないというのか。米内が自決しないことは、誰もが知っていたことである。米内自身かねがね「私は自分の手では死なん」と側近に語っていた。阿南もおそらく米内が自決するとは思っていなかっただろう。問題はその先だ。「自決しないようならば鉄拳を下せ」つまり斬れとまで、阿南の心境に立ち入った発言は暴論にすぎる。

帝国軍人としてのあり方で自決すべきだという、形式的な論理を単純におしすすめ、自決しない者には死を与えねばならぬ、殺せという高橋氏の論理は、正気でいっているのかどうか、疑わしくなるたぐいのものである。現代社会でこういう論理が通るとは、高橋氏も思わないだろう。だが阿南や米内の生きていた時代でも許される論理ではなかった。自決しない責任者を殺せという声は、当時にもなかった。まさか高橋氏は、ひところ世間を騒がせた新宗教のように、自分で死ねない者を殺してやることが慈悲であり、救済だというのでもあるまい。

高橋氏にはわかっていないが、阿南には形式的な帝国軍人の道をふりかざして、他人に自決を強要する傲慢はなかった。自決はあくまで自分ひとりの意志により、自分ひとりの信念にもとづく、ひとりだけの行為であった。だから八月十五日の午前四時、クーデターを断念して阿南の前に来た陸軍省の井田中佐が「わたくしもあとからお供いたします」といった時、はげしく叱られたのだった。「おれ一人、死ねばいいのだ。いいか、死んではならんぞ」と阿南は叫んでいる。彼は自決という、精神の昂揚を示す行為を、人に慫慂する人物ではなく、まして自殺しない者を、そのゆえに殺せという不遜な人ではあり得なかった。高橋説は「米内を斬れ」について、私の知る限りでは、最低の解釈である。

角田氏はこの語を直接きいた竹下の「それほど意味のある言葉とは思われません」という説を採られるようだ。「そのとき、阿南はもうかなり酔っていましたし、『米内を斬れ』といったあと、すぐ他の話に移ったことからも、深い考えから出た言葉でなかったことがわかります」と竹下は語ったという。何が何でも殺せという程のものではなかった、ということだろうか。

またこの発言のしばらく後に部屋に入って来た林三郎秘書官が「少々ろれつが廻らないほど酔っ

ておられたから……単に口走っただけで意味はなかったと思います」と語り、松谷誠も「竹下さんのいう通り、意味のない言葉だったでしょう」と語ったことを、角田氏は引用する。

氏は結論として、「夜の閣議で阿南と米内とが詔書の文言『戦勢日ニ非ナリ』をめぐって激しくやり合ってから、まだ数時間しかたっていない時であった。数日来のこうしたやりとりの度に、阿南は米内に対し『余りに武士の情けがない』という憤懣を抱きながら、それを押さえてきたのではなかったか。それが酒の勢でつい口に出た、ということであろうか」と書く。

だが詔書の文言は、結局米内が折れて、「戦局必ズシモ好転セズ」と書き直されて解決しているのだから、数時間前に激しくやり合った事が直接の動機とは考え難い。むしろその時点では、阿南も米内に多少の好感をいだいた筈だからである。だが戦争末期の鈴木内閣に於ける二人の態度は、私も注目するところで、後にとりあげるつもりである。

以上「米内を斬れ」について、これまでの諸家の見解をあげて来た。角田氏の説が最も自然な様ではあるが、「酒の勢でつい口に出た」にしては、「斬れ」の語が重大に過ぎる。そしてその重大性を首肯させる見解は、これまで示されていないのである。私は米内の方に「斬れ」と言わせる何かが無かったかを問う立場から、考察を加えてゆきたいと思う。

強運の人米内光政

海軍大将米内光政は「運が強かったと言う人がいる」と阿川弘之氏は「米内光政」（新潮社）に書いたが、氏自身もそう考えているふしがある。右につづけて「艶聞が色々あってもスキャンダルにならなかった。軍縮に関しても旗幟すこぶる鮮明であったにもかかわらず、山梨勝之進、寺島健、堀悌吉らのように、強行派ににらまれて海軍を追われなかった。そうして、軍人としての最高位まで昇りつめた」と書く。

別のページで、「運が強いのか老荘の徳か、女性関係の秘事は、米内の場合あまりマイナスの評判にならなかったけれど、醜聞に仕立てれば仕立て得る醜聞が、五郎のことをふくめて幾つもあったのは事実である。」とも書く。五郎とは芸者の名である。

反対に運のなかったのは、連合艦隊司令長官として戦死した山本五十六大将であろう。彼が軍令部の反対をおしきって強行した真珠湾攻撃は、奇襲には成功したが、駐米大使野村吉三郎海軍大将の無能のため、国交断絶の通告が東郷外相の指示した時刻から一時間二十分もおくれ、攻撃開始の五十五分後となって、国際法違反の無通告攻撃という汚名を後世にのこし、戦争終結に最大の障碍となった。尤もこれは山本自身が運命をひらく途がなかったわけではない。大事をとって、通告時間を早めるよう主張しておればよかったのだ。実際には、そうしなかったばかりか、一旦決定した時刻よりも通告時間は三十分おそく修正され、山本もそれを知らされていたのだった。

女性関係についても、連合艦隊が劣勢の敵に完敗して、日本の戦力が逆転し、敗戦の端緒となったミッドウェイ開戦出撃の直前に、山本が芸者梅龍こと河合千代子を東京から呼びよせ、呉軍港の旅館で四夜を共にすごした事など、昭和二十九年「週刊朝日」四月十八日号が特集記事を組むまでは、公けにされていなかった。これは山本の贈ったラブレターの束を、河合が編集部に提供したことによるもので、文中には出撃日のような機密にふれるところもあった。山本と同期の堀悌吉が試みた公表差し止めの努力も間に合わなかったのだが、よくよく運が無かったといえる。

ありあまる財力があったわけでもないのに、戦前戦中を通じて派手に芸者遊びを続けることが出来たこと、生得の要素が物をいったことをふくめて、つねに花柳界で大もてであった事は、それをよしとする人にとっては、強運と考えられるだろう。

昭和八年六月第三艦隊司令長官米内中将は、砲艦保津、二見を率いて揚子江を遡航し、重慶を訪問しようとした。対米平和主義者といわれた米内も、砲艦外交の一翼を担っていたわけだ。ところが三峡の険を過ぎたところで二見が座礁し、それは挫折した。離礁に一か月を要するというので、六月二十五日に米内は進退伺をしたため、先任参謀保科善四郎中佐に大角岑生海相あて打電を命じた。大角の人となりから米内の退役を危惧した保科は、しばらく預からせてください、といって受取ったまま、にぎりつぶしてしまった。もしこれが受理されていたら「日本の運命はよほど変わっていただろう」と阿川氏は書く（「前書」）。氏は彼の強運が日本にも幸いしたといいたいらしいが、私は氏と反対の意味で、同じことがいえると思う。そのわけは後述する。

昭和十一年二月二十五日火曜日、数日前に降りはじめた雪がやまず、ますます勢いをまして降りしきる静かな夜、横須賀鎮守府司令長官米内中将は柳橋の待合林にいて、徹夜で中村汽船の社長や芸者たちと、トランプや麻雀をしていた。同じころ帝都の各所で、青年将校の率いる軍隊が、流血のクーデター騒ぎを起こしていた事を知る由もなく、明け方近くお開きになるまで、それは続けられた。米内は一ト風呂あびて外に出た。横須賀線の始発に乗ったらしいといわれているが、交通途絶瀬戸際の朝がえりであった。鎮守府では事件の情報が次々と入るのに、長官が所在不明のため、しばらく混乱したが、参謀長井上成美少将がとりつくろって、表沙汰にはならなかった。のみならず、クーデター部隊の呼称に参謀たちが困惑していたのに、ゆっくり出て来た米内が「叛乱軍」と何のためらいもなく言ったと、賞讃されているのだ。

もし「事件の朝いくら探しても鎮守府司令長官の所在がつかめません、鎮守府にいつまで経ってもご出勤になりませんというようなことがあったら、この年末彼の連合艦隊転出はおぼつかなかったかもしれない」と阿川氏は米内の強運を書く。横須賀の長官は連合艦隊司令長官候補者のポストとされていたからである。だが栄達の道をあゆみ続ける米内の強運にくらべて、正義と信じた十五名の若者たちが、朝がえり長官からは叛乱軍と裁かれ、一審だけの軍法会議で有罪となり、七月十二日陛下の万歳を三唱して銃殺された非運がしみじみと思われるのだ。

支那事変の解決に失敗したため日米開戦にいたった、あるいは支那事変が無かったら、日米は戦わなかったかもしれない、とはよくいわれる事である。戦争末期に本土決戦を前にして、五十五万の兵力がいたが、にわかづくりの防備軍で、丸腰が多かった。ところがこの時、満洲以外の中国大陸には、歴戦の兵力百五万がいながら、切歯扼腕するのみであった。二正面作戦の結果とはいえ、支那事変が日本の命取りであった事は否定できない。

昭和十二年七月七日に始まった事変の解決に、最大の障碍となったのが、翌年一月十六日の近衛声明であったというのは定説である。「帝国政府は、爾今国民政府を対手とせず」の文言を、当時中学五年生だった私が新聞で見て、一国の首相たるものが、まるで市井人の口喧嘩のような言葉づかいをすることに、奇異の感をいだいたものであった。

さらに十八日には補足的声明が出され、「対手とせずとは、国民政府を否認すると共に之を抹殺せんとするものである」とまで言ってしまった。日本は戦争によって屈服させるべき相手も、こちらが降伏する場合の相手も、これによって失ってしまう結果となったのである。戦争目的は曖昧となり、それからは目の前の敵兵を殺し、敵地を荒らしまわる、戦争のための戦争という頽廃にいたるのである。傀儡政権をつくってみたが、現地人の支持が得られず、あまつさえその政権に対する裏切りを重ねて、対外信用を失った。こっそり国民政府との交渉を試みても失敗し、ポツダム宣言受諾にあたって、否応なく近衛の否認した国民政府の軍門に降ることになった。

戦後近衛はこの声明を回顧して、非常な失敗であったといい、多くの史書も近衛の責任に帰している。しかし実際は米内がやらせたようなものであった。この声明を出すことを、最も積極的に推進したのが米内海相である。生出寿氏の「米内光政」（徳間書店）あるいは池田清氏の「海軍と日本」（中央公論社）は、それをきびしく批判しているが、阿川氏の前書は全く伏せてしまった上に、米内の近衛に対する非難の言さえ付け加えている。米内自身に責任転嫁の意図があったか否かは疑問だが、近衛声明が近衛の責任とされていることは米内の強運の一つである。

レイテ沖海戦ではじめて神風特別攻撃隊を投入した大西瀧治郎中将は、特攻を「統率の外道」と自ら公言しつつ強行し、最後には二千万特攻を呼号していれられず、昭和二十年八月十六日未明に割腹自決した。遺言には「吾死を以て旧部下の英霊と其の遺族に謝せんとす」とあった。

大西が特攻隊を創設し、最後まで強行し続けたことは事実だが、それによって大西ひとりを暴将とする声には、首をかしげざるを得ない。特攻戦術が実現するには、上部の意志がうごいていた。彼を比島の第一航空艦隊司令長官に任命したのは米内海相である。特攻戦術は諒解ずみであった。大西は任地へ発つまでに、軍令部で特攻の方法について相談している。神風特別攻撃隊の名称も、敷島隊、朝日隊など各隊の名称も、すでに出発前から決定していた。

人間魚雷回天の命令書も、米内海相、井上次官の名で出されていることが、戦後明らかになった。井上は戦争末期には反対の立場をとり、これ以上特攻を続けるべきではないと、米内に向かって強硬に主張したがいれられず、更迭されてしまった。米内は大西と共に最後まで特攻作戦をすてなかったのである。しかし外道の責は大西ひとりがかぶって自決し、米内は免れてそれを異とする者を見ない。強運というべきか、それとも処世のしたたかさとすべきだろうか。

八月六日と九日に原子爆弾が投下され、九日にはソ連が中立条約に違反して、進攻して来た。十二日米内は側近の高木惣吉少将に「私は言葉は不適当と思うが、原子爆弾やソ連の参戦は或る意味では天佑だ」と言った。或る意味であろうと、いかなる意味であろうと、原子爆弾やソ連の参戦は天佑であり得ない。日本の国民が大量殺戮され、国土が危殆に瀕しているとき、それを有難い、天のめぐみだとまでいうのは、売国奴の言葉である。

この語をこの時点で広島、長崎あるいは満洲、千島、樺太で口にしていたら、米内もただではすまなかっただろう。密室の発言で外には洩れなかったから、戦後をながらえる事が出来た。これも強運だろうが、戦争体験が風化したといわれる現代、この売国奴発言が一部作家や旧軍人に名言としてもてはやされるとは何ということか。北方領土は帰ってこないのに、異常なまでの強運だといわねばならない。

その原爆投下とソ連の参戦は、鈴木貫太郎首相のポツダム宣言黙殺発言が口実にされたものである。トルーマン大統領ら米首脳部の発言にも、ソ連の宣戦布告文にも出ていることだ。鈴木は戦後一年経ってから「この一言は後々に至るまで余の誠に遺憾と思う点であり……」といった。ところがこの鈴木発言も、さきの近衛声明と同様、米内が言わせたといっていいほど介入しており、支持もしていたのだ。この時高木少将が「なぜ総理にあんなくだらぬことを放言させたのですか」と米内を詰問した以外、今でも米内を追及する声は無く、米内自らも沈黙したまま、鈴木のみが責をとった形である。やはり強運の人であった。

強運の最たるものは、彼が東京裁判の訴追を免れたことであろう。支那事変を泥沼にした近衛声明にかかわった四相のうち、トップの近衛首相は昭和二十年十二月六日に逮捕命令が出て、十六日早朝自宅荻外荘の寝室で、自殺死体として発見された。杉山陸相は戦犯リストに上がっていたが、指名される前の九月十二日拳銃で自決し、夫人もそれに殉じた。

広田外相は裁判を受け、支那事変に関して有罪とされ、文官としてひとり絞首刑をうけた。近衛声明最大の推進者であった米内海相は米軍から平和主義者と目されて、拘引されることなく、弁護側証人として出廷するのみでおわった。この時陸軍大将五人中将一人が絞首刑になったが、海軍の将官はひとりも処刑されなかった。この判決以来、陸軍を悪玉、海軍を善玉とする風潮が定着して、現在にいたるのである。

米内の強運は戦後も尽きない。生出寿氏はその著で昭和最高の海軍大将とたたえ、阿川弘之氏は井上大将の言をひいて一等大将とするのみならず、米内の終戦時の努力によって日本が二千年の荒廃から救われたと強弁する。これについてはあとで詳論するが讃辞もここまでくれば、ほめころしになるのではないか。

米内の強運を列挙して感じたことは、これがとりもなおさず米内光政という偶像の生成過程であったということだ。その真相にせまり、その仮面を剥いで、偶像が虚像にすぎないことを明らかにすることが、「米内を斬れ」の謎をとく鍵になると、私は考える者である。

蒋介石と米内光政

広東の国民政府が蒋介石を国民革命軍総司令として、軍閥政権に対する北伐を開始したのは、大正十五年（一九二六）七月九日であった。翌昭和二年三月二十四日北伐軍が南京を占領し、各国領事館を襲撃した。揚子江上の英米の軍艦は市内を砲撃したが、日本の艦隊は作戦に加わらず、居留民の避難した日本領事館は、警備隊が無抵抗の方針をとったため、ひどい略奪暴行をうけた。南京事件といわれ、幣原外相と海軍の弱腰が非難された。

このいやな状況の下で、昭和三年十二月米内光政少将は、第一遣外艦隊司令官に補された。この艦隊は揚子江に配備され、古典的な帝国主義の象徴ともいうべき、砲艦外交の主役であった。日本人居留民の生命財産をまもるため、江上を警備するのが任務とされ、イギリス、フランス、アメリカ、イタリアの先進国の砲艦に伍して、中国の主権を侵害するための存在であった。統一国家の形態をなさぬ中国では、これが当然の事態とされていた。しかし中国人の有識者には、明治の日本人がそうであったように、不平等条約によるこの国家的屈辱に痛憤し、主権の回復のため奔走する人たちがいた。孫文やその後継者蒋介石はそのトップであった。

昭和四年一月四日米内は艦隊を率いて漢口に向かった。ところが到着の前日、一月十日に海軍陸戦隊員が中国人の人力車夫を撲殺した事件がおこって、日本租界が武漢政府の軍隊に包囲されていた。米内は南京事件の轍を踏むまいと考え、司令官の責任に於て、租界の周囲に鉄条網をはりめぐらし、陸戦隊を配備して対峙した。交戦すれば圧倒的に不利なので、挑発にのってはならぬと厳命した。

さいわい衝突のないまま三月に入ると、蒋介石の北伐軍が容共的な武漢政府討伐のため接近して来て、租界への圧力は弱まった。今度は北伐軍の不穏な動きが心配になって来る。しかし彼等の軍紀は厳正で、第二の南京事件は起こらなかった。

四月五日蒋介石は軍艦三隻で到着し、漢口対岸の武昌沖に碇泊した。九日米内は司令官として咸寧艦上に表敬訪問した。高橋文彦氏によればこの時米内は、「国民政府による中国統一ができて、内戦に悩んだ民衆もこれで安居楽業できるであろう。しかし、地方にはまだ反蒋分子の蠢動もあるようだから、じゅうぶん気をつけて、平和回復に今後とも努力してもらいたい」と言い、「蒋介石も米内司令官に好印象を抱いた。『かたじけない。今後も日本の好意的な援助を望みたい』二人は固い握手を交わして分かれた」という（「海軍一軍人の生涯」光人社）。

六月三日に日本政府は中国国民政府を正式に承認するが、その前に海軍陸戦隊について交渉する必要が生じ、五月十七日米内はふたたび南京で蒋と会見する。前書はその模様を次のように書く。

「『漢口で約束しましたように、海軍としても、好意ある援助を実行に移すため、特別陸戦隊を撤収する事にしました』『それはありがたい。このまま、末永く日本との平和的な関係がつづくよう強く望みます』なごやかなムードのうちに会見を終えた。このとき光政は四十九歳、蒋介石は七歳年下の四十二歳だった。二人は政治家と軍人という立場の違いを超えて、人間的にひきあうものを感じた。」

この時期米内は軍人ではあったが、まだ政治家ではなかったので、文意からすると、政治家とは蒋のようだが、軍官学校を出て日本陸軍にも留学した、生えぬきの軍人である彼を、政治家としてのみ扱うのは不適当である。しかしここではこれ以上に触れない。

二度に及ぶ対談の内容について、その真否をたしかめるすべをもたないが、綺麗事のような記述を、すんなりとは受けいれ難い。表敬訪問は和戦をきめる折衝でも講話談判でもないのだから、一応儀礼的なやりとりはあっただろう。第二次会談でもそうだ。しかし硝煙弾雨をくぐりぬけて来た北伐軍の司令官と、一触即発の危機を免れた砲艦隊の司令官とが会見して、どちらにも殺気が全く感じられなかったといえば、嘘になるだろう。それだけに却って言葉づかいは、鄭重であったかもしれないが。

仮に両者の言葉がその通りであったとしよう。米内は危機を免れてやれやれといった気持をおくびにも出さず、お陰様で助かりましたと感謝してもいない。それは、しがない砲艦隊の司令官にすぎない自分ではあるが、背後には世界第三位の帝国海軍の大艦隊がついている。それに比べれば蒋の艦隊はオモチャみたいなものだという優越感があったからではないか。

昭和三年の済南事件では、日本陸軍が北伐軍と戦火を交えて、中国統一を妨害したばかりである。「中国統一ができて」結構とは、よくもいってのけたものだ。特別陸戦隊を撤収するとはいったが、不平等条約による海軍陸戦隊の存続については頬かむりだ。厚顔にもそれを自ら「好意ある援助」といって、恩にきせる慇懃無礼は、いっそ高橋氏の筆が正直であったといえる。

蒋が口先では「かたじけない」といったとしても、本心からである筈がない。「日本の好意ある援助」とは、邪魔しないでくれ、ということに尽きるのだ。昭和二年蒋は来日して十一月、時の首相田中義一陸軍大将と会談した。彼は中国統一のための北伐を説明し、日本政府がこれに干渉せず、武力よりも経済を主とする政策を希望したが、田中は中国統一の話をきくたびに、さっと顔色をかえて、露骨にいやな態度を示した。保阪正泰氏の「蒋介石」(文春新書)によれば、「(田中には）いささかの誠意もないものと確信する」「日本は我々の革命の成功を許さず、今後必ずや我が革命軍の北伐の行動を妨害し、中国の統一を阻止するであろう」と蒋の日記にあるという。案の定済南事件が起こるが、田中はすでに会談前の六月に東方会議をひらき、外務省、陸軍、関東軍の首脳らと、対華強硬政策を協議していたのであった。

昭和三年六月四日張作霖爆死事件が起こる。これが関東軍の謀略だったと、蒋が知らない筈はない。同年七月七日には彼の政府が治外法権、不平等条約の廃棄を宣言する。むろん日本はじめ列強はこれを承認しなかったが、彼の目のくろい間には成就するのである。

これだけの背景を考えれば、しらじらしい米内の言葉に対して、蒋が「このまま末永く日本との平和的な関係がつづくよう」とは、口がまがっても言うわけがない。平和的な関係という屈辱をはねかえして、「そのうちあなた方のふねも揚子江から出ていってもらいましょう」といいたい所ではなかったか。事実はあたりさわりのない会話だったろうと想像されるのだが、蒋のうけこたえを、米内のひとりよがりで解釈すれば、高橋氏のような記述になったのかもしれない。

氏は「人間的にひきあうもの」と書いたが、少くとも米内が蒋に対して、その様には感じなかった一つの証拠に、氏自身が引用した米内の昭和八年の発言がある。相手の名は出ていない。

「僕はいつも貧乏クジばかり引きましてね。南京事件の時も上海事件の場合も、尻拭いに行ったようなもんでした。中国人相手はなかなか骨が折れますよ。事を構えることはいくらでもできますが、こちらは非戦闘員たる居留民の保護ですから、うかつに大砲なんかブッ放せませんよ」

語るにおちた砲艦外交マニュアルの一くだりである。中国および中国人を小馬鹿にしたこの言辞は、蒋と面談する機会をもちながら、彼が当代一の人物であったことを見抜けず、いわんや二次大戦では、昭和十八年十一月二十八日のカイロ会談で、米英首脳と肩をならべて会談にのぞむ立場にまでいたることとは、夢想もできなかったことを示している。米内は蔣を、運よくのし上がって来た軍閥の一人、明日のことは知れたものではない、と思っていたようだ。彼は蔣に対し、中国人に対し、中国に対して優越感のみを保持し、「うかつに」事を構えて、日本を破滅に導くのである。

「人間的にひきあうもの」を感じた相手が蔣介石であったのなら、加える筈のない仕打ちを米内がみせたのは、会談の八年後のことであった。南京が陥落して、蔣が戦争初期に於ける最大の難局に直面した時、「ドブに落ちた犬を叩け」という中国のことわざをそのままに、容赦なく彼を叩き伏せよというのが、海相米内の主張であった。

中国にいたドイツのトラウトマン大使が、陥落前から和平調停に努力して、一応双方の諒解がとれていたのに、南京攻略の急進展で頓挫した。陥落後再開された交渉では、日本側が相手の弱みにつけこんで、条件を加重したため、決裂してしまった。人間的にひきあうこと以前に、古来日本の士道には、武士の情といわれるものがあって、敗者に屈辱の追い打ちをかけることを、いさぎよしとしなかった。この時の米内には、蔣に対して、そのかけらもなかった。あったのは中国蔑視のみであった。

トラウトマン調停については再論するが、この決裂によって、宣戦布告なき日中の戦争は底無しの泥沼におちいり、最後に蔣が勝った時、米内はまたも海相であった。その蔣も戦後の国共内戦にやぶれて台湾にうつり、最後にわらったのは毛沢東だった。これは蔣が予測していた最悪のシナリオで、それにあずかって最大の貢献をしたのが、日本の露骨な帝国主義であり、米内はその手先をつとめた事で、今も一等大将とたたえられるのである。

昭和五年十二月米内光政は中将に進級して、鎮海要港部司令官となり、さらに一年後の十二月、第三艦隊司令長官として、上海の旗艦出雲に赴任した。この艦隊はさきの第一遣外艦隊を吸収したもので、後の支那方面艦隊である。以上の経歴は、仲間うちで田舎廻りといわれ、出世コースからはずれたものであったが、阿川弘之氏は「鎮海在勤をはさんで上海、漢口でくすぶっていた五年間に、中華民国を見る米内の眼は深くなった。」「井上成美（大将）が無条件で一等大将として認めるほどの識見は、くすぶりの五年間に、こういう勉強の仕方で彼の身に備わって来たもののようである」（「米内光政」新潮社）と書いた。勉強の仕方とは米内の読書法のことを指す、しかし果して阿川氏の書くほど、米内の中国を見る眼は深くなったか。一等大将の識見が備わって来たのだろうか。

阿川氏は自説の根拠とするかのように、昭和八年七月二十四日付「対支政策につき」という表題の米内の手記を引用する。

「支那を参らせるため叩きつけるということは、支那全土を征服して城下の盟をなさしめることならんも、恐らく不可能のことなるべし。支那のバイタル・ポイントは一体何処にあるのか。北京か南京か、將た広東ないしは漢口か長沙か重慶か成都か。斯く詮議して来ると、恐らくバイタル・ポイントの存在が怪しくならん」とあるのは、後の支那事変で日本が直面した難局を予見するもので、鋭い観察である。ところがそのあとが良くない。

「日本は過去に於て済南に、また近くは上海に於て武力を発揮し支那の心胆を寒からしめ、戦さをしては到底日本にかなわぬという感じを支那の少くとも要路の人に植えつけた筈である」

「斯の如く実力を有する日本は、何故に支那に対しもっと大きな心を以て大国たる襟度を以て臨み得ないのであるか。犬猫の喧嘩でも、弱者は強者に対し一目も二目も置き、決して正面から頭を上げ得るものではない」

「強者を以て自認する日本が劣弱なる支那に対して握手の手を差延べたところで、それは何も日本のディグニティを損しプライドをきずつくるものぞ。何時までもこわい顔をして支那をにらみつけ、そして支那の方から接近し来ることを待つということは、如何にも大人気のない仕業であり、寧ろ識者の笑を買うに過ぎぬものといわねばなるまい」

すさまじいばかりの侮辱的言辞である。いささか品のない犬猫のたとえが、それに拍車をかける。日清戦争まではおそれていた中国人に対し、その戦後はチャンコロと罵っていた市井人にくらべて、ハイレベルの表現では、こういうことになるのだろうか。

昭和七年二月の第一次上海事変の戦果が、米内の優越感の根拠としてあげられているが、小室直樹氏はこれと正反対の見解をとる。海軍陸戦隊をたすけるために、陸軍が上海に出兵し、中国軍を撃退して居留民を保護したから、戦争目的を達成したことにはなったが、それは「激戦のすえに達成されたもの」であった。それによって「中国兵の中に『日本軍は案外弱い』との観念を抱かせ『日本軍を葬ることも不可能ではあるまい』との信念を与えるに至った」。そこで「反日・抗日・侮日」のスローガンの正しさが確信され、「その傾向が決定的に加速された」。「今まで中国兵は、どんなに歯噛みしても日本兵にはかなわなかった。日本兵を見たら、四の五のいわず、逃げ出せと。しかし上海事変によって日本の武威は崩れた。わがカリスマは失われたのであった」。侮日の徹底、排日の拡大で日本居留民への敵意と迫害がつのり、居留民の立場は弱くなった。だから「上海の戦いは敗北も敗北、大敗北であった」と小室氏は結論する（「大東亜戦争ここに甦る」クレスト社）。

この時小学五年生だった私は、新聞の一面に特大活字の「これぞ真の肉弾」という見出しをみて衝撃をうけた。爆弾三勇士の報道であった。歩兵の前進をさまたげる鉄条網を、工兵隊が破壊しようとしたが、激しい砲火にさえぎられて成功しない。ついに点火した長い爆薬筒を三人の兵士が抱えて突入し、目的を達したが、三人とも爆死したという。少年雑誌には血湧き肉躍る文章の軍国美談として紹介され、ラジオや映画、浪曲にもなった。講堂でこの話をして下さった秀平寿先生の言葉には感動があふれ、私たちの心をうつものがあったことを今も思い出す。与謝野鉄幹作詞辻順治作曲の「爆弾三勇士」は友達とよくうたった。この話はのちに国定教科書にも採録された。

戦後はこの作戦行為に考証が加えられ、事故があったという説があり、背景に差別問題があったともいわれる。しかし当時は激戦のさ中に忠勇なる兵士のとった行動は、日本男児の鑑とすべきものと、肝に銘じたのであった。これだから日本の軍隊は強いのだと思った。少国民という言葉はまだ無かったが、その意識は持っていたようだ。

だが小室氏によれば、爆弾三勇士という軍国美談が出たこと自体が、いかに激戦であり、苦戦であったかという証拠なのだ。同じことはくりかえされるのか。十年後の戦争で、日本軍がこの時以上の苦戦を強いられたとき、若い兵士をそのまま爆弾とし、あるいは魚雷として、敵艦に突入させる特攻作戦が強行され、軍国美談とされた。

第一次上海事変で、陸軍は最終的には三個師団四個旅団、約五万人を投入して、死傷者は三千人余、損耗率は日露戦争以来の高さであった。満洲事変六か月の死傷者は千二百人だったのだ。停戦協定直前の四月二十九日、天長節奉祝の観兵式と祝賀式が、上海新公園で挙行された。後者の壇上に爆弾が投げられ、上海派遣軍司令官白川義則大将は重傷を負って翌月死去、第三艦隊司令長官野村吉三郎大将は右眼を失い、重光葵公使は左脚を奪われた。現場で逮捕された犯人は、朝鮮独立党の尹奉吉と判明した。このテロが日本の戦勝気分に水をさすと共に、犯人が中国人でなかった事が、反日の気勢を余計に煽ることとなった。

米内の手記の前半に「城下の盟」をさせることは「恐らく不可能」というのは、ハードの面からの判断であり、「戦さをしては到底日本にかなわぬという感じ」を「植えつけた筈」とは、ソフトの面でのひとりよがりである。ハードがソフトを制御してくれたらよかったのだが、米内の場合はソフトがハードをおさえ、中国の国土という現実を無視して、中国軽蔑の路線をつっぱしってゆく。戦後五十年目に公刊された小室氏の見解で、米内の中国を見る眼をせめるのは酷といわれるかもしれない。しかし彼の同時代人の中にも、後述するように、反対意見はあったのだ。だが威勢のいい方が勝つという世のならい。数年後にはじまる事変の重大な転機にあたって、米内の夜郎自大が彼の戦略を誤らせ、日本の破滅へと導いてゆくのである。ひとえに彼の中国を見る眼に於けるリアリズムの欠如によるものだと、いわざるを得ない。

石原莞爾と米内光政

支那事変がなかったら、日米の戦争はあり得なかったと、いってしまうのは危険かもしれないが、事変が日米間の緊張をたかめ、戦争への大きな要因となったことを、否定する人はいないだろう。開戦前の日米交渉において、中国からの撤兵が最大問題であったことからも、それは明らかである。宣戦布告はなかったが、支那事変という名の日中戦争は、日本にとって史上最大の戦争であった。その戦争を解決しないまま、日本は米英に戦いをいどみ、三年八か月の後、ポツダム宣言を受諾して、米英中ソの連合国に降伏した。この時本土決戦が予想されていながら、中国大陸には百五万の陸軍将兵が釘づけの状態であったのだ。

もともと二正面作戦を遂行する国力は無かったものを、戦争を持続するための物資を得るために戦争するといった、堂々めぐりの論理までとび出して、不合理な戦争が続けられた。支那事変を解決しておいて、日米開戦したとしても、勝てそうな相手ではなかったが、支那事変が日本の命とりであったことは、間違いない。後に一等大将といわれる米内は、それに対して何をしたか。そして何をしなかったのか。

昭和十二年七月七日中間に盧溝橋事件が起こるが、四月に大将となった米内は、この時第一次近衛内閣の海軍大臣で、山本五十六中将が次官だった。山本は「陸軍の馬鹿がまた始めた」といい、「とにかくこの戦火を拡げたら厄介なことになるというのが、米内と山本の共通した認識であった」と阿川氏は書くが（『前書』）、その認識とやらが当てにならなかったことは、その後の彼等自身の言動が証明するのだ。

支那事変の拡大を防止し、収拾するチャンスが、幾度かあったことは事実である。その都度、後世の史家をして嘆ぜしめる経緯をとって、潰えてしまった。その第一回は近衛訪中計画であった。参謀本部では作戦の第一部長石原莞爾少将が、当初から不拡大をとなえ、拡大派を何とかおさえようと努力していた。この時彼が最大の決め手と期待したのが、自身の随行で近衛を南京に飛ばせ、蒋介石との面談で解決をはかろうとするものであった。世界の外交史で、首脳会談はその後しばしば行われたが、この時点では珍しく、和戦の重大局面の会談としては、先蹤ともなり得た快挙であった。七月十一日には近衛もその気になって、飛行機の手配までしたが、ついに決行しなかった。

陸軍内の拡大派を気にして、折角話をつけて帰っても、彼等に足をすくわれたら、面目を失うとか、応援に同行を求めた広田外相からは、冷たくあしらわれたとか、くだらないいいわけをして、彼は今でも非難の的にされる。だが優柔不断な彼の本性をこの時世人が見ぬいておれば、不当な期待が持たれることもなく、日本の歴史もかわっただろうし、本人も非業の死をとげずにすんだかもしれない。

もし彼が訪中を決行しておれば、成否は別として、その後の日本の命運も彼自身のそれも、かなりちがっていただろう。小室氏は前書で中華思想の中国人は、近衛が来たという事だけで、好意的に対処したに違いないと推測し、田中角栄が首相だったら、「切腹覚悟」で行っただろうと書いた。すっぽかされた石原は激怒して、「二千年に及ぶ皇恩を辱うし、この時期の優柔不断、日本を滅ぼすものは近衛だ」とまで言った。近衛の訪中計画に対して、米内海相が賛成であったのか、反対したかは、知られていない。

昭和六年の満洲事変が飛び火して、昭和七年の第一次上海事変となったように、昭和十二年八月十三日、上海で海軍陸戦隊と中国軍が衝突して、第二次上海事変となった。二千五百の陸戦隊を包囲する三万の国民党軍には、最精鋭が含まれていた。海軍は陸軍の派兵を要求した。

福田和也氏によれば、石原莞爾の見解は、居留民を引き揚げさせて補償し、艦隊は揚子江から撤退すればよい。全面戦争よりはよほど安価だ。もともと艦隊は昔中国が弱い時のもので、今のように軍事的に発展した時代には、居留民の保護は到底できないし、一旦緩急あれば揚子江に浮かんでおれない、というものであった(「諸君」平成十一年六月号)。彼は上海のこわさを知っていたからである。

上海での戦闘を避けたい参謀本部と、派兵を要求する軍令部との論争は、大臣レベルに上がり、米内海相の強硬な申し入れに杉山陸相が折れて、十三日の閣議で派兵が決定した。第三、十一、十四師団等からなる上海派遣軍が編成される。

八月十五日近衛首相は政府声明を出した。

「……最早隠忍其ノ限度ニ達シ、支那軍ノ暴戻ヲ膺懲シ以テ南京政府ノ反省ヲ促ス為、今ヤ断乎タル措置ヲトルノ已ムナキニ至レリ……」。中国に対する実質的な宣戦布告となったこの声明は、閣議で米内海相が提議し、杉山陸相が声明案を出し、閣議の承認したものである。この日海軍は中攻機による渡洋爆撃で、戦争拡大の既成事実をつくった。二十機が長崎県大村から南京を、十四機が台北から江西省南昌を空襲した。これを嚆矢として中国への戦略爆撃が続けられるのだが、その実態は後述するように、米軍の日本本土空襲と同じく、無差別爆撃であった。

この戦争の名称は、中立法への思惑から、七月十一日に政府の決定で、北支事変とされていた。しかし戦線の拡大で、全面戦争が予想される事態となり、九月二日に支那事変と改められ、昭和十六年十二月十二日大東亜戦争の名に含まれることになる。

福田氏は前記論文で「事変の北支から全土への拡大は、つまり支那事変の本格的な始動は、海軍主導で行われたのである。今日、米内光政は、井上成美らとならべて海軍屈指のリベラルな提督として人気が高いが、支那事変を決定的に拡大した責任の少なからぬ部分は、当時の海軍大臣である米内に帰せられるべきだろう」と書いた。石原はこの時、「北支の陸軍が強盗なら、海軍は巾着切りだ」と毒舌を吐いた。

池田清氏も第二次上海事変は「海軍中央部はしぶる陸軍をむしろ逆に引きずって上海に出兵させ

た」と批判する(「海軍と日本」中央公論社)。大江志乃夫氏は「海軍が陸軍を引きずる形で戦火は華中に拡大した」と書き、八月十四日の閣議で米内海相が南京占領の必要性を口にした事実を示す(「日本の参謀本部」中央公論社)。四年前にバイタル・ポイントがわからぬといっておりながら、この時は調子にのって、南京を占領すれば何とかなると思ったのだろうか。現実に南京が占領されても、戦争は泥沼にのめりこむのみだったのだが、最後まで米内は責任をとらなかった。

ところが米内を一等大将にまつり上げようとする阿川氏の大著「米内光政」は、この重大時期の記述が驚くほど簡潔である。「北支事変といっていたのが、八月に入ると上海に飛び火し、海軍も否応なしに戦いの一角に加わることになって、八月十四日、世界を驚かせた海軍航空部隊(九六陸攻隊)の渡洋爆撃が行われる」とあるのみだ。「否応なしに」とは言いも言ったり、ここまでくれば曲筆ではないのか。この時点での米内の言動について、阿川氏は完全に頬かむりをして、くさい物に蓋をしてしまったのである。陸軍悪玉海軍善玉説とはこういうものだ。現在は無差別爆撃のはしりとして、否定的評価の多い南京爆撃も、まるで戦果を誇示した当時の国内報道のような扱いである。「世界を驚かせた」というが、四か月前のナチスドイツによるゲルニカ爆撃の衝撃につぐ都市爆撃で、世界が驚いたのである。その結果中国に対する同情の声が拡がったのが真相だ。しかし当時中学生だった私は、阿川氏と同様、日本国内の報道に驚き、感心したものである。

阿川氏がその著で伏せてしまったこの時の米内の決断を、正面から肯定し、礼讃する歴史家の存在を知ったことは、最近のおどろきであった。「歴史と旅」平成十一年九月号(秋田書店)に、高田万亀子氏は「最後の海軍大臣米内光政」と題した一文に、内田一臣氏が平成十年盛岡市で行った講演にふれ「……講演されたがその折り、日華事変拡大のもととなったようにも言われる米内海相の上海出兵要請について、あれは絶対必要な決意だったと強調されたが、絶対必要の理由は示されていない。

理由らしいものは内田氏が当時上海にいて「米内海相の決断のおかげで本当に助かったという」体験談、感謝の言葉だけである。高田氏はさらに「私事になるが中国ツアーで私（高田氏）は、当時上海にいたという方に二人会ったが、その二人が二人とも、いかに危険な状態だったかを言い、もし出兵がなければ完全に命はなかったろうと熱っぽく語られたのが印象深い」と書いた上で、「米内の決断は、居留民の保護を重大任務とする海軍の最高責任者として止むを得なかったとしかいえない」と結論するのは、木を見て森を見ざるたぐい、歴史家の言葉ではない。海軍が居留民の保護を重大責務とするのは結構だが、国を護ることをおろそかにしてもらっては困るのだ。

高田氏はまた、内田氏の言「米内さんは中央の赤絨毯に囲まれながら、はるか戦場が手に取るよう分かる方だった。長い中国勤務で中国人の行動原理もわかっていた。完全に政治軍事の一致です」を引用し、「米内は軍人でありながらシビリアンの目でものが見られる真に希有な軍人だった」と結論する。何の必要があって、これ程までに虚飾のかぎりを尽くした米内の人物像をつくり上げねばならないのだろうか。内田氏や、さきの二人にとって、米内は命の恩人だから、陸軍の将兵におびただしい犠牲をまねいた彼の決断を、庇い立てする必要があったかもしれない。しかし歴史家といわれる高田氏は、客観的な立場をとるべきであった。「長い中国勤務」にもかかわらず、「中国人の行動原理」を理解することなく、決断を誤った米内に対して、事実に反する讃辞をつらねる文言は、世道人心をまどわすデマゴギーに近いといわねばならない。

軍艦で急行した上海派遣軍が敵前上陸を開始したのは、八月二十三日であった。第一次上海事変の経験をふまえた筈の日本軍であったが、待ちうけていたのは、ドイツの軍事顧問団の指導の下、鞏固な陣地とチェコ機銃や迫撃砲などの最新兵器でかためられた、精鋭部隊であった。クリーク（運河）と鉄条網やバリケードに難渋した前回に加えて、今度は巧妙に配置されたソ連開発のトーチカ群と塹壕があった。報道ではまたも大和魂の発露がたたえられたが、鉄条網とクリークを克服しても、十字砲火はやむことがなかった。経験者にきいた話だが、敵の機銃の音は、ドンドンバリバリではなく、シャーとかジャーという、流れるような感じで、面くらったという。

全滅につぐ全滅という事態に、陸軍上層部は色を失った。敵が最も力を入れてまもる所を攻めるという、孫子も戒めるあやまちを犯したのは、情報不足、というより情報軽視のせいではなかったか。結局上海戦線では、前回のような勝利を得ることは不可能という判断の下に、五個師団から成る第十軍が編成され、十一月五日の杭州湾上陸で、上海地区を避けた迂回攻撃という、戦略的打開がはかられた。そしてこれが一か月後の南京攻略へと進展してゆくのである。

満洲国の建国大学での私の学友入江光太郎君は、昭和十二年香川県立三豊中学校（現観音寺高校）五年の夏休みに、近くの詫間町の友人宅にいた。十一師団（善通寺）の出征兵士を、各戸に分宿させるというお布令が出て、間もなく銃を持った兵士たちがやってきた。三十がらみの召集兵ばかりだった。同時にその妻たちも来て、一夜の別れをおしんだ。小さな子をつれて来た人もいた。くつろぐ間もあらばこそ、午前二時頃ごろには出動命令が出た。入江君たちは見送りに、家を出た。防諜上の配慮から、極秘の出動であったので、従来の出征見送りのような、幟を立て、旗をふり、ラッパと軍歌と万歳の、にぎやかな行動は一切禁止され、沈黙の中の淋しい出でたちであった。集結地点までの道路は、別れの言葉を交わす男女の群れであふれていた。月のないくらやみの中で、抱き合っている姿もあった。乏しい街燈のあかりで見たいかつい男たちの、血ばしった眼には涙があふれ、妻たちの嗚咽の声ばかりが高まって行った。集結地で隊伍を組んだ行列は桟橋へと向かい、そこからは女人結界とされた。見送りの男も立入りを許されなかった。

浜辺へ出ると、いつの間に来たのか、五キロほどの沖合に、大きな軍艦が二隻うかんでいた。はるか彼方の塩飽《しあく》諸島の島影と、その海岸の民家のあかりを、一部かくす形で、シルエットがみえていた。誰いうとなく、重巡の那智と羽黒だという噂が流れた。数十名の兵士をのせたポンポン蒸気が、桟橋と艦との間を往復していた。日露戦争以来第十一師団は、港湾施設の整った多度津港を常用していたが、今回は隠密行動のため、接岸できない小さな漁港が、利用されたのだった。両艦は速度をあげて、約一昼夜で上海についたといわれる。見送る者も送られる者も知らなかったが、二隻の巡洋艦は、地獄の門までの特急便であった。

翌年二月のはじめ中学卒業を目前にした入江君は突然家出して、四国遍路の旅に出た。卒業式には出ないつもりだった。第66番札所の雲辺寺をかわきりに、讃岐路から時計の反対まわりで、八十八個所を巡礼した。ポケットに万葉集と芭蕉集を入れていたが、金はろくに持ち出せず、装束一式は借りた物を用いた。民家の門前でお経をあげ、お布施にいただいた一握りの米を、首にかけた頭陀袋に入れ、遍路宿で差し出すと、一ト晩泊めてくれた。金で払う場合は、三十銭ほどで足りた。宿では横に長い一トかさねの布団に、十数人が頭をならべて、もぐりこむのを常としたという。

宇和島から、第38番札所金剛福寺のある足摺岬までの、一週間の道程は、木賃宿も見当たらず、お堂の床下に寝たりして、半ば野宿のようなことをした。岬に一軒だけあった旅籠は、嘗て作家田宮虎彦が泊まって、小説に書いた宿だった。そこに三泊した。毎朝夜明け前に岬の突端へ行き、暗黒の海と空を前に、明けの明星と対坐して、時を過ごした。御来光を拝むためであった。若き日の空海と同じことをしたのは、彼と自己同一化したい願望のあらわれであったのか。青年の客気というものだろう。

中村へ向かって土佐路へ入ると、間もなく彼は、その後の人生を変えることになった異様な光景を目撃する。村はずれの墓地に、白無地に黒いふち取りをした、丈余の幟が林立し、その下に同数の白木の墓標の列があった。幟は弔旗であった。風になびく幟の群は、動かぬ葬列のように見えた。三月のはじめとはいえ南国のことである。椿はすでに満開であった。菜の花や豌豆の花が野山にあふれ、春たけなわという中に、ここだけが凍りつくような冬の雰囲気で、思わず息をのんだ。

墨で書かれた墓標の文字は、氏名と共に軍人の階級が記され、戦死者であることが、すぐわかった。戦死の場所はすべて上海、時期は前年の八月ばかり。詫間の海岸で見送った高知の第四十四連隊（和知部隊）の兵士たちであったのだ。回向のお経をあげながら、別れぎわの彼等の姿や、見送る人たちの涙の声が思い出され、涙があふれて声がつまった。

海ぞいの道をたどる先先の村はずれ、小高い丘など、いたるところの墓地に同じ光景が見られた。中村で四万十川をわたってもそれは続き、仁淀川のあたりまで、弔旗と墓標は一か所に数十本、数百本をかぞえた。死者と遺族に対する思い、戦争の現実、日本の将来、自分のとるべき道など、胸も頭もいっぱいになって、ひたすら遍路を続けて行った。ふと気がつくと、空海のまねびのつもりで、足摺岬の怒濤の前に打坐していた時でも、念頭を去ることのなかった失恋の疵のうずきを、すっかり忘れてしまっていた。

家を出て八十日、結願を果たして家へ帰ると、卒業証書が郵送されていた。すでに入試に合格してはいたが、気のすすまなかった五月開学の建国大学に、この時は入学する気持になっていた。遍路行が彼を変えたのだった。

　現在愛知県伊良湖岬美術館にいる彼は、御夫妻とも画家である。二十年前に名古屋市千種区月ヶ丘の軍人墓地を知ってから、彼はしばしば訪れ、絵にもした。ここには百体ほどの陸軍軍人のセメント像がならんでいる。像の高さは一メートル前後、同じくらいの高さの、四角な石の台座があって、その正面に氏名階級勲位が、裏面に戦死の月日、場所が書かれている。殆どが高知の和知部隊と同じ時、名古屋第三師団から軍艦で上海に急行し、敵前上陸で全滅した第六連隊（倉永部隊）の兵士たちである。戦後まもなく占領軍が破棄を命令したが、日泰寺の僧侶二十人が坐りこみの抗議を続けて、まもりぬいた。今も彼等を追悼する人はいて、洲之内徹氏もその一人だった。氏は「芸術新潮」昭和五十七年八、九月号に「月ヶ丘軍人墓地」と題して、感慨を書いておられる。

　北支事変が支那事変に拡大してゆくか否かの瀬戸際に、石原戦略と米内戦略の、二つの選択肢があった。こういう時にはえてして、強硬論が慎重論をおさえるものである。便所の扉と評され、押した方へ動くといわれた杉山陸相だったから、米内海相のごり押しに抗しきれなかったのだろう。しかし石原戦略には帝国主義に対するいささかの反省があって、揚子江から砲艦隊を撤収することを提言していたのだ。米内にとっては、高田氏や内田氏がたたえる居留民の保護よりも、この方が大問題であったのではないか。彼が「事を構えることはいくらでもできますが」と豪語していた砲艦隊が、戦わずして撤退することは、最大の屈辱、堪えられるものではなかったと思われる。

　八月二十三日の敵前上陸から、十一月八日までの上海方面の陸軍損害は、戦死九千百五人、負傷三万一千二百七十二人という、日露戦争の旅順以上のものとなった。もし米内戦略でなく、石原戦略がとられていたら、この損害はゼロであった。事実が証明しているのである。

この損害を知った筈の当時の米内も、現代の歴史家高田万亀子氏も、詫間の港の訣別、土佐路の弔旗と墓標の群、月ヶ丘軍人墓地の群像など、全く視野には入れなかったらしい。反省の気もなく、責任もとらない米内は、この後も積極策をとり続け、さらなる誤りを重ねてゆくのである。

近衛声明と米内光政

北支事変といわれた日中戦争初期の段階で、戦火の拡大が日本の命とりになることを予見して、最大の抵抗を続けたのは、参謀本部第一部長石原莞爾少将であった。戦争熱をあおり立てるマスコミをバックにして、優柔不断な堂上人の近衛首相に圧力をかける積極派の力のゆきつくところ、戦火が上海に及ぶにいたって、海軍の主唱で日中全面戦争となり、その名も第二次上海事変をあわせた支那事変となった。上海居留民の引揚げと、揚子江上艦隊の撤収を主張した戦略が却下された失意の石原は、辞意を表明して、昭和十二年九月二十三日関東軍参謀副長に転出した。

石原が北支事変の拡大に反対した最大の理由は、対ソ戦備にあった。日本に二正面作戦をする戦力が無いと、知りつくしていたからである。彼が昭和七年八月満洲から帰還して、昭和十年八月参謀本部に着任し、最初に着手したのは、日本の戦力の正確な調査把握ということであった。その結果、想像していたよりはるかに弱体な現状を知ることになった。

昭和七年に満洲国が出来て、日ソ勢力の接触する長大な国境線に包囲された形の、内戦作戦を考えると、寒心に堪えぬものであった。昭和七年の関東軍三個師団に対して、極東ソ連軍は六個師団であった。北支事変の起る前年の昭和十一年には、関東軍五個師団に対して、ソ連は十六個師団となっていた。昭和十四年には彼の三十個師団に対して、我は十一個師団、しかも一個師団あたりの戦車数は、彼の七十三台に対して、我は十八台であった。それでいてこの時、関東軍はノモンハンでこちらから事を構えたのである。

昭和八年（一九三三）から始まったソ連の第二次五か年計画は、事変勃発時には最終年度を迎え、成果が宣伝され、翌年から第三次計画に入ることになっていた。これに比して日本の生産能力を考えると、隔差はひらくばかりではないかと思われた。事変の拡大は対ソ戦略の欠陥を増大するばかりで、国防上許されない、というのが石原の反対理由の第一であった。事実北支事変が支那事変となってから、弾薬が不足し、弾薬増産のために、他の兵器の生産が圧迫されるという、構造上の欠陥が暴露され、産業上も泥沼の様相を呈してゆくのである。

蒋介石の国民軍は、ドイツ軍事顧問団ファルケンハウゼン中将の指揮の下に、交通不便な華北決戦を避け、重要な上海地区に全力を注いでこれを要塞化し、日本軍を邀《よう》撃しようという計画であった。後になってわかった事だが、上海を避ける石原戦略は、その裏をかいていたのだった。海軍の米内戦略を採用した日本首脳部は、敵が全力を傾注し、万全を期して待機した地点に、正面から攻撃を強行することになった。果たせるかな、予想せぬ犠牲の続出で、攻撃は失敗した。

十一月五日の第十軍杭州湾上陸による側面からの攻撃態勢で、戦局は漸く打開され、蒋介石は七日上海からの退却を決意した。そこで浮足立った敵を、どう扱うかが問題となって来る。上海出兵の目的は居留民の保護であった。敵軍が退却してしまえば、戦闘目的は達成されたことになるのだ。だが頽勢をたてなおした戦勝の勢いは、とめ様がなかった。ことに第十軍編成の際に、上海決戦で大成果をあげ、敵の戦意を喪失させるという目標がかかげられていたことが、軍首脳の意志を拘束した。退却されたのでは面目が立たない。マスコミは戦勝気分をあおり立てていた。犠牲はかくされ、勝った勝ったの連続で、中学生だった私も、この頃上海大場鎮陥落の提灯行列に、学校行事として参加した。

はげしい戦闘に敗ければ敗けたで、勝てば勝ったで、将兵の気持はたかぶり、戦いのいきおいは、激しさを増してゆく。はやる現地軍が南京攻略を呼称するのは、当然の成り行きであった。すでに米内海相は八月の閣議で、上海に陸軍の派遣を要請した時、南京攻略まで主張していたのである。彼こそは事変拡大の張本人であった。

石原の去った後、中央で戦争拡大に最も抵抗したのは、参謀次長多田駿《はやお》中将であった。石原が参謀本部に残した九月十三日と二十日の文書がある。十月中に中国軍に大打撃を与えられない場合は、北支と上海を確保しつつ、謀略、政治工作、第三国の仲介などで、和平に持ちこむようにしよう、というものであった。多田の戦略も概ね石原のそれに近いものであったと思われるが、真向からこれに反対の行動をとったのが、石原の後任として九月二十八日第一部長となつた下村定少将であった。彼は多田のとった作戦地域を限定する方針を、覆えす策動に終始した。

第三課長河辺虎四郎大佐が十一月十六日上海に派遣され、中支那方面軍司令官松井石根大将、参謀長塚田攻少将、参謀副長武藤章大佐と会見し、そのいずれもから、上海派遣軍の疲労が指摘され、進撃作戦は無理だと聞かされた。その報告をきいても、下村は考えを変えなかった。

はやる第十軍では、十一月十五日の幕僚会議で「全力ヲ以テ独断南京進撃ヲ敢行ス」と決議していた。司令官柳川平助中将は十七日「敵ノ戦意ヲ喪失セシムル目的ヲ以テ、独断南京ニ向ヒ進撃ス」との「作戦指導要領」を決裁した。さらに十九日上海派遣軍と第十軍がともに参謀本部の訓令による停止線に到達すると、柳川は「機ヲ失セズ一挙南京ニ敵ヲ追撃セントス」と作戦命令を出し、松井司令官の意向にも、多田次長の指示にも反抗した。

十一月二十日南京では重慶への遷都宣言が出され、東京では大本営が設置された。第十軍からは参謀本部あて南京独断進撃の報告が電報で届いた。多田次長は何とかして停止線を守らせようと、下村に指示を出すが、面従腹背の彼にていよくあしらわれ、「いかん、いかん」の連発であったという。上司の意図が下僚の実務で枉げられることはよくあることだが、下村の「今一押し」論のねばりがついに勝って、十二月一日「敵国首都南京ヲ攻略スベシ」の大本営命令が出た。しかし多田はなおもあきらめず、上海に飛んで命令を伝達する際、南京の手前に停止線をひき、とどまって攻略準備の態勢をとれ、との命令を松井司令官に出させた。現地軍はこれに憤激し、一旦は従う姿勢をとったものの、結局は無視してふたたび独断専行、南京をおとし、勲功が嘉賞されることになった。それが十年後の東京裁判で刑死者を出すことにもなるのである。

多田が南京の一気攻略に反対した大きな理由は、和平交渉が進行中だったからである。駐中国ドイツ大使オスカー・トラウトマンが、日中両国とドイツの国益を考えて、十一月初旬から行っていた、いわゆるトラウトマン工作である。この戦争は蒋政権を弱体化し、中共とソ連を利するのみだという彼の見解は、ドイツ外務省のものでもあった。今から観ても正確な見通しで、日本側が必ずしも同調しなかったことが惜しまれる。

広田外相は十一月二日ドイツ大使ディルクセンに日本側の和平条件を提示した。北支と上海の非武装等で、従来の方針としていた満洲国承認をはずしており、大使も温和な条件だから、中国側も受諾の可能性ありと、ノイラート外相に報告した。命をうけたトラウトマンは五日に蒋と会見した。蒋は受諾を拒否したが、会談を厳秘にしてほしいと発言し、日本側発言のコピーを求め、持ち帰った。蒋の信頼するドイツ軍事顧問団のファルケンハウゼン中将も、十一月九日に蒋夫妻はじめ、要人たちと会って、工作につとめている。

儒教国を相手の戦争である。一挙に首都を陥落させて、蒋の面子を失墜させるよりは、その手前で交渉し、和平に導くことが、礼節にかなうものであるというのが、多田の信念であった。その政略的判断は、この時期の日本首脳部内で、きわ立ってすぐれたものであった。しかし彼は参謀本部内の部下に足をすくわれ、陸軍省、海軍省にそむかれ、最終的には現地軍の暴走をとどめることが出来なかった。多田の志が生かされて居れば、半世紀を経てわれわれ日本人が、虐殺事件の汚名にわずらわされることも無かったのだ。

十二月二日トラウトマンと会見した蒋は、北支の宗主権、領土保全権、行政権を変更しないことを条件に、講和交渉の基礎として、日本側条件を受諾する意志のあることを表明した。しかしさきの松井司令官の命令を受領した第十軍は翌三日、上海派遣軍は五日に、進撃開始ときめていたのである。攻撃停止線について、第十軍は「甚ダ残念ナルモ已ムナク」とただし書きをつけて、下達はしたがまもられず、現地軍ではどの部隊が一番乗りをするか、先陣あらそいが最大の関心事となり、マスコミのあおりもあって、進撃の勢いはとどめ様がなかった。国内では南京陥落が十二月二十日以前と予想され、ディルクセン大使のドイツ外務省への報告では、十二月末までという予想になっていた。

だが、十二月十日南京の光華門に突入した大隊が、城壁に日章旗をかかげたのが、国内ではこの日の夜、南京陥落の号外として、誤報された。実際は南京城総攻撃の前夜であったのだが、提灯行列までが行われ、私も中学生として神戸で参加した。翌日は旗行列となった。

国内の興奮は前線にも伝えられ、辻褄を合わせるために、それからの攻撃では無理が強いられることになる。予想より早い十三日に南京は陥落し、十七日には入城式が行われた。戦勝のムードは国内で朝野にひろがり、第二の満洲国の誕生まで予想して、進出を考える傾向まで生じた。すべてが和平への障碍となって、多田次長の和平努力に困難を加えてゆくのだが、彼はひるまなかった。

十二月十四日の閣議で、さきの和平条件のことが出た。内相末次信正海軍大将は「これで国民が納得するかね」といい、広田外相は「犠牲多ク出シタル今日、斯クノ如き軽易ナル条件ヲ以テシテハ、之ヲ容認シ難シ」と発言した。陸相杉山元大将が同意というと、首相の近衛文麿は「大体敗者トシテノ言辞無礼ナリ」と言った。

新しい和平条件は十二月二十一日の閣議で決定され、ディルクセン独大使に文書として渡された。前の条件に満洲国承認が付け加えられると共に、北支に日満支三国の新しい機関を設置し、内蒙古に防共自治政府を樹立する。中支に非武装地帯を設置する等々、甚だしく主権をそこなうものであった。其の他にも資源開発、関税交易の新協定締結とか、賠償支払い等の追加条件があった。相手の弱みにつけこんだ条件加重は、甚だ道義にそむくものといわねばならない。

八月十五日の日本政府の声明に「帝国ノ庶幾スル所ハ日支ノ提携ニ在リ……固ヨリ毫末モ領土的意図ヲ有スルモノニアラズ」とあり、「南京政府ノ反省ヲ促ス為」の正義のいくさと宣伝されていた。新聞には毎日のように「聖戦」の文字が見られた。筆もここまで来て、今さらながら私も裏切られたおもいである。敵方はなおさらだっただろう。

陸軍にも具眼の士があり、参謀本部第一部第二課の戦争指導班は、条件加重の閣議決定を取消すべしと決議した。その一員堀場一雄少佐の記録に「支那側に念をおした上での本措置は、国家の信義を破るとともに、日本は結局口実をもうけて戦争を継続し侵略すると解釈するのほかはない。これは道義に反する」とある。この決議は陸軍省にも伝えられ、次官梅津美治郎中将も共鳴して、杉山陸相に閣議決定を取り消すように進言したが一蹴され、決定内容はそのままディルクセン大使に伝えられることになったといわれる。小室直樹氏は「昭和史の本を読んでいて、この条にいたるたびに、いまだかつて嘆息痛恨しないことはない。あの時、なぜ、講和条件を加重するなどという、トンデモナイ愚行を演じたのか」と書く（『前書』）。

蒋介石はすでに十一月十二日首都を南京から重慶へうつすことを決定し、二十日に遷都宣言をしていた。彼が南京をはなれたのは十二月七日であった。何といっても首都の抛棄は、蒋にとって大きな打撃であった。内外の信頼がそこなわれるのは、やむを得ない事であった。開戦以来最大の苦境に立つ蒋に対して「ドブに落ちた犬を叩け」という中国のことわざをそのままに、さきに和平の意志を表明した相手の顔に、泥をぬったのは、日本の政府であり、参謀本部の和平派をのぞく軍部であった。中でも前に引用した高橋文彦氏が「（蒋と）人間的にひきあうものを感じた」と書いた米内海相は、それと裏腹の行動をとったのである。

後に知れたことだが、十二月二十七日蒋が招集した国防最高会議で、加重条件が論議された時、それでも交渉に応ずべしとする意見も出たという。しかし大勢はこのまま呑むわけにはゆかない、というものであった。中国側の回答がないまま、翌年一月十一日政府と大本営首脳が、御前会議に参加し、中国側の回答期限を一月十五日に設定した。回答は十四日ディルクセン独大使によって、広田外相に伝えられた。新たに提議された条件は範囲がひろすぎるので、その性質と内容を、具体的に確定してほしい、という内容であった。加重条件に対する拒否を婉曲に示したものだが、その日の閣議では攻撃が集中した。結局これは遷延策の逃げ口上にすぎないとの判断から、蒋政権を否定し、新しい政権を育成するという政府声明を出すことがきまった。多田の最後の努力は、ここから始まった。

一月十五日の大本営政府連絡会議で、広田外相は、政府としては交渉打切りを決定しているから、陸海軍統帥部もそれに同意してほしい、と求めた。参謀本部の多田次長は、この回答文で脈なしと断定するのは軽率だ。駐日中国大使許世英を通じて、中国側の真意をたしかめるべきだ。僅かの期日をあらそって、「前途暗澹たる長期戦に移行」するのは、あまりに危険で承服できない、と主張し、海軍軍令部総長伏見宮博恭元帥、次長古賀峯一中将もそれに同調した。

ところが政府側の陸相杉山元大将、海相米内光政大将が、もはや交渉は無用と、強硬に反対した。杉山は蒋介石には和平の誠意がないから、屈服するまで作戦せよといい、広田外相は「永キ外交官生活ノ経験ニ照シ」支那側に和平解決の誠意なきことが明らかであるのに、参謀次長は外務大臣を信用しないのか、とひらきなおった。近衛首相は、すみやかに和平交渉を打ち切り、我が態度を明瞭にすべきだと、かん高い声で叫んだ。

それでも多田はひるまず、交渉継続を主張し、海軍も軍令部次長古賀峯一中将がそれを支持する発言をした。論争に終止符を打ったのは米内であった。彼は古賀の発言を途中で制し――つまり問答無用ということだ――政府は外務大臣を信頼している。統帥部が外務大臣を信用しないのは、政府不信任ということだ、政府は辞職する外ない、と放言した。これは甚だ重大な発言なので、阿川弘之氏の大著「米内光政」（新潮社）をのぞいて、諸書にとり上げられている。米内の発言は「参謀本部がやめるか、内閣がやめるか、どちらかだ」とも伝えられている。

多田は「朕に辞職なし」との明治天皇の御言葉を引用し、国家重大の時期にあたって、政府が辞職を云々するのは穏当でない、と条理をつくしたが、政府は裏工作に出た。陸軍省を通じて参謀本部にはたらきかけ、内閣が総辞職すれば、政府側の強硬論が統帥部の弱腰に屈した形になり、世論は統帥部を非難するだろうとおどした。結局政府と統帥部の対立が外に洩れるのはまずいということで、参謀本部は屈服し、政府一任に態度を変えてしまった。首脳部の体面ばかりで、国益は二の次というわけだ。これによって支那事変拡大の最後の歯止めが、取りはらわれてしまった。米内は戦後に平和主義者とたたえられているが、真赤な嘘だ。論議を尽くすことをせず、辞職を切札にして主張を通そうとする傲慢不遜な態度は、後の連合艦隊司令長官山本五十六大将を連想させる。山本は真珠湾作戦の時も、ミッドウェイ作戦の時も、自らの作戦計画が軍令部に猛反対された時、これを通さぬなら辞職するといって、承知させたのだった。米内は後に終戦前の重大な時にも辞職を口にするのだが、彼も山本も、いざという時、とっておきのこんな手口をつかう人間であった。

翌一月十六日午前、広田外相はドイツ大使ディルクセンをよび、交渉中止をつたえ、仲介の労を謝した。大使は、決定を早まって、交渉決裂の責任が日本にあるような印象を、対外的に示すのは不利ではないか、と忠告したが、広田は耳をかさなかった。この日正午の政府声明が、すでに決定していたからである。声明の「帝国政府ハ、爾今国民政府ヲ対手トセズ。帝国ト真ニ提携スルニ足ル新興支那政権ノ成立発展ヲ期待シ……更生新支那ノ建設ニ協力セントス」という文言は、これだけで蒋政権を侮辱するに足るものであるが、政府は十八日、それを補足する声明を出して、「爾後国民政府ヲ対手トセズト云フノハ、同政府ノ否認ヨリモ強イモノデアル」「之（国民政府）ヲ抹殺セントスルモノデアル」とまでいい切ってしまったのだ。

いわゆる近衛声明の中で、最も問題とされるこの声明によって、日本は戦争で屈服させるべき相手も、こちらが降伏する相手も、自ら失ってしまった。それから七年半の間に和平の試みはあったが、正式の軌道に乗ることはなく、支那事変という、宣戦布告なき有史以来の大戦争は、いたずらに目の前にした敵とたたかうのみの、戦争のための戦争に堕してしまった。昭和二十年ポツダム宣言受諾による停戦交渉と、ミズーリ艦上に於ける降伏文書調印が、正式交渉の回復となり、中国大陸に展開していた百万の帝国軍隊は武装解除された。石原や多田のおそれた支那事変の結末の予想のとおりになってしまったのである。

戦勝ムードに浮かれていたとはいえ、近衛声明に加担した政府軍部の人たちの、リアリズムの欠如は何ということだろうか。実在する敵を無いものとして、ひとり相撲しようとしたのだ。中学五年だった私は、「対手トセズ」の文言を新聞紙上に見て、近衛首相のようなエライ人が、どうして市井人の口喧嘩のような言葉を使うのか、甚だ奇異に感じたことを覚えている。

戦後に近衛はこの声明を回想して、非常な失敗であったといった。多くの史書も、日米開戦にいたる道を拓き、帝国没落の契機となったこの声明を、近衛の責任に帰している。たしかに南京陥落時、「国民政権はやがて一地方政権に転落するであろう」とか「百年かかっても新興支那を建設して、これと日支関係を根本的に調整することが、基本的とならざるを得ない」と放言していた近衛の政治責任は重い。しかしこの声明を最も積極的に推進したのは米内であった。広田、杉山も強硬に主張したが、多田の和平論と正面からわたりあい、内閣総辞職問題にすりかえる論理まで駆使し、ついには寝技までつかって屈服させたのは米内その人であった。

阿川氏は米内がポツダム宣言受諾時の論争で、継戦派に対して「梃子でも動かず」戦争終結に持ち込んだと讃えるが(「文藝春秋」平成九年六月号)、蒋との和平に際しては、梃子でも動かず、国内の和平派に反対し、和平交渉を葬り去ったのだった。張本人とされる近衛のごとき、口では強硬論の筆頭のようでも、右翼のテロをおそれて、陸軍省や末次内相に同調したにすぎないともいわれている。

近衛声明を推進した主役の四相のうち、近衛、広田、杉山は、東京裁判による追及と断罪で非業の最期をとげた。ひとり米内のみ訴追を免かれ、戦後の生を全うした。のみならず昭和天皇の厚遇に浴し、それによって今も「一等大将」とか、「昭和最高の海軍大将」といった阿諛に事欠かない。しかし東京裁判史観によってでなく、われらの祖国日本の歴史の上で彼等の残した足跡は、功罪ともに正しく評価されねばならないのではないか。ことに近衛声明に於ける米内の責任は、他の三者の比ではない。その罪万死に値すといっても過言ではあるまい。

それを追及する者が無かったわけではない。例えば池田清氏は「海軍と日本」(中央公論社)の中で「多田次長の交渉継続論をはねつけてその後の事態収拾を困難に陥らせた点で、政治家としての米内、ひいては日本海軍の責任は免れないのである」と書いた。

また生出寿氏は「米内光政」(徳間書店)の中で、「大本営政府連絡会議での米内の発言は、軍部は政府に従うべきだということでは、まちがいではなかった。だがそれによって米内も、戦争終結の道をふさいだひとりになった」と書く。しかし生出氏がこの書の副題を「昭和最高の海軍大将」としたのは矛盾している。

これに比べて阿川氏の「米内光政」(新潮社)はひどいものだ。近衛声明の記述について、「陸軍という『武家』にかつがれた近衛首相は、一月十六日、有名な『国民政府を相手とせず』の声明を発表した。日本はこれで、事態がどう変化しようとも中華民国の実質上の統治者蒋介石と直接交渉が出来ないように、自ら道を閉ざしてしまうことになった。再びつながりが生じるには、七年半後『怨に報いるに徳を以てせん』という蒋の言葉を聞く時まで待たなくてはならない。個人的に蒋介石を識っていた米内は、公家流の無定見で無責任な総理大臣に、大きな不満をいだいていたようで、『私は近衛という人があまり信用できんのでね』と洩らしたことがある」と記すのみである。

まるで近衛声明は、陸軍のかついだ近衛のした事で、米内はそのような近衛を信用せず、批判的にみていたかのような書きぶりである。トラウトマン調停を米内がつぶした事など、全くの頬かむりだ。井上成美大将の言を引用して、米内を「一等大将」とたたえる阿川氏は、これで米内のアリバイづくりをしたつもりかもしれないが、彼の責任を近衛に転嫁するのみならず、近衛に対する米内の非難がましい言葉さえ披露するのは、いささか強引というものではないか。

今を時めく司馬史観では、大日本帝国憲法の構造的欠陥から、統帥が独走して政治をおさえ、無謀な戦争と敗戦をもたらした、という事になっているが、それは正しくない。支那事変を収拾不能にして、日米開戦への道を拓いた近衛声明は、政府が統帥をおさえて強行したものであった。政治家としての米内、近衛、杉山、広田の罪は、敗戦の責任者、戦禍を国家国民の上にもたらし、国運を傾けた責任者として、改めて裁かれねばならない。

無差別爆撃と米内光政

昭和十二年七月七日にはじまった北支事変は、八月九日の帝国海軍軍人の殺害事件で、上海に飛び火した。対策をきめる八月十三日の閣議では、陸軍の派兵を求める海相米内光政大将の主張が通って、八月二十三日上海派遣軍の敵前上陸となり、日中全面戦争へと戦域が拡大してゆく。だが海軍はすでに空軍力によって、戦域をひろげていたのだった。八月十五日にはじまる渡洋爆撃である。この日台風圏内の暴風雨をついて、中攻機（九六式陸上攻撃機）二十機が長崎県大村から南京へ向かい、台北から十四機が江西省南昌を空襲した。第一次大戦のドイツ軍機のロンドン空襲以来の渡洋爆撃だったので、世界の注目をあび、日本国内では赫赫たる戦果と、もてはやされた。十二月の南京攻略まで、南京空襲は三十六回行われ、延機数六百機、投下爆弾三百《トン》を数えた。焼夷弾はまだあまり用いられていない。

　九月二十日第三艦隊司令長官長谷川清中将は、上海総領事を通じて、中国非戦闘員に対し、南京市街から避難を勧告する宣言を発した。これは事実上、無差別爆撃の通告である。二、三千《メートル》の上空から精密爆撃をする技術が無いための、窮余の策であった。それから二十五日まで、十一回行われた南京空襲の惨状が、日本国民には伝えられなかったが、ＡＰ、ＵＰ、ロイターなどの通信社を通じて世界に報道され、九月二十八日の国際連盟総会では「多数の子女を含む無辜の人民に与えられたる生命の損害」に対する弔意を表し、弁明の余地なしと日本を非難する決議案が、全会一致で可決された。

　すでに昭和八年連盟を脱退していた日本の政府は、これを黙殺したが、ドイツ機の無差別爆撃を告発するピカソの「ゲルニカ」が、パリ万国博のスペイン共和国館に展示されていたタイミングもあって、ナチスドイツへの非難にあわせて、日本海軍の無差別爆撃の非人道性が、世界的な攻撃の的となり、中国への同情があつまった。

日本国内に批判が無かったわけではない。九月六日の第72臨時議会の衆議院予算委員会で、政友会の東武が質問していた。「日本海軍飛行機ガ非戦闘員ヲ攻撃スルハ非人道的ナリトノ英国通牒ニ対シ海相ノ御考ヘヲ伺ヒタシ」。これに対して米内海相は「日本ノ国民ハサウ云フ野蛮ナ国民デハアリマセヌ、我ガ海軍ニ於キマシテモサウ云フコトハ教育致シテ居リマセヌ」と答えているが、官僚らしいそつの無い答弁だ。無差別爆撃を否定しているかのようだが、教育していないというだけで、やっていないとは、言っていない。だから嘘をついていないつもりかもしれないが、民間人をなめたはぐらかしかたである。阿川弘之氏は「米内光政」（新潮社）の中で、「米内は陛下に対しても五相会議出席の閣僚に対しても、陸軍のような嘘ごまかしを一切言わなかった」と書くが、国民に対しては、嘘ごまかしも平気だったようだ。

同じ時、同じ議員の質問に答えた広田弘毅外相の答弁は、米内のようなごまかしではなかった。「我ガ軍隊ハ決シテ支那人其他非戦闘員ニ対シテ、殊更爆撃ヲ為スガ如キコトノナイコトハ勿論ノコトデアリマシテ、其点ニ付キマシテハ、ソレゾレ陸海軍ニ於テモ十分ナル注意ヲ払ッテ居ルモノデアリマス」とハッキリ言ってのけたのである。逆説めくが、同じ嘘つきでも、米内にくらべて、広田は正直な嘘つきだったといえる。中学生だった私は、新聞やラジオによって、これらの嘘をまこととと信じ、無差別爆撃は敵側の宣伝であり、敵国を支援する諸外国の謀略と考えていた。

戦略爆撃は南京陥落の後、新しく首都となった重慶に対して、執拗に続けられた。昭和十三年から十八年まで、空襲は二百十八回、延九千五百十三機、死者一万一千八百八十九人といわれる（重慶市委員会資料　一九八五年刊）。ことに支那方面艦隊参謀長井上成美中将が、山口多聞少将、大西瀧治郎少将を用いて、昭和十五年五月から九月まで続けた百一号作戦は、日露戦争の時の日本海海戦に匹敵するものだと、井上が公言したもので、陸軍も協力した。彼が十月に東京へ転任したあと、百二号作戦が昭和十六年七、八月に行われた。両作戦とも稼働機をすべて用い、乗員の休憩もろくにとらせずに強行された。都市爆撃で残虐な威力を発揮する焼夷弾も多用された。

空襲を迎える側は昼夜をとわぬ爆撃で、攻める側以上に休むことが出来ず、疲労爆撃という名で呼んだ。最も悲惨な犠牲は百二号作戦直前の昭和十六年六月五日夜に生じた。重慶の地下には岩盤にトンネルをうがった地下街があり、防空洞といった。空襲警報でその一つ、定員六千五百の防空洞に、定員の倍以上の人が逃げこんだ。通風機が故障して苦しくなった人達が脱出しようとしたが、警報中は出入り口が閉鎖されることになっていて出られなかった。そのため悉くが窒息死と圧死をしてしまった。死者数は、はじめ当局が九九二人と発表したが、「ライフ」誌には四千人、ハン・スーインの自伝では一万二千人となっており、三万という推定もある。私の記憶では、一度だけ新聞の片隅に、中国側の防空壕の欠陥で、多数の死傷者が出たという記事を見ている。

井上が百一号作戦を日本海海戦になぞらえた時、彼はそれによって支那事変を決着させることを期待したのだろうか。それともパーフェクト・ゲームと評された大戦果をあげるつもりであったのだろうか。いずれにしても全く期待はずれの結果におわったのだから、軽率な発言であった。しかし不思議なことに、その軽率さを指弾する声はきかれない。

前田哲男氏は百一号作戦について、次のように書く。「蒋介石政権を屈服させ『支那事変の早期解決』を図るには、本作戦が最良の具体策であるとの認識は、東京においても同一であった。その中央政府の総理大臣は、日中戦争勃発当時海軍大臣の地位にあり、前年の『五・三、五・四』爆撃のさいも同じ椅子に座っていた米内光政予備役海軍大将が着任していた。そして現地最高指導部の参謀長は米内海相時の軍務局長で終生かわらぬ懐刀となる井上成美であったから、政・軍間の情勢認識や作戦方針に食いちがいを生じる余地はほとんどないといってよかった」(「戦略爆撃の思想」朝日新聞社)。また「対米英政策に関してなら理性と沈着さを主張できる米内、井上両提督も、中国作戦と中国人の目から判定する限り、アジア人に対しては野蛮さを隠そうとしない、他と同列の日本軍人でしかなかった」とも書く(「前書」)。

日本海海戦のような戦果は得られず、まして支那事変の早期解決も達成できなかった戦略爆撃は、大きな禍根をのこした。昭和十五年六月三十日の重慶市臨時参議会は、日本軍閥の暴行に対する非難決議をして、次のように述べた。「無辜の市民多数が犠牲となり、文化機関、学校、報道機関、教会に被害を生じた。敵の目的は明白である。すなわちわれわれの抗戦意志を打ち砕き、第三国外交官および居留民を脅迫して、この地に留まることを諦めさせて、その上で日本が東亜に君臨する迷夢の実現を図ろうとするのである。われわれは今日本軍閥に告げよう。その企画は決して達成されることはない。重慶市民は、この敵機の残虐な暴行に対し、一人として怒りを発しない者はいない。残酷きわまる空襲の下でわれわれに刻みつけられた仇恨は、百年経っても消えるものではない」。

「アジアの戦争」(一九四一)を書いたエドガー・スノーはこの爆撃の見聞から、進行中の作戦によって、中国の政治中心地としての重慶を滅ぼすことは不可能と指摘した。彼は空襲につづく本格的な占領が可能な場合のみ、市民を殲滅する意志の下に企てられた空爆作戦は成功すると考えていた。重慶占領の可能性は無い。たとえ市内の全建築物を破壊し去っても、重慶の首都機能を奪うことは出来ず、その行為はブーメランのように侵略者に投げ返されるであろうと予言した。

これまで中国側の被害について詳述して来たが、攻撃側に被害が無かったわけではない。むしろ当初から被害は甚大であった。最初の南京渡洋爆撃で、大村から出撃した中攻機二十機のうち、喪失四機、被弾機多数で、使用可能機は半減し、司令部に衝撃を与えた。その後も被害は続出したが、その原因は、中攻機過信による海軍内の戦闘機無用論であった。山本五十六、大西瀧治郎、源田実という強力な系列が、攻撃機隊のみで米戦艦を撃滅できると主張し、牛耳っていたからである。これは後の対米海戦にも禍根となり、戦闘機を空母の主力とする米国に、太刀打ちが出来なかったのだ。護衛戦闘機なしで出撃する中攻機は、ソ連製のE15、E16、米機のカーティス・ホークなどの戦闘機の餌食となった。

その上、中攻機の前下方には旋回銃が無いという、構造上の欠陥があった。昭和十四年十一月四日に六十三機が漢口基地から成都を空襲した時、その死角をついたE16によって二機が撃墜された。その一機に搭乗していた指揮官奥田喜久司大佐は、私の中学の先輩で、戦地に発たれる前、校庭で全校生徒に挨拶訓辞されたのを覚えている。

これより先、大西瀧治郎大佐は、第二連合航空隊司令官として、十月十九日に漢口基地に着任し、早々に全機を投入して、成都の太平寺飛行場を白昼攻撃するといい出した。それは同月三日と十七日に、漢口基地が敵のSB爆撃機の空襲で多大の損害を受けたことの非難をかわし、復讐を企図するものであった。折から操縦席の下に銃架をとりつける工事が始まっていたが、大西はあえてそれを無視し、「指揮はおれがとる」といって強行しようとした。「司令官、それはいけません」と制した奥田大佐が、身代わりとなったのだった。死を予期していた彼は、出撃の際に、遺書をのこしていた。

成都についで、ソ連から重慶に運ばれる飛行機の中継基地、甘粛省の蘭州を攻撃することになった。武田八郎大尉が、前方銃座の改装工事のすむまで、出撃を延期してほしいと意見具申したが、大西は激怒してどなりつけ、鈴鹿へ彼を飛ばしてしまった。しかし奥田大佐の犠牲を無視することは出来ず、攻撃は工事完了まで延期された。敵戦闘機による被害は、昭和十五年八月十九日から、航続力のすぐれた零戦が、護衛につくようになって解決した。しかし部下の生命を軽んずる司令官たちにとって、爆撃のふりそそぐ下の人間の姿は、目に入る筈もなかった。

日本海軍の無差別戦略爆撃は、ナチスドイツのゲルニカ爆撃と共に、それまで公然とは行われなかった非戦闘員の大量殺戮という行為の先鞭をつけてしまった。これによって、日本に対して、同じ行為で報いることに、良心の呵責を感じなくてすむ口実が与えられたのである。目には目をということだ。昭和十六年一月十六日ルーズベルト大統領は、会議の席上「海軍は日本の都市に関し、爆撃実施の可能性のあることを考慮すること」と指示したと、コーデル・ハル国務長官が回想している。その四年後に、ドイツに対しては行われなかったアメリカ陸軍の無差別爆撃が、日本に対して徹底的に行われたのである。

「目には目を」のハムラビ法典よりも、日本人には因果応報の観念の方が、なじみ深いと思われるのだが、「今日は人の身、明日は我が身」という感懐が、米内や井上にはなかったのだろうか。強いアメリカには不戦を主張し、平和主義者とまでいわれる彼等は、中国の空を、奥地ふかくまで荒らしまわったのだ。今も帝国海軍を讃美する阿川弘之氏は、通信科の予備学生のころ「よく教官の口真似をして、『海の荒鷲、陸の鶏』と、陸軍の航空を馬鹿にしてましたけど」と書く（「高松宮と海軍」中央公論社）。だが中国上空の荒鷲は、鳥なき里の蝙蝠ではなかったのか。因果はめぐる。五年後には日本国民の上に重慶市民と同じ惨禍がふりかかって来るのである。私はそれを東京と大阪でたっぷりと経験した。はじめのうちは高高度であったが、次第に高度が下げられ、ついには白昼眼の前を悠々と通り過ぎてゆくB29の大編隊に、切歯扼腕するのみであった。

先年長崎の原爆資料館建設にあたって、加藤周一氏ら有識者が顧問として、原爆被害写真の展示と共に、支那事変の時の南京虐殺の写真も展示すべきだと主張して、物議をかもした。その決着は知らないが、南京虐殺が原爆投下をもたらしたという因果関係には、いささか論理の飛躍があると思われる。だが中国に対して無差別爆撃を加えた日本に、無差別爆撃をして何がわるいか、という論理は、口実としても一応成り立つのである。米内と井上は、その口実を敵国に与えたことを自覚し懺悔すべきであった。

ヨーロッパではアメリカ陸軍の方針として、主要目標に対する昼間高高度精密爆撃がとられていたが、日本空襲に際しても、その方針がとられようとした。しかし前述のような大統領以下首脳部の意向から、市街住宅地域の焼夷弾攻撃に反対した者が、あいついで退けられ、昭和二十年一月カーティス・ルメイ少将がグアムに着任した。彼が都市のナパーム焼土戦術を開発した業績を、ルーズベルト大統領と陸軍航空軍総司令官アーノルド大将が評価した人事であるといわれる。

第一回の無差別焼夷攻撃が行われた昭和二十年三月九日の夜、私はたまたま埼玉県入間川の知人宅にいて、空襲警報に出会い、すすめられるままに泊めていただいた。翌十日未明へかけての東京空襲の情況はラジオで知った。二階から遠望すると、東京の上空には、夕焼け空のような色が、中天までひろがっていた。B29三百三十四機の来襲で、ナパーム弾一千六百六十五トンが投下された炎の下で、八万人の命が奪われていたのだった。これは広島での原爆死者の数に等しい。後に知った事だが、風向きを考慮に入れ、火災の範囲を最大にするよう緻密に計算された投下方法は、アウシュヴィッツのガス室を大規模にした屠殺技術の極致であった。

戦後読んだ武谷三男氏の著書のナパーム弾に関する章で、この時路上で焼死した母子の写真を見た。ねんねこで背負っていて仰向けに倒れたまま、炭化して二人とも真っ黒になった遺体であった。何処の誰とも、わかる筈が無い。おそらく息がつまって倒れ、苦しみながら死んだあと、焼かれたのだろう。意識が無くなるまで、何を思い、何を言いたかったのだろうか。今も私はこの写真を思い出すたびに、無告の民という言葉が頭にうかぶ。訴えることの出来ない人たちのことである。何もいえなかった人にかわって、大声で叫びたい衝動にかられるが、私に残された時間はもうあまりない。

この空襲のあと、私は医学生の身分のまま、大阪市藤永田造船所内の診療所に勤務していた。主として駆逐艦をつくっていた会社だったが、最後は敵上陸の際に用いる大八車までつくったりした。終戦の日までいた大阪では、工場の内外で、くりかえし空襲をうけ、多くの死傷者を見た。形ばかりの粗末な防空壕の中で、息をひそめるだけの事だったから、一寸した偶然で自分がそうなったかもしれない人たちの姿であった。

その中でよく思い出されるのは、夜間空襲の翌日、焼跡の一角に横たわっていた父子の遺体である。厚司を着て地下足袋をはいた、労務者風の屈強な父親によりそって、二才ほどの男の子が横たわっていた。ふっくらした頬の、かわいい子供だった。綿入れのちゃんちゃんこを羽織っていた。その紺と茶の弁慶縞の色を、半世紀を経た今でも思い出すと、目がしらがあつくなるのだ。としのせいかもしれない。この時手足が丸々と太っているように見えたが、それは死後の体内の化学変化が進行して、ガスが発生したためであろうと思ったのは、医学生としての眼であった。

私事にわたることでは、七月三日夜の高松市空襲で、家に火がついて近所の人と避難しようとした母方の祖父は、路上でたおれ、それきりとなった。極度の緊張による脳卒中か、心筋梗塞であったと思われる。無差別爆撃とは、こういう一人一人のことを、全く眼中に入れないから出来ることなのだ。

終戦まで続けられた本土空襲による死者は、原爆も入れて二十九万七千人、原爆症による戦後の死者、広島十三万人、長崎七万人も、これに加えねばならない。兵器はもとより、食糧生産もままならぬ情況で、本土決戦がなくても、敗戦は目に見えていた。中国が空襲に屈せず、日本が空襲で敗れたのは、中国よりも近代国家であった故の弱点のためだといわれる。日本が島国であったこと、世界を敵としていたことを考慮に入れても、日本が空襲に対する弱点をもっていたことは事実だろう。近代国家でなかったベトナムが、アメリカのいわゆる北爆に屈しなかったことが対比されるのである。北爆では七年間に一千三百万トン、日本全土に投下された十五万四千トンの八十四倍の爆弾が投下されたが、アメリカが敗退したのだった。

一九六四年アメリカ国防総省で北爆か否かの激論がなされた時、ルメイは「北爆をすれば中国が南ベトナム爆撃で報復するだろうから、そのチャンスに北京を原爆攻撃して、一挙に決着をつければよい」と主張したという（平成十一年十二月十七日読売新聞「20世紀どんな時代だったか」）。北爆開始は翌年だったが、中国はその手に乗らなかった。だが国防総省内の北爆反対論者は、中国は報復爆撃の手段をさけ、国際世論に爆撃の残虐さを訴えるだろうから、世界に反米世論が高まって不利だと主張していたのだった。現実にはアメリカ国内にまでベトナム戦争反対の世論がまき起こって、敗戦にいたるのである。

ルメイが主導した日本本土に対する米軍の無差別爆撃は、まさに非人道行為であり、一九二二年ヘーグの空戦規則第二二条に違反するものである。だがアメリカ大統領をはじめ、その責任者は、非を認めたことがない。その最も著しい原爆投下にしても、歴代大統領は、投下しなかった場合にくらべて、敵味方とも犠牲を少なくすることが出来たと、正当性を主張するのみである。政治家というものはそういうものだろう。おのれの非は認めたがらない。講和条約で解決済みのことでも、道徳的な非を認めたら、補償を要求する声があがる世界の現況からすれば、尚更だ。だが「世界歴史は世界法廷である」というヘーゲルの立場からすれば、無差別爆撃の罪は追及されねばならない。アメリカのそれが悪であると共に、日本のそれも悪であることを、明らかにしなければならない。

私は仏教信者といえる程の者ではないが、この問題については、因果応報の説をとる。米内、井上の強行した中国への無差別爆撃という罪が、アメリカの日本本土無差別爆撃をもたらしたと考える者である。たとえ日本が中国でそれをやらなかったとしても、いくさの成り行きによって、アメリカが日本に対してやったかもしれない。原爆投下もそうだが、人種的見地から、アメリカはドイツに対してやらなかった事をしたという説がある。アメリカ国内に於ても、ドイツ、イタリア系の米国人にはしなかった強制収容を、日系米人には戦争の当初から行い、戦後も最近までその非を認めず、補償もしなかった。

しかし原爆を頂点とする無差別爆撃の被害をうけた日本人として、同じ無差別爆撃の犠牲となるなら、嘗て中国でやったことを、アメリカにされたというより、中国でそれをしなかったのに、アメリカがやったという方が、ましではなかったか。ルーズヴェルトは人も知る高血圧性脳症の患者で、その晩年——というのは戦争の末期でもあったが——には、正常な判断が期待できる状態ではなかった。その冷血の犠牲になったとしても、こちらが非人道的行為をしなかった方が、良かったのではないか。

阿川弘之氏を筆頭に、今なお名将と評価する人の多い米内、井上両大将であるが、世界にさきがけて、非人道的な無差別爆撃を中国本土に展開し、敵国民に多大の犠牲を与えたのみならず、アメリカに同じ行為をさせる口実を与えて、わが同胞を殺傷させることになった道義的責任は、とるべきであった。だが両者ともその自覚も反省もみられず、遺憾の表明がひと言もなされないまま、世を去ってしまった。のみならず、米内の如き、原爆投下を天佑と言ってのけたのである。天のたすけと言ったのだ。これが人間の口にできる言葉であろうか。日本人の言葉か。

斎藤隆夫と米内光政

昭和十二年七月七日の盧溝橋事件にはじまる日中間の衝突を、七月十一日の政府閣議で北支事変とよぶことに決定したのは、この日陸軍の派兵が決定し、警察行動の範囲でも用いられる、事件の規模でなくなったからであった。戦略物質の輸入が不可欠であるなどの国際法上の思惑から、この後も宣戦布告は見送られ、形式的な外交関係の断絶をしないままの交戦状態となる。この時国民のうけた印象は、国運を賭した日露戦争のような大戦争でなく、昭和六年の満洲事変のように、皇軍優勢のまま、早期解決にいたるだろうという感じであった。

現地交渉が続けられながら、局地的衝突が散発していたが、内地から三個師団が出動して、七月二十八日華北で総攻撃が開始された。東京朝日新聞七月二十九日付号外は、「皇軍の向ふ所敵なし」「暴支膺懲第一日の戦績」の大見出しの下に、北平（北京）の包囲情勢を報じている。第二次上海事変の勃発で、九月二日に支那事変の呼称が閣議決定されてからも、新聞、ラジオは連戦連勝を報じた。中学生の私は、大和魂が武装した日本軍だから、激戦の果てには必ず勝つと思って疑わなかった。当時の国民の多くがそうだったのではないだろうか。新聞やラジオがそれを煽り立てた。だが一人、そうでない人のいたことを忘れられない。夏休み明けに登校した時、多くの先生が授業のはじめに、戦争のことを口にされた。大抵は報道された戦果に感嘆し、気を引きしめるよう、といった口調であった。しかし国語の先生だけが、開口一番「今度の戦争で最も強く感じたことは、支那軍が強いということだ」といわれ、彼等の抵抗のあなどり難い事を説かれた。他の誰からも、マスコミからもきいたことのない話なので、ショックを受けた。

三高京大御出身の若い先生で、着任されて一年にも満たなかったが、講義内容は精緻をきわめ、しばしば中学のレベルをこえるものを、まともにぶつけて下さった。得難い教師だった。しかし文字通り狷介にして容れずという御性格のため、同僚の教師たちからは、変人とされた。私の卒業後、教場での御発言がエスカレートし、ついに「このままでは日本は敗ける」と言われるにいたった。「けしからんことを言う先生だ」と在校生が言っていた。昭和十四年三月、先生は私の母校を去られたが、支那事変で敗けるというのは、その時点としては、希有の御発言であり、御卓見であったと思う。小泉磯玖夫《きくお》というむつかしい御名前を、今も忘れることができない。政府や軍の首脳部には、名も無き民のことばに耳を藉すいとまがなかったにしても、独善的な為政者は、本章でとり上げるように、公けの場での批判を圧殺して自滅の道をゆくのである。

事変初期にはラジオと新聞で戦死者の名前が知らされたが、間もなく新聞報道のみとなった。一地域の戦闘で数万の死者を出した太平洋の戦いでは、想像もできぬことであるが、この時期、政府にもマスコミにも鎮魂の気持があったと思われる。東京朝日新聞には、この年九月二十三日保定爆撃時に戦死した航空兵、佐藤主計陸軍大尉の訃とともに、うめ子未亡人（27）が伊豆東海岸の稲取で入水された記事が、遺書とともに写真入りでくわしく出ていた。

敵側戦死者についての記事はあまり無かったが、それでも私の念頭を去らない朝日の記事があった。事変初期の永定河（無定河）近くの戦いのあとをたどりつつ、記者の見聞した情景を綴った文章だった。葬られないまま横たわっていた敵兵の屍体は、白骨化した脚にゲートルが巻かれていた。それを見た感懐を彼は古詩に託して記した。「憐れむべし無定河辺の骨　猶お是れ春閨夢裏の人」中学生の心に、この詩は強い印象を刻みつけた。やっと五十年後に、この詩が唐詩三百首の中の陳陶の作であることを知った。七言絶句の前半は「誓って匈奴を掃わんとして身を顧みず　五千の貂錦胡塵に喪う」となっている。今でも支那事変の名とともに、私にはこの詩が思い出されるのだ。新聞記事にしては感傷的な文章であった。

八月二十九日の朝日には、「敵兵に涙の墓標　天晴れ戦死の支那青年将校　我が武将にこの情」という見出しの記事がある。八達嶺の戦線で壮烈な戦死をとげて、我が軍の将兵を感嘆させた中央軍第八十九師の少金永少尉（24）の墓標を、福田部隊長が建てて供養したとある。のちに鬼畜米英などと敵をおとしめ、ののしる記事ばかりとなった紙面からは、想像できないことである。

こういう話は昔にもあった。豊臣秀吉が朝鮮を攻めた文禄慶長の役（一五九二——一五九八）の緒戦で、第一陣の小西行長は釜山を落として、要衝東莱の攻撃にうつった。まもる側の司令官が逃亡したため、文官の宋象賢長官が軍の指揮をとることになった。攻める対馬の家老柳川調信は嘗て使者として訪れた時、宋と親交を結んでいたので、逃れるようにすすめて、退路を示した。しかし象賢はききいれず、城を守って戦死した。彼を惜しんだ調信は対馬島主の宗義智、僧玄蘇とはかって、その屍を城の東門の外に手厚く葬り、木の標を立て、詩を作ってこれを祭ったという（上垣外憲一「空虚なる出兵」福武書店）。だがその後は殺戮と破壊ばかりの戦争となってしまったのである。

主な作戦のあとには、敵の損害として遺棄屍何名、我方の戦死何名と報ぜられた。昭和十三年十二月二十七日付東京朝日新聞に、「聖戦一年有半の戦績」の見出しで、開戦以来十一月末までの、十五戦線の個々の戦果が記されたあと、総計として敵遺棄屍八十二万三千二百九十六、我方戦死四万七千百三十三と出ている。敵の損害に比して、こちらの損害の少ないことを以て、是としたものだが、三年後に始まった戦争で敵味方の損害は逆転し、多くの友軍将兵の死屍が収容されず、野ざらしのまま打ち棄てられる事態となることを、誰が予想し得たであろうか。

餓島といわれたガダルカナルでは、三万二千人の兵士が参加して、二万四千人が戦死か戦病死した。後者の殆どはジャングルに残された餓死者であった。ニューギニアでは、参加した十六万人のうち十五万人の屍体が取り残された。その人たちの眠る地を今もたずねる遺族たちのことは、逸見じゅん氏の「レクイエム太平洋戦争」（ＰＨＰ文庫）にくわしい。インパールでは十万人のうち六万人が死んだが、そのうち四万が病死と餓死であった。病死とはいっても、飢えがあればマラリアやアメーバ赤痢には勝てないのだ。撤退路は白骨街道とよばれ、彼等の眠るアラカン山系を訪れる人はもういない。レイテではルソンから急派された三個師団のうち、一万人以上が取り残されて餓死した。

戦中には伏せられ、国民に知らされなかったこの残酷な戦場の実相は、玉砕という美名でたたえられた孤島の情況と同じであった。これはまともな戦いといえるものではない。しかも一度や二度でなく悲惨な事態をくりかえし、改善の努力もしなかった戦争のあり方は、異常ではないか。戦後もその責任者に対する批判は甘い。ガダルカナルに投入された米軍六万のうち、死者は千人、餓死者ゼロという損害にくらべて、日本軍のそれは、あまりにもちがいすぎると言わねばならない。

作戦の誤りが第一の原因であろうが、補給の軽視という日本軍の根本的な欠陥は、気がつけば是正できるものであった。太平洋のはるか彼方まで、守備範囲をひろげることはなかったのである。だがすでに事変初期からこの傾向は現れていた。昭和十二年十二月一日第十軍が、南京攻略に際して下達した補給計画大綱には、「戦機ノ捕捉ト後方補給ノ状態トハ、相矛盾スルモノアルモ、集団ハ自給ヲ主義トシ、勇躍南京ニ向ヒ敵ヲ急追ス」「糧秣ハ追送補給セズ」とある。現地で賄えということだが、無理を生ずるのは当然だ。この時、相手にとっては迷惑千万だったが、日本軍に餓死者は出なかった。しかし太平洋では通じない作戦方針であったのだ。「すべて剣をとる者は、剣によりてほろぶ」という（マタイ伝）。敵の遺棄屍の数が、我が方より圧倒的に多い事変初期の情況が、のちに逆の形で現れたことは、補給や作戦の失敗以外に反省すべきことがあったのではないか。この観点から論をすすめてゆきたいと思う。

幟をたてて小旗をふり、出征兵士を送る行列は随所にみられ、街角には武運長久を祈る千人針の求めに応じる婦人たちの姿がみられた。別れの悲しみとともに、戦死者を出した遺族の悲しみもふえて行った。晴れの出征、名誉の戦死と、それを昇華させるため、政府はマスコミを利用して、国民の士気を鼓舞し、マスコミも便乗的に協力した。報道で楽観的な戦勝気分をあおり立てるのみならず、文化活動にも意を尽くした。事変のはじめ、大阪毎日新聞と東京日日新聞は共同で、時局歌を募集し、第一位に本多信寿の「進軍の歌」をえらんだ。「雲わきあがるこの朝《あした》　旭日のもと敢然と　正義に立てり大日本　とれ膺懲の銃と剣」の第一節にはじまり、新聞紙上に氾濫する皇軍礼賛と、叱咤激励の字句をちりばめたもので、当時の表面文化を示す恰好の資料ともなり得るものであった。その発表を私はラジオできいたが、陸軍戸山学校の筒井快哉作のメロディーは、ヨナ抜き五音音階の長調で、覚えやすく歌いやすいものであった。

第二席とされた「露営の歌」は、審査会で没になっていたものを、北原白秋がとりあげたものだが、古関裕而の曲を得て、この方がすっかり有名になってしまった。十月にコロムビアから発売されたレコードは、A面に「進軍の歌」、B面に「露営の歌」が収録されていたが、B面の方ばかりが聴かれ、放送された。A面をポジとすれば、B面はネガを見るように、明日をも知れぬ戦場に立つ兵の感傷がうたわれていた。五節のすべてに死という語か、それを意味する字句が出て来た。同じ五音音階だが、短調の哀愁に満ちたメロディーが、この歌を聴く者にも口ずさむ者にも、悲愴の感情をかきたてた。軍歌としてみれば、歩武堂々と行進する兵隊の姿が「進軍の歌」なら、「露営の歌」には涙をふるい、歯をくいしばってたたかう男の姿があった。たとえば「いくさする身はかねてから　捨てる覚悟でいるものを　ないてくれるな草の虫」とあって、後に軍部に嫌われるのだが、古関はこの個所に最も強く惹かれて作曲したという。レコードは八十万枚のベストセラーとなり、戦中の軍国歌謡でもっとも広く歌われる曲となった。出征兵士の見送りにも、「戦友」とともにうたわれはじめた。岩波書店の「近代日本総合年表」には、昭和十二年の社会欄に「(露営の歌)出征歓送歌となる」と出ている。

地図の上からは、上海戦線の進展がはかばかしくないことがみてとれたが、国民の間に勝利を疑う気配はみられなかった。しかし戦局打開に苦慮する近衛首相はじめ首脳部は、疑心暗鬼から国民の不安を懸念した節があって、いろいろな手をうっている。八月二十四日の閣議では国民精神総動員実施要綱が決定された。精動と略称されたこの運動は、当世風にいえばマインドコントロールだろう。中学生の頭でも、人や物を動かす動員の語を精神にくっつけた造語に、違和感をいだいたものであった。精動の中央連盟が出来るとともに、市町村や事業所単位の参加が求められた。後には遊興営業時間の短縮、ネオン廃止から学生の長髪禁止、パーマネント禁止などを、叫ぶようになる。精動を布石として、翌十三年四月一日には、人と物を動かす国家総動員法公布となるのだ。

右の要綱に、「この運動の目標は、挙国一致、尽忠報国の精神を鞏うして、事態がいかに長期にわたるも、堅忍持久あらゆる困難を打開して、所期の目的を貫徹すべき国民の決意を固むるにあり」と長期戦のおそれが出ているのは、近衛の自信の無さを示すものではなかったか。

内閣情報部は九月二十五日、新聞紙上で愛国歌の歌詞と曲を募集した。ナチス突撃隊のホルストヴェッセル・リートや、イタリア・ファシストの行進曲に負けない、国民こぞって愛唱する歌が目標とされた。歌詞は五万七千、曲は九千五百の応募があり、一位に森川幸雄の詩、瀬戸口藤吉の曲が入選した。後者は軍艦マーチの作曲者であることがわかって、人々を驚かせた。七十歳、病床での作曲であった。歌詞の補作に際して、選者の北原白秋と佐々木信綱の間で激論が交わされ、両者はその後あいまみえることが無かったという。大きくつくり変えられた歌詞は、皇国をたたえ、聖戦完遂を鼓舞するキーワードの集合ともいうべきもので、十二月二十日に「愛国行進曲」の名で発表され、国民教化に大きい力を及ぼした。レコードは各社競作で百万枚出たといわれる。しかし森本敏克氏の「音盤歌謡史」(白川書院)によれば、「国民皆唱」のうたい文句で、あらゆるマスコミが動員された宣伝にもかかわらず、「目的とした流行歌の駆逐にはならなかったと、ときの検閲官は述べている」。この曲は公けの場で、国歌のように歌われたが、国民大衆が私的生活の中で愛唱したのは、もっぱら悲しみのうた、哀愁の曲であった。

九月一日の朝日に「○○鎮遂に陥落」という大見出しがあり、記事の内容は「三十一日正午○○部隊は○○鎮を完全に陥落せしめた」となっている。今からみれば滑稽だが、当時としては大真面目な記事だったのだ。よらしむべし、知らしむべからず。の情報秘匿は、こんな程度のことから、終戦の大事にまでいたるのである。この日の夕刊には、それが要衝呉淞《うーすん》鎮と発表された。それをうけて、九月五日付朝日の号外に「支那なほ反省せずば　長期戦も辞さず」の大見出しで、近衛首相の演説が発表されている。今これを読むと、長期戦になってしまった時、こんな筈ではなかったという、国民の非難をかわすための予防線だったような気がする。

さらに近衛をはじめ首脳部の焦りを示すものは、戦勝祝賀の行事であった。この年十月と十二月の二回、全国で行われた。十月二十七日上海戦線の大場鎮完全占領が報ぜられ、この日帝都では午後一時から小学生、女学生、八十万人が旗行列、翌日午後六時から中学生、青年団らの提灯行列が行われた。夕刊には「歓喜帝都に爆発」の見出しがあり、二十九日の朝日記事では、提灯行列予定一万二千の数倍の参加があり、主催者の東京市教育局が「日露戦争以来初めて見る熱狂的現象」と発表したとある。私も神戸で参加したが、ラッパを先頭に、軍歌を歌い、万歳を連呼した。群集心理が勝利感をかきたてた。だが大場鎮は新聞の報道したほどの要衝でなく、これによって大勢が決したわけでもなかったことは、今日明らかである。支那事変の戦史でも無視されてしまった。前出の岩波の年表にも、南京陥落は政治欄に、その祝賀行事は社会欄に出ているが、大場鎮の名はどちらにも出ていないのである。しかし参加した者の実感としては、大場鎮は始めてのことでもあり、その昂奮から、南京の時にくらべて、どちらが盛大であったか甲乙をつけがたい。

上海戦線は四個師団と一個旅団からなる第十軍が、十一月五日杭州湾に上陸、側面迂回攻撃して漸く打開されたのである。大場鎮の祝賀行事は、それを先取りしたいわば前祝いの景気付けであったのだ。今は顧みられることのない所以である。しかしこの祝賀ムードが呼び水となって、南京の時には総攻撃直前の十二月十日夜、号外が光華門突入を陥落と誤報したため、直ちに帝都ではかねて用意していた提灯行列が行われた。翌十一日には全国に祝賀行事が波及した。だが正式に南京陥落が発表されたのは、十二月十三日のことである。報道が先走ったため、現地軍には無理があったといわれる。この時も私は提灯行列に参加したのだが、出発の前に、中学の音楽教師が全校生に、「戦友」と「露営の歌」をうたわないよう、とのお布令があったと伝えた。どこからの指示か、たずねもしなかったが、軍の意向らしいことは想像された。そのため行進中に付き添っていた教師から、「露営の歌」をやらないか、といわれた時、わけを申し上げて歌わなかった。しかし仲間うちではそれ以後もよく歌っていた。山住正巳氏は「子どもの歌を語る」(岩波新書)の中で、「戦友」の排除には、在郷軍人会がうごき、陸軍戸山学校も協力したと書き、そういう「指導」に協力し、その成果をよろこんだ音楽家として、堀内敬三の名をあげている。

戦中の悲しみの歌はつづく。昭和十四年の「出征兵士を送る歌」は、勇ましい言葉で綴られ、その歌詞のゆえに軍部公認であったが、歌手であった林伊佐緒作曲のメロディーは悲壮感のあふれた短調で、大太鼓やシンバルでリズムをとれば格好がつくが、それがなければ、葬送にも転用できるものであった。この歌に送られて出征した人たちは、リズムで精神を昂揚させられつつ、死地へ向かうおそれと、訣別の悲しみを、かみしめていたのではないだろうか。送る人たちに好まれたのも、勇ましい言葉のたすけによって、公然と悲しみを歌うことが、出来たからではないだろうか。

極めつきは、一連の古関作品であった。昭和十五年の「暁に祈る」から、対米戦争末期までの「海の進軍」「若鷲の歌（予科練の歌）」「嗚呼神風特別攻撃隊」など、胸にしみ入るような短調のメロディーは、悲しみの時代を象徴し、戦争の悲劇的結末を暗示していたかのようだ。作曲者不詳の「同期の桜」で、悲しき歌の戦いはおわる。森繁久弥氏のＬＰに、「悲しき軍歌」といみじくも名付けた作品がある。平和運動家は軍歌を排斥するが、軍歌をふくめた戦時歌謡を理解しなければ、戦中の国民の心情にふれることは、むつかしいのではないか。それを追体験してこそ、内容のある平和運動となり得るのではないだろうか。

昭和十三年七月七日、支那事変一周年の記念行事として、満洲国立の建国大学では、関東軍参謀副長石原莞爾少将の講演が行われ、私も謦咳に接することを得た。その年五月二日に開学した同大学の一期生だったからである。新京（長春）にあったこの大学は、創設時の試案には、興亜大学の名もあげられていたように、興亜が大目標であった。国是の王道楽土建設、五族協和に挺身する人材を育成するのが目的とされていた。前年秋に駐日大使館員らが日本内地の各校を訪れ、募集宣伝をして行った。満洲の気候を男性的だと言ったのが、印象に残った。各府県庁での面接で志願者をしぼり、年末から二次にわたる入試で選ばれた日本内地の学生は、四月末東京に集合し、関釜連絡船を経て渡満した。第一期生百四十一名の構成は、日本人七十(内地五十五、現地十五)、満人(漢民族)四十六、台湾系日本人三、朝鮮系日本人十、蒙古人七、白系ロシア人五であった。第一塾から六塾までの塾舎に、各民族が一緒に生活した。午前学科、午後は軍事訓練、武道、農業訓練という日課であった。前期三年、後期三年の予定で発足したが、戦争の進展で、これは後に変更された。幼時から「ここはお国を何百里」の「戦友」の歌でおぼえていた「赤い夕日の満洲」に、骨を埋めることに、ロマンチシズムを感じていたのだった。

講堂には学生全員と、作田荘一副総長以下の教職員が着席していた。定刻の午後二時に、正面左のドアから姿を現わした石原少将は、ベタ金の階級章に金モールの参謀飾緒(参謀懸章)という、金ピカのいでたちが目をひいた。それが柔和な感じの童顔と相俟って、ふしぎな雰囲気を漂わせたのだが、舌端からはいきなり意外な言葉がとび出して来た。

「支那事変が始まって一年、この戦争がどうなってゆくのか、日本はどうなるのか、わかっている人は、今の日本には一人もおりません」

ここで一息ついて、話は続けられた。しかしあまりにも思いがけない冒頭の言葉に頭が混乱してしまって、その内容を反芻し、検討するいとまもなく、次々と出て来る衝撃的な言葉を、もてあます状態になってしまった。聖戦の旗印のもと、皇軍の武勲かがやく一周年の記念講演だから、当然戦果がたたえられ、未来の展望も勇気づけられ、奮励努力せよと、訓示されるものと期待し、こちらもそれに応える気構えを持って臨んでいたのだった。だが期待はこっぱみじんに砕かれてしまった。この時まで、私は石原莞爾がどういう人なのか名前すら知らず、彼に対して何の先入観も無しに聴いていたのだが、帝国軍人たるものが、こんな情ない言葉を吐いていいものかと、無性に腹が立って来た。一句一句に反感をもった。しかし彼の話をすんなり受けとめた学生もいたことを、はるか後年になって知った。昭和五十六年に同窓会から刊行された「建国大学年表」のこの日のところに、故長野直臣君の日記が収録されていて、講演のことが次のように書かれている。

「腹の底から響く一声一声に我々の考えは次から次と変わって行く」

「こんな珍しい話は始めてであった。建大に来てこそ聞けるのだ。内地へ帰ったら、母校に行って、そこをよく話してみようと思う」

これが彼の感想であるが、講演の内容については、

「日本の現状を、狂人となって戦争をやっていると言っている」

と記すのみである。私の記憶の中には「狂人」の語は無かった。しかし記憶にのこる石原講演の内容は、まさにその言葉のとおりであったのだから、この語が用いられたことは間違いないと思われる。衝撃的な言辞で混乱していて、私の頭の中を素通りしたのか、あまりに不愉快なものだから、忘れてしまったのだろうか。

私には悪口雑言としか思えない言葉は、日本を攻撃すると共に、満洲国にも矛先を向けて、とめどなく続くように思われた。

「支那は日本と戦うために、英米を味方に引き入れて、遠交近攻の策をとっていると、非難する日本人がいるが、日本も支那と戦うために、ドイツ、イタリアを味方にしているではないか」

「王道楽土とか五族協和とかいうが、事実はそうではない。王道とは、権力を持った者が最もへ

りくだった態度をとるものです。ところが満洲国では、最も力のある日本人が、いちばん威張っているではありませんか。だいたい建国以来六年になるというのに、関東軍が今でも満洲国の政治にくちばしを容れるとは何事です！」

ほんの少し間をおいて、石原は「建国大学もそうでしょう」とつけ加えた。この時学生の中から「ちがいます！」と叫んだ者がいた。私と同じ第一塾の米田正敏君であった。私もまったく同感だった。話の腰を折られた石原は、一瞬声の出た方に目をやったあと、「それならそれでいい」と軽くうけながして、話を続けていった。

米田君は福岡県立田川中学校出身の剣道家で、話にきく九州男児とは、こういうものかと思わせる快男児だった。黒田節は彼におそわった。戦後最もあいたい友の一人であったが、ソ連進攻時に東部戦線で戦死した。

彼の発言はあとで多少の物議をかもした。教職員の反響は概して好意的であったようだが、学生の間にはいろいろな意見が出た。おもに議論していたのは日本人学生で、こういう批判には耳を傾けるべきだ、という意見が多かった。そのころ日本国内には支那人――当時の日本に中国人という語は無かった――に対する軽侮の風潮があった。米内光政のそれについては、前に指摘した。それが日清戦争以前の清国に対する劣等感の、戦勝で裏返しになったものであったことは、後に得た知識であるが、この時の私はそういう偏見を糺すべきだという信念の下に、渡満していたのだった。

同世代の他民族の学生と一緒に生活していると、日本人が別にすぐれていると感じることはなかった。入学そうそう懇親会があって、かわるがわる余興をした。司会をした満人学生は、ジェスチャーたっぷりの仕草が見事だった。その日本語は流暢で、私の関西弁ではとても太刀打ちできぬと感じた。朝鮮人が二、三人で「アリラン」をうたいはじめると、突然大声で「やめろ、そんな歌は朝鮮の恥だ」とどなって、それを中止させた朝鮮人学生がいた。緊張した雰囲気が流れたが、むしろ気分を昂揚されることになったのは、若さというものだろうか。ただし「アリラン」を朝鮮の恥といったわけは、同窓生にきいても未だ判然としない。ロシア人学生は重唱で「ヴォルガの舟歌」をうたった。その見事なハーモニーは、私のいた神戸の中学では一度も耳にしたことのないものであった。この日の体験は私にとって、カルチャーショックというものだった。

石原講演はそんな私に、真向から冷水をあびせかけたのである。私は侮辱を感じ、衝撃は永くあとをひいた。聖戦に対する中傷、王道楽土、民族協和の満洲国への攻撃は我慢できなかった。多分に感情が先走っていたと思われるが、日がたつにつれ、石原の言葉の一つ一つを思い出しながら、反論を試みようとした。しかし知識も論理も乏しいため、苦戦が続いた。戦後は満洲国の内実を伝える文献に事を欠かないが、当時の大学内の生活では困難だった。また現実を知っても、その正確な認識が出来るとは限らなかった。しかし思いがけない運命が道を拓いてくれた。藤田松二先生との邂逅である。

京大農学部御出身の先生は、農業訓練の指導を担当された。開学にあたって、石原が先生を招聘したのは、昭和八年から仙台の第二師団で第四連隊長をしていた大佐時代に、宮城農学寮長だった先生と出会い、意気投合した間柄からであったと承った。先生は農本主義者で、われわれ学生には、土にむかって鍬をふるう労働をすべての基礎として、その上に百姓の精神をそそぎこもうとされた。中学を出るまで田畑の土をふんだ事の無い私にとって、農業訓練の時間は苦手だった。土に打ちこむ鍬の先から、妄念ばかりが飛び出して来た。とても無心に労働できるものではなかった。「百姓は苦しい労働だ。スポーツのような遊びとはちがう」「百姓の仕事が工場の仕事とちがう所は、工場では機械におわれて仕事するが、百姓は土を前にして、自分の方から何かをしないかぎり、仕事にはならないということだ」と言われた。たしかにそうだとは思っても、百姓仕事はなかなか身につかなかった。

「百姓の仕事をした事のないインテリが、都会の喫茶店で煙草をふかしながら、農村問題は、なとど議論しても、何の役にも立たない」と言われたこともある。秋の取り入れ作業のあと皆を見渡して「君たちがこれだけの人数で今まで労働した成果がこれだ。これを売ると○○円になる」といわれた。その額のわずかな事に驚くと、「百姓の生活をこれで理解してほしい」とおっしゃった。中学を出るまで考える事のなかった農村問題の一端を、この時身をもって理解したのだった。先生の農業指導に対する情熱、それ以上に弟子に対する教育的情熱にうたれて、すっかり傾倒してしまった。

先生は鹿児島の御出身で、西郷隆盛を崇拝し、敬天舎に関係され、石原莞爾を尊敬して居られた。座談の時、薩摩なまりで「西郷サンは百年先が見えた人です。石原サンは西郷サンほどではないが、十年先の見える人です」と言われたことがある。支那事変についても、直接意見を交換して居られ、われわれにも石原語録の一端を語って下さった。

「この戦争は泥沼に竿を突っ込んで、かきまわすようなものだ。竿が通り過ぎたあとは、もとにもどってしまうだけだ」

「戦争に莫大な金をつかうくらいなら、それを全部満洲国に注ぎ込めと言いたい。満洲の国民を搾取するかわりに、その金で満洲国を本当の王道楽土にするのだ。そうすれば、蒋介石は戦わずともついてくるだろう」

藤田先生のお話は、日満両国の批判において、石原講演以上に過激なこともあったが、現地における、いささかの見聞と相俟って、次第にひきいれられ、共感をおぼえていった。先生は農業訓練の指導とともに、第三、六塾の塾頭も兼ねて居られ、夜にはしばしば塾生たちと座談の機会をもたれた。私も同じ一塾の入江光太郎君とともに、飛び入りで参加した。座談では「満人の学生は満洲のガンジーになれ、朝鮮人の学生は朝鮮のガンジーになれ、蒙古人の学生は蒙古のガンジーになれ」とおっしゃったこともある。このとき蒙古人学生が「そうだ」と大きく叫んだ。彼の名はドブチンパラジルで、藤田先生はいつもドブさんと呼んでおられた。入江君はその頃から入江頑児とサインするようになった。夏休みに先生は、私ら学生五名をつれて満洲の農村を旅行しながら、多くのことを教えて下さった。日本人三、台湾人、蒙古人各一名が参加した。

九月に入って、石原講演からこのかた、念頭をはなれなかった満洲国の矛盾、民族問題などにゆきづまり、大学の方針にあきたらぬ七名が、馬小屋事件と呼ばれる行為に出た。第六塾から五名、第一塾から入江君と私が参加した。塾を出て農場内の厩舎にたてこもったのだった。年末には解決したが、ひとり私のみ脱落して、十月に帰国し退学した。母校の一部教師からは、薄志弱行の徒といわれ、周囲の白眼視を甘受しなければならなかったが、馬小屋の同志をはじめ同塾の友、そして浪人仲間が心の支えであった。

今から思えば、七名のそれぞれに動機の多少のちがいはあったものの、共通していた課題は、満洲国そのものの矛盾に根ざしたもので、二十歳前の学生に歯がたたなかったのは、当然のことだった。私個人にとって石原講演は、人生をかえる契機となってしまった。

支那事変が始まった昭和十二年から三年たらずの間に、内閣は三たび更迭した。昭和十三年八月、日独伊三国の軍事同盟問題が浮上したが、近衛内閣は態度をきめかねて退陣した。昭和十四年一月からの平沼内閣は、八月の独ソ不可侵条約調印で、欧州情勢は複雑怪奇という科白を残して辞職する。阿部内閣になって、九月一日ドイツがポーランドに進入し、第二次大戦が勃発した。九月十七日にはソ連軍がポーランドに進入して、ドイツと共にポーランドを分割してしまった。九月四日内閣は欧州戦争不介入を声明するが、三国同盟に対しては方針が決まらず、昭和十五年一月十六日米内内閣誕生となった。

米内は阿部内閣をのぞき、事変前の昭和十二年二月から海相をつとめて来た。在任期間からいえば、支那事変に関しては、近衛以上の責任者といえるだろう。すでに支那事変は第四年目に入り、「国民政府ヲ対手トセズ」の第一次近衛声明から満二年が経っていた。戦局は私がきいた石原の予言どおりになり、広大な中国大陸で、わが将兵は点をまもり、線をつなぐことにおわれていた。宣戦布告がなかったため、戦争という実感がもてないまま、引き込まれた事変であったが、実態は有史以来の大戦争であるという矛盾が、聖戦をかかげ、国民精神総動員を号令する政府の宣伝にもかかわらず、国民の心理にくらい影をおとしていた。

昭和十三年末に重慶を脱出した国民党副主席汪兆銘は、昭和十四年五月東京で平沼首相と会談した。九月には南京政権を樹立、翌年三月には南京遷都宣言、新中央政府主席就任となる。この新政権樹立をめぐって、日本国内では多くの議論がなされた。正確な日時はわすれたが、昭和十四年東京の日比谷公会堂で「汪兆銘批判演説会」が開かれた。高校生だった私も、建大以来の関心事なので出席した。

批判と銘打っていたが、内容は応援演説会だった。はじめに若い司会者が、事変のことを「この憂うべき東亜の内乱」と口走ったため、「聖戦を内乱というのか！」などと、会場のあちこちから野次が飛び交い、喧噪にはじまる荒れた集会になった。東大法学部教授の蝋山政道に対しても、かなりの野次が飛んだ。結論として彼は「絶対にとはいえないが、汪兆銘は比較的信頼できる人物だと思う」と言った。次にトリの評論家室伏高信が出て来た。彼は壇上に立つと、腕組みをしたまま、しばし無言で聴衆を睥睨したあと、おもむろに口を開いた。「温室そだちの学者先生に対して今の野次は無礼だ。文句があるなら、私が相手になってやるから、男らしく出てこい。一対一で正々堂々と斬り合おう」と叫びながら、右手をふり上げ、太刀をふりおろす、ジェスチャーたっぷりの大見得をきった。呆気にとられた聴衆が、静かになったのを見極めるようにして言った。「蝋山教授は比較的信用できるといわれたが、学者には信仰がない。私は絶対的に汪兆銘を信じる」。

二人の前座をつとめた哲学者の三木清は、こころもちかしげた頭のてっぺんから、しぼり出すようなきいきい声で、「これまでインテリゲンチアは、支那事変に対して協力的でないという非難があったが、それは事態に対するインテリゲンチアのしかめっ面であったのだ」と言った。拍手があった。そのまま肯定する気はなかったが、言い得て妙という気もした。日米開戦時の、伊藤整はじめ知識人たちの文章に見られるように、宣戦の詔勅が発布された時、何かふっ切れたような明るい感情が、多くの国民の間にみられたというのは、今でこそ、やけ気味の倒錯と批判されるが、一つの真実であったのだ。半世紀の昔を回顧して、空襲の下で息をひそめていた戦中は、苛烈ではあったが、宣戦なき支那事変の名から受ける印象の方が、陰湿でおぞましい。

新たに首相の印綬を帯びた米内に、何を望むかと問われたら、当時の国民なら、支那事変の解決と躊躇せずに答えただろう。しかし米内内閣の取り組んだ最大問題は、日独伊三国同盟であった。結局反対しきれずに、第二次近衛内閣となる。そして三国同盟に反対したことを、米内首相の功績とたたえる人は多い。だが三国同盟が結ばれていても、支那事変が解決しておれば、日米開戦は避けられた公算が大きいのである。

開戦直前に手交されるはずの、対米最後通牒は、野村大使以下、出先外交官の信じられないような不手際からおくれ、日本はだまし討ちの卑怯者と、烙印をおされ、ルーズヴェルトの宣伝によって、世界的な悪者にされてしまった。その最後通牒の結論部分は次の通りであった。

「これを要するに、今次合衆国政府の提案中には、通商条約締結、資産凍結令の相互解除、円ドル為替安定等の通商問題、ないし支那における治外法権等、本質的に不可ならざる条項なきにあらざるも、他方四年有余にわたる支那事変の犠牲を無視し、帝国の生存を脅威し権威を冒涜するものあり。したがって全体的にみて帝国政府としては、交渉の基礎として到底これを受諾するを得ざるを遺憾とす」

これは十一月二十六日ハル国務長官が、日本大使に示した強硬な提案、いわゆるハル・ノートに対応するものである。その第三項の三は「日本国政府は、支那および印度支那より一切の、陸、海、空軍兵力および警察力を撤収すべし」であったのだ。東條首相はここで撤兵しては、三十万の英霊に対して申し訳ないとして、開戦にふみきったのだったが、それが三百万の国民を死なせることになった。

孫子の作戦篇に「兵は拙速を聞き、未だ巧の久しきをみず。夫れ兵久しくして、国利ある者は、未だこれあらざるなり」とある。長期戦は国の利益にならぬ、早く解決せよと、二千五百年前の兵書が教えているのだ。しかし支那事変は、早期解決という目標がついにかかげられず、糊塗的な対応の連続のまま、政府は長期戦の旗印をかかげ、国民を叱咤し続けたのである。日中全面戦争をもたらした責任者の米内は、首相となってから、事変解決のために何をしたか。この時戦死者は陸軍だけで十万を超えていた。

昭和十五年二月一日米内首相にとって始めての、第75帝国議会が開かれた。翌二日の衆議院本会議で、民政党の斎藤隆夫代議士が、一時間半にわたって、歴史に残る質問演説をした。

「一体支那事変はどうなるものであるか、いつ済むのであるか、いつまで続くものであるか、政府は支那事変を処理すると声明しているが、如何にこれを処理せんとするのであるか。国民は聴かんと欲して聴くことが出来ず、この議会を通じて聴くことが出来ると期待しない者はおそらく一人もないであろうと思う」

「名は事変と称するけれども、その実は戦争である」

「汪兆銘が和平救国の旗をかかげて、新しい政権を樹立しようとしているが、それは支那からの撤兵を約束した近衛声明に呼応してのものである。もしその声明が実行されないならば、日本軍の撤兵を信じた汪兆銘を欺いたことになるのではないか」(拍手)

「ただいたずらに聖戦の美名に隠れて、国民的犠牲を閑却し、いわく国際正義、いわく道義外交、いわく共存共栄、いわく世界の平和、かくのごとき雲を掴むような文字をならべたてて、そうして千載一遇の機会を逸し、国家百年の大計を誤ることがありましたならば、現在の政治家は、死してもその罪を滅ぼすことは出来ない」―(野次で中断)

満洲事変や上海事変ははやく片付いたのに、今度は事変の名でありながら、日清日露の戦争よりも日をかさね、はるかに多大の国民の犠牲が、強いられている。何故なのか、という国民の素朴な疑問を代表する、斎藤の質問演説であった。戦争はいつになったら終わるのか、そのために何をするつもりなのか、をたずねているのだ。それは早く何とかしてくれという、希望の控え目な表現でもあった。

米内にもし和平への意志があったなら、そして日中両国民の戦禍をくいとめたいという願いがあったなら、渡りに舟とくいつけばよかった。米内自身が不拡大に反対したため全面戦争になった行きがかりから、自ら言い出す勇気はなかったとしても、これを斎藤の言う千載一遇の好機と、とらえるべきではなかったか。だが彼は動かなかった。

二月三日付東京朝日新聞にみる米内海相答弁の全文は次の通りであった。

「支那事変処理の政府の方針は確固不動である。この不動の精神に従って、政府は邁進する。戦争と平和に関する御意見は同感である。汪兆銘氏を中心とする新政府は帝国と同じ考へだから、国交調整の能力を期待し、新政府の発展を援助する。重慶政権と新政府とが対立するのは止むを得ないと思ふ。然し重慶政権を出来るだけ早く解体して新政府に参加する事を期待する。国内問題については、あらゆる方面に亘って戦時体制を強化し、不抜の信念による国民の協力を期待する」

長時間にわたる演説による追及も、鎧袖一触「確固不動」で相手にされなかった。それでいて「同感」というのだ。同感したのなら、御意見尊重、何とかやりましょうというのが、社会通念というものだろう。御意見無用の態度を示しておいて、同感という矛盾を平気で口にできるしたたかさが、彼を政治家として成功させて来たようだ。彼のはぐらかし答弁は、これが始めてではなかった。事変初期に海軍航空隊の無差別爆撃が国際問題になったとき、すでに実証済みなのだ。ぬきがたいエリート意識である。民間人をこれほど虚仮にしても、まかり通る世の中であった。米内に世論政治という観念がなかったことは、終戦の重大局面で、改めて示されるのである。人は強権をふりかざした東條を非難する。だが「あらゆる方面に亘って戦時体制を強化し、不抜の信念による国民の協力を期待する」米内と、口をひらけば「必勝の信念」といった東條と、どれだけのちがいがあるというのか。

はぐらかし答弁は、好戦派を付け上がらせることになった。武藤章軍務局長は畑俊六陸相に、斎藤演説は聖戦を侮辱し、英霊を冒涜するものだといって、対処を求めた。吉田善吾海相のもとにも、「あの演説をそのままにしておいては、戦争の意義が不明となって、第一線将兵の士気を阻喪せしめ、戦争ができない」という海軍の意見が集められた。

翌三日の衆議院では、首陸海三相が「信念披瀝」したと報道された。米内は事変処理に関して「既に決定せられたる確固不動の方針」をあらためて強調した。畑は、聖戦とは「弱肉強食を本質とする所謂侵略戦争と、根本的にその類を異にする」「在支百万の将兵は挙げてこの信念」のもとにあり、「十万の英霊はこの信念に殉じ、従容死に就き、事変処理の根本精神に関しまして一抹の疑義も存しあらざることを、ここにはっきり申して置きます。然るに今日に至りましても、なほ且つ事変目的に関し兎角の疑義あるを見まするは、真に遺憾に堪へざる所」とした。吉田はそれに同調して、海軍としては陸相の「只今闡明せられた通りの同様の信念の下に」従事し「邁進しつつある」とのべた。

議員の中には、斎藤演説に共鳴する者もいたが、大勢には抗することを得ず、この日衆議院で、斎藤は議長職権により、懲罰委員会にかけられることになった。三月七日衆議院は斎藤の除名を可決した。賛成二百九十六、反対七、棄権百四十四で、欠席もあった。九日には社会大衆党が、除名に反対した党員の片山哲、西尾末広ら八人を除名した。

斎藤の投じた一石は、しばし波紋を残したにとどまった。私の知る限り、その後戦争の終結を公けに唱えたのは、昭和十七年五月、日比谷公会堂で講演した一高先輩の田所広泰氏のみである。大学生だった私も聴講した。氏は東京で精神科学研究所の理事長をしておられた。「現下の日本で最大の問題は、平和の克復ということだ」と前置きして、「戦争の備えは平時に整えておかねばならぬ。同様に平和の準備は、戦争の最中に続けられていなければならない。如何に適切な時期に、如何に明確なる方法を以て、平和を克復するかによって、戦争の文化的価値、即ち大義名分が確定される」といわれた。

これを知った東條首相は激怒して、内務省と検事局に弾圧を要請したが、正論なので両者とも動かなかった。翌年二月十四日東京憲兵隊長四方大佐が命をうけて、田所氏をはじめ十数名を逮捕、百日勾留し、研究所を閉鎖させた。田所氏のみは、昭和十九年予防的に再逮捕拘禁されたため、宿痾の結核が悪化し、終戦の翌年三十六歳で逝去された。氏は斎藤懲罰委員会の時、各委員を歴訪して斎藤演説の正論であることを説いておられたのである。ねらいをつけると、あくまでくいさがる東條の執念が、戦後日本の必要とした人材を喪わせた。

植田捷雄監修「太平洋戦争終結論」(東京大学出版会)の田中直吉論文によれば、昭和十七年二月昭和天皇は「東條首相に対して、戦争終結については機会を失せないように、十分考慮するようにせよと仰せられた。しかし東條政府も軍部も、緒戦の戦果を過大評価し、戦争終結に関しては、何等の手段も講じなかった」とある。「終戦史録」(外務省)に収録された東京裁判の木戸孝一口供書二四九には、これを二月十日として、天皇が「徒に戦争の長引きて惨害の拡大し行くは好ましからず。又長びけば自然軍の素質も悪くなる」と戒められたとある。承詔必謹が国民道徳とされた時代に、東條のうごきは面従腹背であった。こういう戦争指導者を持ったことは国民の不幸であったと、つくづく思われるのである。日露戦争では開戦時に、枢密院議長の伊藤博文が、講和の時を見越して、ハーバード大学でセオドア・ルーズヴェルト大統領と同窓の金子堅太郎をアメリカへ派遣しているのだ。

昭和十七年四月三日の総選挙では東條内閣が、第二次近衛内閣のつくった大政翼賛会を利用して、翼賛会推薦候補者をつくらせ、公然たる選挙干渉をした。兵庫県出石町に帰っていた斎藤は、この時非推薦で立候補し、最高位当選をはたした。国民の良識はまだ生きていたのである。だがその良識は生かされないまま、敗戦にいたった。

恩師藤田先生は石原莞爾を、十年先のみえる人と言われた。日中戦争については、たしかにそうだった。それのみか、私も戦中に読んだ「世界最終戦論」では、核兵器の出現から、戦後の冷戦時代まで予見していたのである。之に反して、米内には五年先の昭和二十年が見えなかった。もし見えていたら、せっかく民間人のうちだしてくれた終戦のイニシアティヴには、こたえたであろう。歴史家のきらうイフであるが、この時斎藤の言葉に耳をかたむける度量か知性か誠意が、米内にあったらと、惜しまれるのである。海軍兵学校のエリート教育を受けて以来、彼の民間人軽視は抜きがたいものがあったかのようだ。だから原爆の被害も天佑という事が出来たのではないか。

「新潮45」平成九年九月号に松本健一氏は、「孤高のパトリオット斎藤隆夫」という論攷をのせられたが、反骨の言論人斎藤の名がでることは少ない。対照的に米内の名はくりかえし活字にされ、平和主義者とたたえる声があとをたたない。これは陸軍悪玉海軍善玉という偏見のせいもあるが、米内の功罪のうち、なるべく臭いものには蓋をして、功をかざりたて、虚像をつくりあげてきた筆者たちの尽力によるものである。

たとえば阿川弘之氏の大著「米内光政」（新潮社）には第75帝国議会について、傍聴席に若い女性や外人多数がいたとか、米内の新調したモーニングが、本当に純毛だったか否かとか、慶応生の彼の長男に、カメラが向けられたとかいった、くだらない事ばかり、だらだらと書かれてはいるが、驚いた事に、斎藤演説はもちろんのこと、斎藤の名前すら出てこない。「確固不動」もはぐらかしも出て来るはずがない。八年にわたる戦争の間に、終戦が議会で論議された最初で最後の演説が、抹殺されているのだ。歴史記述の選択は筆者の価値判断である。松本氏に比して、阿川氏の歴史眼には問題があるといわねばならない。

幻の天王山

米内光政が首相の座をしりぞいて満四年、昭和十九年七月二十日に、彼は朝鮮総督陸軍大将小磯国昭と共に参内し、二人協力して内閣を組織せよとの、大命を拝受した。これは明治三十一年六月、大隈重信、板垣退助の、いわゆる隈板内閣いらいの事で、東条内閣退陣という緊急事態の反映と思われた。米内は内大臣の木戸幸一から、首班は小磯と伝えられて、東條が陸相に推薦した後宮淳大将に反対した以外、組閣には口を出さなかった。

翌二十一日の朝日新聞に「空から『朝鮮の虎』　凛平小磯さんの入京姿」という見出しの紹介記

事があって、その書き出しは「朝鮮軍司令官当時に『朝鮮の虎』と恐ろしがられ、また頼もしがられもした、とは小磯さんの経歴に必ず出てくる一言だ」とある。他紙も同様で、まるで朝鮮から猛獣が助太刀にかけつけたような期待の言葉がみられた。眼光するどい軍服姿の小磯の写真をみて、大学生の私は、いまどき首相の座をかってでる恥しらずがまだいたのかと感じた。東條政権が必勝の信念とか、絶対不敗の態勢とかいった、きまり文句を重ねれば重ねるほど、敗戦必至の様相が強まるように思われ、何よりも東條を仆さない限り、日本の前途に見込みは無いと思いつづけていたのに、同じような陸軍軍人が出て来たので失望した。

建国大学時代の友人からは、朝鮮人学生から「総督府でさんざ味噌をつけてきた人間が、今の日本では役に立つのですかねと皮肉をいわれた」と言って来た。総督政治に対しては、私もかねがね批判的であったが、この頃はさらに事情が悪化していると聞いていたのだった。小磯の首相はミスキャストであったが、レイテ戦では、米内が彼に恥の上塗りをさせることになるのだ。

この年十月十二日の台湾沖航空戦で、わが軍は勝利し、十五日まで五回にわたる発表によれば、撃沈空母十一、戦艦二、撃破空母八、戦艦二の大戦果で、敵機動部隊は壊滅し去ったという事であった。二十一日には昭和天皇から南方方面軍最高指揮官、連合艦隊司令長官、台湾軍司令官に対し「敵艦隊ヲ邀撃シ奮戦大ニ之ヲ撃破セリ　朕深ク之ヲ嘉尚ス」との勅語が下された。

たまたま戦闘中鹿屋の海軍基地に来ていた大本営陸軍参謀堀榮三少佐は、集められる戦果に疑問をもち、基地にもどったパイロットたちに、一人ひとり直接戦果をきいてまわった。その結果、大本営発表は虚報であるとの確信を持ち、大本営陸軍部に緊急電話した。「戦果はいかに多くても二、三隻それも空母かどうか疑わしい」と報告したが、大本営ではとりあげられなかった（「大本営参謀の情報戦記」文春文庫)。「東京の電波は、かくてありもしない幻の大戦果という麻薬を前線にまいてしまった」と堀は後に書いた。

大本営海軍部自身も、大戦果と発表はしたものの、気になり出して再調査したところ、有利にみても、確実なのは空母四隻撃破までで、空母は一隻も沈めていないことがわかった。それが二十二日だったので、訂正すべきだとの意見もあったが、勅語が出てしまった以上、今さらそれはまずいという隠蔽論が大勢を決し、頬かむりで通すことになった。戦後にわかった戦果は、巡洋艦二隻撃破のみであった。ミッドウエー海戦のように、友軍の主力空母が全滅した敗戦を、勝ったような発表をしたウソにくらべれば、今回は罪が軽いといえなくはない。だがこの海軍のウソが大本営陸軍部の作戦を誤らせ、無用の犠牲をつくり出し、日本の破滅への道を早めることになった。

大本営が昭和十九年七月に、比島決戦構想として定めた捷一号作戦では、地上決戦をルソン島のみに限定し、中南部フィリピンでは、陸海軍航空および海軍によって決戦するというものであった。そのため大本営は満洲の第一方面軍司令官山下奉文大将を東京によび、第十四方面軍司令官に任命した。山下は十月六日マニラに着任し、ルソン防衛の準備をはじめた。

十月十七日レイテ湾のスルアン島に、米軍小部隊が上陸した。二十日には海陸の猛烈な攻撃と共に、レイテ島に米軍大部隊が上陸を開始した。海軍の大ウソを信じていた大本営陸軍部は、これを米軍のとりかえしのつかぬ重大な過失と判断した。空母を失った米軍は、遠距離のパラオ、モロタイなどの基地の空軍力によるしかない。当方は台湾沖航空戦で海軍の第二航空艦隊が三百機を失って、兵力は半減していたが、陸軍航空を主力として戦っても、敵の上陸企画を撃破することは、容易であると考えたのだった。これぞ神機到来とばかりに、それまでねり上げていた方針を一擲し、レイテを決戦場として、敵を撃滅することにした。

十八日に大本営は捷一号作戦を発動した。翌日、南方軍司令官寺内寿一元帥は、第十四方面軍にそれを下達した。だが現地では山下司令官以下、幕僚はすべてこれに反対であった。堀参謀が十七日マニラへ飛んでいて、山下司令部に戦果は虚報だと、見聞を伝えていた。山下は即座に納得し、「現にいまこの上を敵の艦載機が飛んでいるではないか」といって、その夜に予定していた戦勝祝賀会を中止して、慰労会ににきりかえ、俺は出ないと指示していたのだった。

山下司令部の見解は、たとえ海軍の戦果があったとしても、これまでの手堅い敵の進攻作戦からみて、レイテ上陸は確信あっての行動と思われる。すでに配備の第十六師団以外、何の兵備もされていないレイテに、突如として大兵力を向けようとしても、輸送力、作戦準備の点で、成果は期待できない。万一レイテ決戦に失敗すれば、肝腎のルソン防衛が破綻してしまう、というものであった。

戦局はその予想通りになってしまうのだが、寺内は二十二日に山下を南方軍司令部に呼び、説得につとめ、議論は白熱したという。陸軍きっての愚将として名高い寺内が相手では、山下も話がかみ合わなかっただろう。結局大本営と南方軍の命令には抗しきれず、付け焼き刃のレイテ決戦に踏み切ることになった。

第十四方面軍はルソンへ移動する予定だったミンダナオ島の鈴木三十五軍の主力をレイテへ廻し、ルソンからは二個師団と一個旅団をレイテへおくる事にした。しかし制空権がないため困難をきわめ、海没で重火器を失って上陸した兵は、貧弱な火力で装備のすぐれた敵と戦わねばならなかった。

十一月中旬、敵兵力は七個師団となり、航空基地は五を数えるまでになったが、当方は戦力減少の一途だった。薫空挺隊という名の、ダグラス三型輸送機で、八十名の兵員を基地に強硬着陸させて攻撃する戦法までが、落下傘部隊と共に試みられたが、大勢をかえることは出来なかった。十一月六日山下は参謀副長西村敏雄少将に命じて、南方軍参謀部あて、レイテ決戦の断念を申しいれた。しかし寺内は取り合わず、改めて十一日山下にレイテ決戦続行を命令した。

その悲惨な戦況は、大岡昇平の名著「レイテ戦記」(中央公論社)にくわしい。上層部の錯誤が現地将兵の多大な犠牲をまねき、その実情を上層部は把握しないという、この戦争につねに見られた構図は、レイテも例外ではなかった。それにしても兵たちはよく戦った。大岡氏は次のように書く。

「レイテ島を防衛したのは、圧倒的多数の米兵に対して、日露戦争の後、一歩も進歩していなかった日本陸軍の無退却主義、頂上奪取、後方攪乱、斬込みなどの作戦指導の下に戦った、十六師団、第一師団、二十六師団の兵士だった」

「フィリピンの戦闘がこのようなビンタと精神棒と、完全消耗持久の方針の上で戦われたことは忘れてはならない。多くの戦場離脱者、自殺者が出たのは当然だが、しかしこれら奴隷的条件にも拘わらず、軍の強制する忠誠とは別なところに戦う理由を発見して、よく戦った兵士を私は尊敬する」

海軍の大戦果が、架空であったとは夢にも思わず、戦線の実情も知らず、レイテ決戦の勝利を信ずる小磯首相は十一月八日「レイテは天王山だ」との談話を発表して、国民の士気を高めようとした。周知のように、羽柴秀吉が明智光秀と戦った山崎の合戦で、先に天王山をとった方が勝つとみられ、秀吉が先制して勝った故事によるものである。レイテが天王山だといってしまえば、もしレイテで敗れたら、戦争に負けることになって、引っ込みがつかない。レイテで勝てると思っていたからこそ、小磯は口にしたのだろう。だが皮肉なことに、この時現地軍は戦況に絶望していたのだった。当時新聞でこの発言を知った時、私は全く信用じなかった。これだけ頽勢を続けていて、今更こんなしらじらしい事のいえる小磯という人間に腹が立ったが、最初の印象どおりという感じでもあった。

十二月十五日マニラに近いミンドロ島に米軍が上陸した。これでレイテをまもる戦いに意味が無くなり、大本営も十九日にレイテ決戦を断念し、ルソン決戦へと、ひそかに方針をかえた。第十四軍はその日、第三十五軍司令部に対し、軍人官僚の作文らしい、冷酷な命令を出した。「自今中南部比島に於て永久に交戦を継続し、国軍将来に於ける反攻の支柱たるべし」そして「自給自足」せよという。その上「各航空基地の確保に努め、敵の使用を妨害すべし」とまで命令するのだ。海軍の幻の戦果に匹敵する、机上の空論ばかりの破廉恥な命令書である。書いた者自身レイテに反攻する時が来るとは思っていなかっただろう。だが当時はこういう強気で勇ましい言辞がまかり通って、皇軍将士の武勇を示すものと、賞賛されていたのだ。戦闘能力のなくなった友軍将兵に対し、撤収させる事は出来ないし、補給も出来ないから、勝手に生きてくれ、永久に抗戦してくれという、勝手きわまる命令書のままに、レイテに残された一万の将兵は、ゲリラに殺されなければ餓死して、野ざらしとなる運命をたどったのである。

昭和二十年一月四日、小磯は昭和天皇から「レイテの戦況は楽観を許さず」「政府は従来レイテ決戦を呼称して国民を指導し居りし関係上、此の実相が国民に知らるる時は、国民は失望し、戦意の低下を来し、之が亦生産増強にも影響せざるやを恐る。右に対する政策を如何にするや」との御下問で、いたい所をつかれた。決戦といった以上、それが戦争の帰趨を決するものだという、きわめて常識的な見解から、小磯の軽率な発言に疑問を呈されたのである。「実は今朝実情を聴き自分も驚き、折角国民指導方針につき研究し居るところ」と、小磯はしどろもどろの弁解で、ごまかしてしまった。

天皇から追及されるまでもなく、国民に決戦だ、天王山だと言った以上、言っただけの責任はとるべきであっただろう。しかし彼は天皇に対しても、国民に対しても、この時全く責任をとらなかった。厚顔にもレイテ決戦の看板をルソン決戦に書き替えて無益な戦争を続けてゆくのである。戦後明らかにされた開戦時の無責任の体系は、戦中もうけつがれていたのだった。恥しらずという最初の印象は、間違いではなかった。

それにしても奇怪なのは、海相の米内である。東條内閣の嶋田海相は、昭和天皇の御下問に対して、聖慮を安んじ奉るためと称して、つねに嘘の数字を提出し、海軍用語でメイキングといっていたが、米内は「燃料問題も海戦の結果も、ありのままを天皇のお耳に入れるように心掛けた」と阿川弘之氏は前掲書で賞賛するが、台湾沖航空戦の大戦果に勅語を賜った昭和天皇に、あの数字はメイキングでしたと、訂正の上奏をしたという記録はない。ただ天皇は、その後に出現する敵空母の情報から、疑念は持たれたと思われるが、正面から海軍のウソを追及されることがなかったので、米内もそれをいいことにして、頬かむりのまま押し通したというのが、実情だろう。しかし当方の損害については、かなり正確に報告されていたという記録はある。だが国民に対しては、よらしむべし、知らしむべからずの方針が続けられ、終戦にいたるのである。

海軍の背信に対する批判は、おどろくほど少ない。ことに旧海軍軍人の著書には、伏せられているものが多い。海軍戦史のスタンダードとされた高木惣吉元少将の「太平洋海戦史」(岩波書店)でも、「豊田連合艦隊司令長官は捷号作戦を発動して……勝報に、米軍の次期作戦も当分遅延するものと喜んだのであるが、実際の戦果は予想外に軽微で」と書き、その原因に少しふれたあと、米海軍発表の実数を記すのみである。「喜んだ」の主語は豊田で、誤報の顛末を海軍の内輪だけのことにしてしまった。これは曲筆というべきだろう。幻の大戦果を公表したことも、勅語のことも、一切ふれていない。海軍の背信行為の批判も反省もない。

敗戦のいいわけを最も多く書き続けて来た元海軍中佐の奥宮正武氏は「真実の太平洋戦争」(PHP研究所)で、正直に大本営発表の戦果を記したあと、「この発表には疑わしい点が多かったので、軍令部、連合艦隊、基地航空隊の関係者で再調査した結果、せいぜい空母四隻を撃破した程度であろうということに落ち着いた。発表がその前になされたことに問題があった。戦後に判明したところでは、この一連の航空攻撃によって撃沈された米艦は一隻もなく、僅かに重巡二隻が大破したとのことであった。どうしてそのようなことになったのか」と設問したあと、手慣れた筆致でながながと、いいわけがましい理由づけが続く。その上「台湾沖航空戦が各種の問題を残したのは、若い搭乗員たちの責任ではなくて、絶望的な状態の下で、なお戦争の続行を強引に進めた戦争指導者たちのそれであった。としても過言ではなさそうである」とむすぶ。

さすが大本営参謀をつとめた軍人官僚だけあって、見事な言い逃れの作文である。未熟な搭乗員に責任をおしつけるのが無理なことは当然だ。彼等が戦果を公表したわけではない。ここで問題になるのは、虚報を訂正しなかったこと、大本営の中でさえ陸軍に秘匿したことだ。責任はその当事者にある。戦争の続行が、虚報の原因でもなければ、秘匿の原因でもない。若い搭乗員から戦争指導者まで論理を飛躍させて、肝腎の責任を有耶無耶にしてしまった。

「各種の問題を残した」とはよくいった。海軍のウソのために、陸軍がレイテ戦の悲惨を招いたのである。奥宮氏はそれを「各種の問題」の中にくるめて、伏せてしまった。予備知識なしにこの文を読む人が、海軍の背信を感得することは不可能だろう。この人の手にかかれば、レイテ沖海戦十月二十五日の有名な第二艦隊敵前逃亡で、抗命の罪を犯した司令官栗田健男中将も「高級かつ有能な指導者」ということになるのだ（前掲書）。

戦史のスタンダード物の一つ、元陸軍大佐服部卓四郎著「大東亜戦争全史」（原書房）では「如何なる理由によるものか、十六日以後発見された敵の空母に関する諸情報及び戦果調査の結果は、大本営陸軍部に対しては通報されなかった。この事実は後述するように、大本営陸軍部の爾後の作戦指導に大いなる影響を及ぼしたのであった」と遠慮した書き方で、海軍の失態にふれている。

しかし常岡滝雄元陸軍中佐は、はっきりと批判する。「大東亜戦争の敗因と日本の将来」（山紫水明社）に「最初の誤った戦果発表はまだ軽率と無能の然らしむところとしても、この大切な実情を陸軍部に知らせなかった海軍部は、日本は負けても構わないというもので、不忠不義の最たるものというべく、死刑に相当する罪悪である」と書いた。

補充兵として召集され、レイテに従軍した大岡昇平は前掲書で書いた。

「大本営海軍部はしかし、敵機動部隊健在の事実を陸軍部に通報しなかった。今日から見れば信じられないことであるが、恐らく海軍としては、全国民を湧かせた結果がいまさら零とは、どの面さげてといったところであったろう。しかしどんなにいいにくくとも、いわねばならぬというものはある」

「もし陸軍がこれを知っていれば……三個師団の決戦部隊が危険水域に海上輸送されることはなく、犠牲は十六師団と、ピサヤ、ミンダナオからの増援部隊だけですんだかもしれない。一万以上の敗兵がレイテ島に取り残されて、餓死するという事態は起こらなかったかもしれないのである」

むかし皇軍といわれた日本の陸海軍は、その名に恥じぬ忠義の軍隊で、緊密に協力して、外敵に当たるものと思っていた。日露戦争の頃にくらべて、昭和の陸海軍は、情報軽視の傾向があって、情報戦に敗れたのが最大の敗因となったとは、よくいわれることである。しかし情報戦においても、当然陸海軍は協力し合っているものと、戦中私は思っていた。戦後になって、皇軍という名の下で、陸海軍は必ずしも協力するものではなく、時には敵の米軍に対するよりも憎しみの感情をもって、対決することさえあった事実を知るようになった。

開戦当初から陸海軍はお互いに石油保有量をかくしていた。軍用機や船舶の取り合いなどは、いたし方ない面もあるだろうが、必要な情報の独占や秘匿は、味方に危険を及ぼすことで、許されるものではない。陸軍が機動部隊の壊滅を信じて、レイテ決戦にふみ切ろうとするとき、その危険を知りながら傍観していた海軍とは、いったい何であったのか、皇軍の名をけがすものではなかったか。いまさら戦果の誤りを、公けにする勇気も誠意も、海軍には無かったのなら、大本営という名の廟堂密室の中で、海軍が陸軍に耳打ちすれば足りた。その労さえもとらなかった海軍を、私は一国民として、許すことができない。無為のため多数の将兵を、むざむざ死地におとしいれた罪は、刑法上の未必の故意による殺人罪にひとしい。

大声でレイテ天王山を呼号する首相の小磯を横目で見ながら、米内は内心忸怩たるものが無かったのだろうか。友達甲斐が無いというだけではすまぬ。二人協力せよとの勅諚を拝しておりながら、彼のとった傍観的態度は、不忠者のそしりを免れないだろう。ここで勘ぐるならば、米内は陸軍が少々いたい目にあっても、かまわないと思っていたのではないか。阿川氏の著書では、山本五十六ともども、米内が陸軍を罵倒する言辞がとび出す。敵軍よりも、陸軍にくしの感情さえ見られるのだ。それが思わず表に出ると、戦争末期にソ連が進攻して来た時、それを天佑とまで言ってのけたのではないか。国土国民の危殆を憂えることよりも、陸軍が痛手をうけて、弱体化することの喜びが、先に出たのではないのか。レイテで受けた陸軍の打撃に、ざまあみろとまでは、言わなかったにしても、少なくとも将兵の惨憺たる姿に、身をきられる思いと、自責の念を持つことがなかったことだけは確実だ。

廟堂密室は、共に国を憂い、国のため、最善の道を求めてやまぬ場であるべきものだった。しかしこの事実の示すところは、それが自己の面子のため、背信もいとわぬ不真面目な集団であったということだ。戦闘集団としては落第である。戦闘能力の欠如といってもいい。戦争に敗けるのも当然だ。敗けるときまった戦争をいつまでも続ける筈である。廟堂密室が利己的集団になり果てたとき、皇軍の栄光は消滅してしまったのである。

僥倖の戦争から不条理と外道の戦争へ

支那事変はいくたびか和平の機会があったのに、政府と大本営のつくる廟堂密室が、常識人の介入をゆるさず、ずるずると深入りして、日米の戦争に立ち到った。事変初期の近衛首相の長期戦提唱いらい、国民の間に戦争は長びくという、あきらめに似た覚悟が生じていたのを良いことに、廟堂密室は百年戦争という、白痴的標語までかかげて国民をたぶらかし、あてのない戦争をつづけ、三百十万の国民を死なせた。なぜ途中でやめられなかったのか、選択肢は無かったのか、こんな結末しか有り得なかったのか、という疑問は、悔恨の情とともに、今も私の念頭を去らない。

当時大学生だった私は、百年戦争を説く大本営報道部の軽薄な言辞は、彼等の無能のあらわれであり、敗北主義に等しい、とさえ思った。大本営海軍参謀をつとめた元海軍中佐奥宮正武氏は「昭和十九年半ば以降、全く勝ち目がなくなっていた戦争を、各種の理由を設けて続けてきたのはなぜか。端的に言えば、多くの指導者たちにとっては、戦争を続けることの方がそれをやめることよりもやさしかったからだった」と書いた（「真実の太平洋戦争」ＰＨＰ文庫）。このアッケラカンとした言葉には、戦争のための戦争が空しく続けられた太平洋の戦争の実相、それを主導した廟堂密室の実態が、はしなくも露呈されている。国民に対しては、お国の為にと百年戦争の完遂を呼号しながら、彼等は安易な道ばかり、えらんで来た。その集大成が終戦美談となって結実するのだ。自ら講和のイニシアティヴのとれない彼等は、原爆とソ連進攻のおかげでうごき出し、その後の犠牲を防いだことで、その功をたたえられた。あまつさえ原爆とソ連進攻を天佑とよろこぶ。半世紀を経た今も、それを異とする声をきかないのは、敗戦ボケの卑屈だろうか。それとも終戦美談に眩惑されてのことなのだろうか。

旧軍人の書く戦史では、勝算なしと判断した時期を、なるべくおそくしたい気持がうかがわれる。廟堂密室で無意味な継戦を命令した立場の人たちにとっては、責任を追及されたくないからだろう。奥宮氏のいう昭和十九年半ばとは、六月十九日のマリアナ沖海戦の事だが、これは敵をして「マリアナ沖の七面鳥撃ち」と言わしめた悲惨な敗戦であった。だがこれによって、我に勝算がなくなったわけではない。すでに勝算のない戦力であるのに、形だけを整えて戦闘した結果にすぎなかったのである。勝敗は事実上、昭和十七年六月五日のミッドウェー海戦でついていた。海軍軍人の多くが認めたくなかっただけのことである。

開戦時の兵力は日本の空母十、戦艦十に対し、アメリカは空母八、戦艦十七、艦艇総トン数比は対米七十・六％であった。石油の備蓄があるとはいえ、その生産量はアメリカの七百分の一であることがわかっていた。戦力差は開くばかりと予想されたので、主戦論者はいそぎ開戦すべしと主張した。多少の劣勢は奇襲戦法によって打開できると思われた。

連合艦隊司令長官山本五十六大将が、海相嶋田繁太郎大将あてに出した昭和十六年十月二十六日付の手紙に、「開戦劈頭有力なる航空兵力を以て敵本営に斬込み、彼をして物心共に当分起ち難き迄の痛撃を加ふる外なしと考ふるに立至り候」「艦隊担当者としては到底尋常一様の作戦にては見込み立たず、結局桶狭間とひよどり越えと川中島とを併せ行ふの已むを得ざる羽目に追込まれる次第に御座候」との文言がある。彼は同年一月七日付の海相及川古志郎大将あての書簡にも、開戦劈頭の一撃で「米国海軍および米国民をして救うべからざる程度にその士気を沮喪せしむる」ことを「第一に遂行」せよと、意見を述べている。

だが奇襲の成功する機会は、そうあるものではない。いくつかの条件が重なり合って、はじめて成立するものである。彼は手紙の中で三つの奇襲をあわせると書いたが、三つの戦果をあわせた程の大戦果というなら別だが、それぞれの奇襲が成立った条件が、重ね合わされるということは、確率のかけ合わせで、あり得ない蓋然性である。桶狭間の戦い一つとっても、織田信長の情報収集能力に基く決断の時に、これ以上は無いと思われる僥倖が重なった上での大成功であった。他の二つにくらべて、この奇襲の成功は、今川義元との戦いを決着させた点で、独自のものである。山本が三つの合戦をならべたことは、意味の無いことであった。

博奕好きで有名だった山本は、しかし蓋然性の重なり合いの、三つあわせた僥倖を期待して、真珠湾攻撃を考えたのかもしれない。そして実行してみると、多くの幸運が重なり合って、空前の大戦果となった。先ず日曜日の朝という、緊張のゆるんだ時に、現地の米軍が日本軍の攻撃を予期していなかったことである。日本が開戦すれば、日本は真珠湾を攻撃するだろうという見解は、くりかえし発表されていたのに、この時真剣にとりあげていた者がなかった。空母はいなかったが、戦艦群がそろって在泊していたことは、偶然だったといわれている。接近中の南雲艦隊が発見されなかったことも大きいが、発進した攻撃隊がアメリカの一部のレーダーに捕捉されていながら友軍機と考えられ、役立てられなかったことは幸運だった。

僥倖の最たるものは、ルーズヴェルトの措置である。ワシントン時間十二月七日午後一時に手交せよ、となっていた外務省命令をふくむ電報は、すべて傍受され、日本大使館よりも早く解読され、大統領の下に報告されていた。最重要の開戦通告のごとき、ルーズヴェルトが一読して「これは戦争を意味する」と口に出した六日午後九時半（以下すべてワシントン時間）に、大使館員はパーティなどで仕事をして居らず、ましてその個所まで目を通した館員は一人もいない乱脈ぶりであった。「全員突撃せよ」が発信された攻撃開始は七日午後一時十九分であったから、ルーズヴェルトが開戦を知ってから、十六時間に近い余裕があった。彼が大統領の権限で、陸海軍に非常事態を指示しておれば、真珠湾の奇襲は失敗に帰したことだろう。成功したとしても強襲に近いものとなって、被害が出たと思われる。しかし彼は明瞭な措置をとらなかった。日本が先に手を出すまで待って、二次大戦に不介入、中立志向の世論を、戦争へ誘導する彼の謀略といわれる所以である。敵をあざむく為に、味方をあざむく必要があったのかもしれない。しかし薬がききすぎた。彼もまさか真珠湾があんなにひどくやられるとは思わなかったにちがいない。それでも多少の対策は講じていて、七日正午にアメリカ陸軍参謀総長と作戦部長は、現地司令官たちに国交断絶の危機切迫を伝えている。しかし通信が届いたのは攻撃開始後であった。戦闘が一段落して、真珠湾の責任者たちは査問委員会に付され、大統領の処置も論ぜられたが、当然の事ながら彼は免責された。

奇襲を成立させたこれまでの好運の上に、画竜点睛となったのは天候である。攻撃隊がオアフ島に接近すると、上空は雲に覆われていた。ところが真珠湾の上空まで来ると、そこだけがポッカリと晴れていたというのだ。

山本五十六の賭けは、ここまでは連勝だった。ところが無通告攻撃という一点だけ敗けて、すべてがマイナスとなってしまった。その反対に勝ったのはルーズヴェルトで、彼は自らの失態を糊塗するために、無通告攻撃ということを最大限に利用し、それが奇襲の成功の原因のすべてであるとすると共に、だまし討ち（トレッチャラス・アタック）の日本を卑怯な悪者と、国内のみならず世界中に宣伝した。

米国民も山本が期待した士気の沮喪とは反対に、「リメンバー・パールハーバー」の合い言葉が、敵愾心と日本人憎しの感情をあおり立てた。それが多分にアメリカ側に、理性を失った行動をとらせることにもなる。ドイツ系米人にはとられなかった過酷な政策が、日系米人にはとられ、原爆投下にまでいたるのである。人は米国滞在の経験がある山本にしては、判断が甘かったというが、これは山本の小心のあらわれであった。自分自身がそういう時に士気沮喪すると思ったからである。

洋上はるかに離れた基地が、いかに叩かれたからといって、アメリカの国中がそれで弱りこむと考える方がおかしいのではないか。翌年四月十八日の東京初空襲の時も、私は東京にいて敵B25一機が飛ぶのを見たが、戦争だからこういう事もあるだろうと思っただけだった。ところが山本は余程のショックだったようで、その後の作戦に焦りと狂いが出て来るのだ。小心者だったから、ミッドウェー出撃直前の呉まで、芸者梅龍こと河合千代子を呼びよせて、精神の安定を求めねばならなかった。彼の情事は、いわゆる英雄色を好むのたぐいではない。

むかし小学二年生の国語読本に曽我兄弟が出ていた。父の仇工藤祐経を寝所で打ち取る時、彼が寝入っているので、枕を蹴って起こした上で、名を名乗ったと書かれていた。寝首を掻くのは卑怯だと、二年生に教えている。山本にもそのモラルはあって、軍令部や東郷外相の無通告攻撃方針に反対し、あくまで事前通告を主張して認めさせた。だがつめが甘かった。攻撃開始の一時間前に通告ときまり、山本が東京駅を出て呉に向ったあと、軍令部が攻撃のおくれを心配して、三十分通告をおくらせる事になり、後に山本も追認した。ところが反対に攻撃開始が十一分早くなった。それでも指令通りに、野村大使が通告しておれば、十九分の余裕があったが、実際は指令より一時間二十分おくれの通告となり、すでに攻撃開始から一時間たっていた。受取ったハル国務長官は日本の両大使を面罵し、日本を侮辱した。この国辱の責任を、両大使はじめ大使館員は誰一人とることもなく、帰国後は優遇され、パーティの契機をつくった寺崎英成のごとき、昭和天皇の御用掛にまで出世した。「昭和天皇独白録」の資料は、専ら彼の手によるものである。

山本と同じ新潟県立長岡中学校出身の半藤一利氏は「山本五十六の無念」（恒文社）で、真珠湾攻撃が「結果的には通告前の卑怯な騙し討ちとなり、逆にアメリカ国民を団結させ、士気を奮い立たせ、汚名を青史にのこした。そして山本は張本人の烙印をおされたまま南の空で戦死した。無念というほかはないであろう」と書いて、多分に同情的である。しかしこれは博奕に負けただけのことだ。汚名を残したくなければ、通告時間に余裕をとればよい。一分でも通告の方が、攻撃より早ければ、無通告攻撃のそしりを免れるというものでもないだろう。現にアメリカ軍部内の命令伝達に一時間を要している。せめて二、三時間の余裕をとっておけば問題は無かった。駐米大使館の無能と怠慢は、およそ考え得る最大のもので、その一時間二十分以上のおくれは考えられないからである。間に合わせる方法はいくらでもあった。下手なタイプに時間を使うくらいなら、手書きで要点を記すか、口頭でも足りた。優等生の作文は立派に出来上ったが、期限切れで落第した秀才のようなものだった。

山本も心配になって、攻撃前夜の午後七時すぎ、長門の作戦室で、政務参謀の藤井茂中佐に、「たびたび言うようだが、外務省はアメリカに対する開戦の通告をぬかりなくやってくれているだろうな」とたずね「間違いなく、間に合うようにやってくれていると思います」と返事を得ている。翌未明奇襲成功の報がとどいた時にも藤井をよび、「開戦の通告は、きっと奇襲前に届くようにしてあったろうな」と念をおした。「間違いなく通告されていると思います」「よし、それならいいが、念のために、かならず確認しておいてくれ」と問答している。

小心翼々な気休め問答を続けても、全く無意味だということは、山本もわかっていた。だがやめられなかった。賭博者がルーレットの盤面を見つめている時である。通告時間を早めておれば、国際法違反に問われる心配がなくなるかわりに、強襲にかたむいて戦果が心配になる。無通告のそしりを受けずに、出来れば完全な奇襲をしたい。そのぎりぎりの選択が山本の最大の賭けであり、最後まで心配させた勝負であった。その賭けに彼は敗れたのだった。僥倖の重なりによって、望外の大戦果は得られたが、外交官の無能怠慢という伏兵の出現で、一切が逆転してしまった。この汚点は、高血圧性脳症を患うルーズヴェルトの偏執狂的な日本憎悪の行動となって増幅され、終戦のまたげとなった。昭和十八年一月のカサブランカ会議で、ルーズヴェルトが予め国務省との打ち合わせもなく、突然枢軸国側の無条件降伏方針を口にして、チャーチルを唖然とさせて以来、昭和二十年四月彼の死去するまで、それが和平に努力する人たちに、苦杯をなめさせるのである。

真珠湾につづく十二月十日のマレー沖海戦も僥倖の勝利であった。敵側には、わが中攻機が六百浬以上の行動半径をもち技量卓抜なことが知られてなかった。イギリス雷撃機ソードフィッシュの行動半径は三百浬だったから、まさか雷撃まで受けるとは考えられなかった。ワンショットライターの異名をもつ中攻機は戦闘機に弱い。支那事変でも零戦の登場まで、多大の被害を出してこりていた筈なのだ。ところがこの時、基地に二七機の零戦がありながら、護衛なしで中攻機七六機が出撃した。

フィリップス中将を司令長官とする東洋艦隊の、戦艦プリンス・オブ・ウェールズとレパルスが、戦闘機の護衛なしで日本軍上陸地点を攻撃に出発したのは、空軍が海軍から独立していたので連携の不備によるとの説が有力で、フィリップスは護衛を希望していたともいわれている。しかしレパルスから日本機が攻撃中急援たのむの電報をうけて、バッファロー戦闘機隊が出動した時は、水中に水兵の姿を見るのみであった。司令長官は艦長のリーチ大佐と共に、沈みゆくプリンス・オブ・ウェールズに残った。

チャーチル英首相は下院の演説で、「私の生涯を通じて、これほど海軍に手痛い打撃を受けたことは嘗て知らぬ」と嘆じた。だがこの大戦果は、多分に敵側の事情による幸運であった。すでに新鋭の戦闘機ではなくなっていたとはいえ、バッファローの護衛があれば、形勢は逆転し、こちらが全滅、敵は無傷ということもあり得たのである。零戦をつけずに中攻機を出撃させたという重大なミスが、敵のミスによって救われたのだった。

太平洋の戦争はこのようにして、僥倖の戦争として始まった。勝利が廟堂密室を狂わせた。大本営の報道部は「勝って兜の緒をしめよ」の標語を、大きな文字で、いたる所にかかげ、国民を鞭撻していた。だが彼等自身が戦果に酔って、正常心を失っていた。そのため次期作戦を考えるにしても、方針が定まらず、ついうかうかと手を出してしまったところが、気がつけば攻勢終末点を越えていたという破目になる。緒戦の勝利について、その勝因を反省すべきであった。そうすれば勝利がいかに好運の連続によってもたらされたものか、薄氷をふむようなものであったかが、わかった筈である。当然やり方がかわっていなくてはならなかった。しかしミッドウェー海戦一つとっても、敗戦の反省すらろくになされなかった日本軍に、勝戦の反省がなされるわけがない。しかし勝利の中に敗因があったのだ。

小室直樹氏にいわせれば、米内光政も山本五十六も、必敗の信念の持主であった（「大東亜戦争ここに甦る」クレスト社）。米内は昭和十四年八月平沼騏一郎内閣の海相として五相会議に臨み、石渡荘太郎蔵相から「日独伊の海軍が英仏米ソの海軍と戦って、我に利がありますか」ときかれ、「勝てる見込みはありません。大体日本の海軍は、米英を向うにまわして戦争するように、建造されておりません」と答えている。開戦直前の昭和十六年十一月二十九日、昭和天皇が重臣八人の意見を求めた時、彼は前のようにはっきりとは口にせず「俗語を使いまして恐れ入りますが、ジリ貧を避けんとしてドカ貧にならないよう十分に御注意願いたいと思います」と発言するのみであった。見込みが無いという所を、気をつけてやって下さいと、海軍言葉の〃メイキング〃で奉答したわけだ。「注意してやってみても、勝てる見込みはありません」となぜ申し上げなかったのか。石渡の前では本音を出しておきながら、肝心な時に真実を枉《ま》げた罪は大きい。

山本五十六は昭和十五年九月に近衛首相から対米戦の見通しをきかれ「ぜひやれといわれれば、はじめ半年や一年はずいぶん暴れてごらんにいれます。しかし二年、三年となっては、まったく確信はもてません」と答えた。翌年九月に同じことをきかれた時は、「一年や一年半」と少しさばをよんで同じ答をしている。正直に敗けるといいたくなかったのと、二、三年で講和にもって行ってくれという希望の表現だったという説がある。そうかもしれない。しかしそれならそうと、はっきりというべきだった。

山本本人は半年後に暴れそこねて大敗したあと愚戦をつづけ、講和を切り出すいとまもなく死んでしまった。常岡滝雄元陸軍中佐は、山本の「暴れる」について、「暴れるという思想が既に堅実性を欠いでいる。東郷元帥には暴れるなどという、落着きのない不徹底な思想は微塵もなかった」と批判する（「大東亜戦争の敗因と日本の将来」山紫水明社）。

井上成美元海軍大将は戦後「山本さんは、海軍は対米戦争はやれません。やれば必ず負けます。それで連合艦隊司令長官の資格がないといわれるのなら、私は辞めますと、なぜいいきらなかったか。軍事に素人で優柔不断の近衛さんがあれを聞けば、とにかく一年半ぐらいは持つらしいと曖昧な気持ちになるのはきまりきっていた」と言った。だが山本が司令長官を辞職するといったのは、真珠湾奇襲を軍令部に承認させようとした時の、おどし文句としてであった。

昭和十六年九月五日、昭和天皇は近衛首相と永野修身軍令部総長のいる前で、杉山元参謀総長に対し「絶対ニ勝テルカ」と大声でただされた。杉山は「絶対ニトハ申シ兼ネマス、而シ勝テル算ノアルコトダケハ申シ上ゲラレマス。必ズ勝ツトハ申シ上ゲ兼ネマス。ナホ日本トシテハ、半年ヤ一年ノ平和ヲ得テモ、続イテ困難ガ来ルノデハイケナイノデアリマス。二十年、五十年ノ平和ヲ求ムベキデアルト考ヘマス」と答え、天皇は大声で「ア、分ッタ」と答えられたという（『杉山メモ』原書房）。

『昭和天皇独白録』（文藝春秋）昭和十六年の項に、昭和天皇の次の言葉がある。

「実に石油の輸入禁止は日本を窮地に追込んだものである。かくなった以上は、万一の僥倖に期しても、戦った方が良いといふ考が決定的になったのは自然の勢と云はねばならぬ。……その内にハルの所謂最后通牒が来たので、外交的にも最后の段階に立至った訳である」

十一月三十日高松宮が昭和天皇に向かって、「今この機会を失すると、戦争は到底抑へ切れぬ」と意見を述べたあと、話し合われた事が出ている。「宮の言葉に依ると、統帥部の予想は五分五分の無勝負か、うまく行っても、六分四分で辛うじて勝てるという所だそうである。私は敗けはせぬかと思ふと述べた。宮は、それなら今止めてはどうかと云ふから、私は立憲国の君主としては、政府と統帥部との一致した意見は認めなければならぬ。若し認めなければ、東條は辞職し、大きな『クーデタ』が起り、却って滅茶苦茶な戦争論が支配的になるであらうと思ひ、戦争を止める事に付ては、返事をしなかった」「十二月一日に、閣僚と統帥部との合同の御前会議が開かれ、戦争に決定した。その時は反対しても無駄だと思ったから、一言も云はなかった」

廟堂密室の中で、楽観論が悲観論を制してゆく情況の一端が示されている。

孫子「軍形篇」に「勝兵は先ず勝ちて而る後に戦いを求め、敗兵は先ず戦いて而る後に勝を求む」とある。廟堂密室は後者をとって、戦争にふみ切ったのであった。いみじくも昭和天皇の独白に僥倖とあるように、私は緒戦からミッドウェー海戦までを僥倖の戦争と考える。

日米の国力差を考慮して、勝算の無いことを明らかにした研究のことを付加えておきたい。猪瀬直樹氏の「昭和16年夏の敗戦」（文春文庫）に書かれたもので、昭和十六年四月一日に近衛内閣のつくった、内閣総力戦研究所のメンバー三十人の業績である。三十代を主とした所員は、各省庁から出向した人達ばかりで、模擬内閣をつくり、もし戦争になったらどうなるか、というシミュレイションを試みた。それぞれの持ちよったデータから、戦力経済力の展望が討論された。その年八月に出された結論は勝算なしの必敗であった。近衛首相も東條陸相も干与していたからそれを知ってはいたが、成果は無視されてしまった。

僥倖に始まった戦争は、僥倖だのみとなって、ミッドウェー海戦となる。敵空母を撃滅するのが山本五十六司令長官の意図であった筈だが、おびき出すためのミッドウェー島攻撃が、簡単にいかなかったため混乱し、すきを突かれて敗北した。奇襲するつもりが奇襲を受けた。情報が筒抜けだったことに原因を帰するのは、見苦しいいいわけである。折角出かけても、敵空母が来てくれなければ困ると心配していたほどだ。それが来てくれたのだから、僥倖を感謝すべき事態の筈であったが、予想より早く敵が現れたため、調子が狂ってしまった。敵に戦意が無いときめてかかり、まだ出撃していないと思いこんでいたからだが、それは僥倖が自分たちの方だけに輝くものという、勝手な思いこみからであった。なすべき事を尽くさなければ、僥倖はやって来ない。潜水艦隊による哨戒線をしいた時は、すでに敵空母艦隊が真珠湾から出撃して通過したあとであった。敵発見の報告がないから、まだ出て来ないと思うのもいたし方がない。

山本長官の指揮そのものが不可解であった。攻撃の主力である空母四隻には、戦艦二隻と重巡二隻が対空砲火に期待できるだけで、あとは軽巡一隻と水雷ばかりの駆逐艦十二隻のみ、輪型陣で空母をまもれる筈がなかった。之に反して主力部隊と称するものは山本長官の乗る大和以下戦艦七隻、重雷装軽巡二隻、軽巡一隻、駆逐艦二十一隻その他で、機動部隊の後方三百浬を進んで行った。他に攻略部隊等があり、日本海軍の総力に近いパレードであった。本海戦に参加した艦艇総数日本三百五十三隻、アメリカ五十七隻、航空機日本四百三十六機、アメリカ百十五機であった。この海戦で日本海軍は連合艦隊平時燃料使用量の一年分以上を浪費したという。御田俊一氏は加賀百万石の大名行列のような仰々しさと書いた（「帝国海軍はなぜ敗れたか」芙蓉書房）。

大和以下の戦艦は前に出て、空母をまもる輪型陣をつくるべきだった。それを二つでも、四つでもつくれる数だった。その防空能力を以てすれば、むざむざと米爆撃隊に壊滅させられることはなかった。それに大和には抜群の通信能力があった。海戦の数日前から、大和のアンテナには敵機動部隊が出動している気配を示す情報が、連日入っていた。しかし機動部隊にその重要情報を知らせることを怠ったのは、無電を発して、敵に位置を知られるのをおそれた警戒心からだったというから、あいた口がふさがらない。攻撃の部隊にとって最も必要な情報を、三百浬後方の大和の安全のために秘匿したのだ。赤城の方にも情報は入っているだろう。もし入っていなくても南雲部隊は強いから大丈夫だと、山本司令官は判断していたという。怯懦というか、怠惰というべきか。無為のミスが敵にとって僥倖となった。索敵不備による敵発見のおくれ、兵装転換の無駄、空襲をうけた時に、爆発物が満載の状態であったという非運、すべて自らまねいたもので、それらすべてが敵に幸運をもたらした。即時攻撃発進すべし、という山口多聞少将の意見具申を、南雲司令官がにぎりつぶしたことが、唯一の勝機を失わせた。奥宮正武氏はミッドウェー作戦失敗の主因は二つとし、その一は機動部隊の実力に対する過信、他の一つは「わが方に運がなかったこと」と書く（「真実の太平洋戦争」ＰＨＰ文庫）。だが敵の幸運はこちらのミスがまねいたものであり、折角のこちらの幸運は自ら棄ててしまったのだった。

敵に数倍する艦隊勢力をうごかしたミッドウェー海戦は、主力の空母四隻と重巡一隻を失い、第一級のパイロット百名を含む三千五百人と、航空機三百二十二機を失った。アメリカの損害は空母、駆逐艦各一隻三百七人と百五十機であった。六月十日の大本営発表は米空母二隻撃沈、航空機百二十機撃墜、我が方空母一隻喪失、一隻大破、未帰還三十五機というものであった。

これで戦争の勝敗はきまったといえる。敵味方の力が五分五分に近い場合は、僥倖の戦争が成立ち得る。しかし最精鋭のパイロットと主力空母を喪っては、奇襲の成功も、ますます望み薄となってしまった。土俵の中央で力士がぶつかり合っている時、一方の体のどこかに急に弱点が出来たようなもので、一歩二歩と押されて行くと、そのまま土俵際まで寄られてしまうようなものだ。ミッドウェー海戦でひらいた日米の戦力差は、爾後の戦闘で日本の方を不利に導き、生産力の差が加速度的に戦力差を大きくする。どう転んでも勝ち目の無い戦争になってしまったのだ。だがこの時点で、はっきりその認識が出来た人は少なかっただろう。少くとも廟堂密室には見られなかった。

戦前から日本に勝ち目が無いと言っていた米内光政が、そう判断するのは理の当然であった。彼は戦後になって昭和二十年十一月十七日東京でオフスティ海軍少将の質問にこたえて言った。「ミッドウェーの敗戦か、またはガダルカナルの撤退を転機といいたいのです。それからというものは、もはや挽回の余地はないと見当をつけていました。もちろん、その後にもサイパンの失陥があり、レイテの敗北が起こりました。そこで私は、もうこれで万事終りだと感じていました」。

奥宮正武氏はじめ旧軍人は認めたがらないが、さすが敵将ミニッツ元帥は、その著「太平洋海戦史」に書いている。「米国の戦死者三百七名に対し、日本は三千五百名が生命を捧げ、そのなかには百名の第一線パイロットが含まれていた。この練達なパイロットの損失は、日本海軍にとっては大きな痛手であった。というのは、それは結局、日本にとっては致命的であることが証明された消耗戦の始まりであったからだ。この海戦は、太平洋戦争における転回点を示すものである。それは、これまでの日本が意のごとく攻勢をとることができた優勢という利益を、日本からとり上げてしまった。それは、米国にとっては、戦争の防衛の局面に完全な終止符を打ったことになり、米軍が若干のイニシアチブをとり得る時期としたのである。日本軍は、日本国民に対してだけでなく、上層部の高官に対してすらも、海戦の敗北をかくした。日本は、戦争の日誌や報告から、敗戦の記録を削除した。しかし日本は、この海戦の結果を、元どおりにすることはできなかった」。

保阪正康氏は「新潮45」平成八年十月号に論文「もしミッドウェー海戦で戦争をやめていたら」を発表された。真珠湾から終戦までの間に三百十万の国民が死に、戦後の戦病死者を含めると五百万と推定されるが、ミッドウェー海戦で戦争をやめておれば、戦死者は一万人以下にとどまった。やめなかったため、若い優秀な人材を数多く失って、「精神的退廃」を生みだしてしまった。「敗戦に行きつくまでのプロセスがあまりにも愚かだった。簡単にいえば、度しがたいほど負けっぷりが悪かった。戦時指導者たちは、戦略も政略ももたず、なにひとつ戦争をおさめるための手を打たなかった」。

「ミッドウェー海戦をもって戈をおさめ、政治交渉に入ったなら、むろん世界史は大きく変わることになり、歴史的には日本は実に多くのプラスの評価を受けたにちがいない」

「日本の国際的地位は飛躍的に高まり、日本の指導者と国民の歴史的先見性は現在までに何度も見直され、そして少なくとも三百十万人、あるいは五百万人もの人材を失うことがなく、アメリカンデモクラシーの生煮えの国家ではなく、自前の歴史と伝統を土台にしながら、何度かの社会変革を経て、もうすこし骨太の国家になっただろうと、私はなんどもくり返していいたいのである」

「私が真珠湾攻撃から六か月後のミッドウェー海戦の敗戦時に、戦争を止めるべきだったというのは、この戦いに見事に敗れたからであり、その敗戦の因の中に日本は長期戦を戦う国家ではないという諸要素がすべて凝縮されているからだ」と保阪氏は説く。

細川護熙元首相や司馬遼太郎は、大東亜戦争を侵略戦争といってのける。だが侵略戦争と糾弾される諸事実や、BC級戦犯刑死者をつくり出した事象は、すべてミッドウェー海戦後、日本軍が劣勢となり、収奪が必要となって、占領地行政が頽廃したため派生したものである。下手な戦争の結果、下手な敗け方をしたために、加害者と被害者の二元論にもとづく犯罪史観で、加害者国家国民とののしられ、政府首脳が謝罪をくりかえし、日本人の一部までがそれに同調するような、あさましい国柄になってしまった。

保阪氏は一つの選択肢として、あり得たかも知れない講和の過程を、「幻の終戦」（柏書房）と題するフィクションにまとめられた。当時をふりかえって、ミッドウェー講和は至難であったと思われるが、前に記した私の先輩田所広泰氏が平和克復の講演をしたのがミッドウェー海戦の前月、憲兵隊の手入れが翌年二月であった。東條内閣の憲兵政治下であったが、終戦に意を用いる人はいたのである。それを生かす道はなかったのだろうか。

ミッドウェー海戦でミッドウェー島攻略には失敗したが、成功していても、後に玉砕の島となっていたことは確実である。ミッドウェーと同時に攻略したアリューシャン作戦は、アッツ・キスカ両島の攻略には成功したが、アッツ島では翌年五月玉砕、キスカ島は七月に撤退した。いずれも攻勢終末点を越えていたことに気がつかなかったのである。海戦前にミッドウェー攻略後の補給の相談をうけて、井上成美中将が司令長官の第四艦隊司令部が、補給困難として難色を示したのは正解であったといえる。しかし同じく終末点をこえたガダルカナル島に、飛行場を井上が作らせようとしたのはうなずけない。山本にも責任があるわけだ。

これまでにもアメリカ機動部隊が日本軍の占領地を襲撃して、闘志を示していたが、日本軍が攻勢終末点をこえてからは、それが反攻といわれる形になり、空海からの砲爆撃にはじまり、制空権で補給路を断ち、上陸してとりかえすというパターンが、くりかえされるようになった。昭和十七年八月にはツラギ島、ガダルカナル島に敵が上陸を開始した。特に後者では事態の重要性を見抜くことが出来ず、対策はつねに後手にまわり、兵力の逐次増強が敵の戦力増強においつかず、山本連合艦隊司令長官の優柔不断もあって苦戦をつづけ、撤退の決断がおくれ、やっと翌年二月撤退となり、これを大本営は転進と称した。それが退却であることを知らない国民はいなかったが、公然と口に出す者は無かった。この時三万二千人が投入され、脱出できたのは八千人、上陸前に海没死亡しなかった者も、病と餓えに倒れた。

アッツ島へは昭和十八年五月十二日敵軍が上陸した。補給もない絶海の孤島の守備隊は、いったいどうなるのか、ニュースで知って胸がいたんだ。はやく帝国海軍が救援に行ってくれないものかと、念じていた。ところが二十九日に玉砕という語が新聞、ラジオで大きく報道された。「丈夫は玉砕甎全を恥ず」と中学時代に習った西郷南洲の漢詩の字句が、いきなり飛び出して来たのに驚いた。何という事か、見殺しではないか、制海権も制空権も、そこまで敵にやられたのかと思った。守備隊長山崎保代大佐以下二千五百の英霊は、軍神とされ、この年四月戦死して元帥となった山本五十六と共に、「山崎部隊につづけ」「山本元帥につづけ」が合言葉となった。山本の死に対して、昭和天皇は六月五日国葬の日に、誄の勅語を与えられたが、玉砕の軍神たちには、そのような事がなかった。尤も司令長官の戦死は珍しいことだが、玉砕はその後常態のようにくりかえされるので、それを見越したのかもしれない。だが二千五百の無念の死を、愚将山本と同等に思うならば、そうあってもよかったのではないか。くりかえし勅語を出すのが不都合なら、戦争をやめればよかった。

玉砕と餓死は近代戦の範疇を超えるものである。二階に上げておいて梯子をとるという語があるが、それどころではない。泳いで脱出することも出来ない島に人間をほうり出しておいて、輸送力が無いから勝手にしてくれというのが、軍の上層部であった。アッツ島玉砕直前に大本営がその放棄をきめた時、北方軍司令官樋口季一郎中将から山崎部隊長あて電報が打たれた。「武勲ハ真ニ抜群、内外斉シク確保スル所ニシテ、予深ク満足、切々トシテ感激ニ堪へザルモノアリ、軍ハ海軍ト協同シ万策ヲ尽シテ人員ノ救出ニ務ムルモ、最後ニ至ラバ潔ク玉砕、皇国軍人精神ノ精華ヲ発揮スルノ覚悟アランコトヲ望ム」

万策を尽すものが、玉砕せよという、この矛盾したしらじらしい文章は、破廉恥というべきだ。それにしても玉砕は廟堂密室の公認した方針であったとは！

玉砕はキーワードとなって、終戦までひとりあるきしてゆく。それは昭和二十年の硫黄島と沖縄まで続き、餓死は多いものだけでニューギニア、インパール、レイテとくりかえされ、そのたびに数万ないし十数万を数えた。これは最早まともな戦争の姿ではなかった。当時その実情は、食糧の補給不足にもかかわらぬ皇軍の勇戦敢闘としてのみ伝えられ、いつの日かそれに応えるべきものと、心がひきしめられていた。ガダルカナルの苦闘の中で、青年将校の詠んだ短歌が今も心に残っている。「文藝春秋」に出ていたが、記憶がはっきりしないので、資料をさがし出したいと思う。

玉砕も餓死も、廟堂密室の公認を得て、くりかえされてゆく。これは不合理というより、不条理の戦争である。近代戦の仲間入りをさせてもらえるたぐいのものではなかった。兵士たちは身を鴻毛の軽きになぞらえて、死地に身を投じた。そう教育されていた。しかし廟堂密室はじめ、軍の指導者たちは、兵たちの命を鴻毛のように軽んじていたのだった。

アッツ島玉砕後の六月八日、昭和天皇は蓮沼侍従武官長に怒りの言葉を投げられた。

「霧ガアッテ行ケヌヤウナラ艦ヤ飛行機ヲ持ッテイクノハ間違イデハナイカ　油ヲ沢山使フバカリデ……斯ンナ戦争ヲシテハ　ガダルカナル同様敵ノ志気ヲ昂《ア》ケ中立、第三国ハ動揺シ支那ハ調子ニ乗リ大東亜圏内ノ諸国ニ及ホス影響ハ甚大デアル　何トカシテ何処カノ正面デ米軍ヲ叩キツケルコトハ出来ヌカ」このあとくりかえし「米軍ヲピシャリト叩ク事ハデキナイノカ」「何処カデ攻勢ヲトルコトハ出来ヌカ」「何トカ叩ケナイカ」「海軍ヲ何トカ出ス方法ハ無イモノカ……何処カデガチット叩キツケル工面ハナイモノカ」といった発言が続き、昭和二十年二月十四日近衛文麿の戦争終結勧告ニモ「モウ一度戦果ヲ挙ゲテカラデナイト中々話ハ難シイト思フ」と拒否の意を表明される。沖縄に敵が来た時も「現地軍ハ何故攻勢ニ出ヌカ」といわれたりする。

昭和天皇のみならず、「もう一撃を加えてから」が、戦争の最後まで廟堂密室で唱えられるのである。ひとえに情報不足による誤判断である。不条理の戦争に入ったところ、「彼我の戦力は国力の反映がそのまま出て来ておりますので、ミッドウェーで主力が壊滅した以上、どこに現れるかわからない敵への対応に追われるばかりで、一撃を加える余裕がありません」と申し上げる者が居なかった。まして不条理の戦争の現実を天皇に申し上げ、「二・二六事件で重臣が三名殺された時、陛下は『朕が股肱の老臣を殺戮す、此の如き凶暴の将校等、其の精神に於ても何の恕すべきものありや』と陛下はおっしゃいました。明治天皇は軍人勅諭で『朕は汝等を股肱と頼み』、とさとして居られます。その股肱が離れ小島やジャングルの中で、或いは玉砕し、或いは餓死し、その数何万にも及んでいるのです。何とかやめさせてください」と諫言する者が、一人も居なかった。それが廟堂密室というものであった。

この時、米内光政は何をしていたか。さきのオフスティ海軍少将が終戦対策について質問した時、こう答えている。「最初のチャンスは、ハワイ、シンガポールなどで勝利をおさめた直後、第二の機会はサイパン陥落のあとでした。その後は、ずるずると引きずられているようなものだったと想います……しかしもし日本海軍が終戦を提議したとしても、終戦にもっていけたかどうかはわかりません。」彼の記憶に間違いは無さそうだが、この他人事のような発言は、多分に彼の人格を疑わせるものである。これについては後に詳論する。

同じころ山本五十六は最後の賭けに出ていた。い号作戦という名の航空戦である。トラック島の大和ホテルや武蔵で快適な生活をおくり、ガダルカナル作戦の連絡にきた陸軍参謀の辻政信が目をむいたといわれる豪華な食事をとって、新橋の茶屋のおかみ古川敏子あて、女をよこしてほしいような手紙を書いていた山本は、参謀長の宇垣纒中将の要請で、気のすすまないまま、昭和十八年四月三日ラバウルに連合艦隊司令部をうつした。第三艦隊の母艦機百六十機と、第十一航空艦隊の陸上機百九十機をラバウルに集め、敵にとられたガダルカナル周辺の敵艦船攻撃を手はじめに、米豪軍を叩いて戦局を打開するのが目的であった。

戦果は連日のように報道され、内地にいるとラバウル航空隊は全軍の花形というより、頼みの綱ともなり、おされっぱなしの戦局も、その力で好転するのではないかとさえ思われた。「ラバウル海軍航空隊」の歌はくりかえし放送され、勇気づけられた。古関裕而の曲としては珍しい長調の軍歌で名曲だった。山本は四月十八日前線視察に出たブイン上空で敵戦闘機P38十六機に襲撃され、零戦六機がついていたが戦死した。い号作戦も終わった。

後になってい号作戦の大戦果は誤報が多くて、四月十四日永野軍令部総長が、天皇からおほめの言葉をいただいたようなものでなかったことが判明した。それよりもこちらの損害が多大で深刻な事態となった。未帰還機の四十三機は参加機数の十二%だったが、第三艦隊の母艦機が多く、被弾機をふくめて五十%が使用不能となり、空母部隊はトラックから内地へかえって、再建することになった。

陸上機を訓練して母艦機にするならわかるが、母艦機を陸上へ移すのは、勿体ない話である。大和や武蔵を護衛につれて、機動部隊で攻撃する頭は、山本にはなかったらしい。ラバウルを飛び立って三時間しないと、ガダルカナルまでは行けない。その間の島々には諜者がいて、到着した時は敵が待ちかまえていた。しかも戦闘時間は十分しかなく、すぐ引返さなければ基地までもどれない。愚劣というもおろかな作戦で、山本は正気の沙汰かといいたいほどだ。つきの落ちた賭博師が、あせればあせるほど、敗けがこんでゆくような愚将の最期であった。

レイテの戦いで特攻作戦が登場した。前著「神なき神風」で詳論したので、要点をのべるが、私は特攻を以て帝国陸海軍の栄光であると共に汚点であったと主張するものである。最初の神風特別攻撃隊敷島隊のことを新聞やラジオで知ったとき、私はからだをつらぬく感動と衝撃を覚えた。ここまでする人がいたのか、しかも同じ世代で、という気持であった。

それから五十年、戦中に知り得なかった多くの事実が明らかとなり、戦死者の遺書などに触れてゆくうち、私の感動した栄光は、ますます輝きを増すと共に、特攻を命令した者に対するいきどおりは、激しくなるばかりとなった。多くの資料から、特攻がすべて志願によるものであったという偽善は、許さるべきでないと結論した。

作家の神坂次郎氏は「歴史街道」平成十二年九月号で語った。「話を特攻出撃した若者たちの上に戻しますが、誰が大義名分のために死など選ぶものか、彼らはみな肉親のために、愛しい人のしあわせのために、百死零生の特攻行に向かったのです。」この断定は日本の歴史文化を抹殺するドグマである。愛しい人のために死んだ人たちはいた。その中にも大義名分の為を思った人はいただろう。大義名分を第一義として死んだ人たちのことを、私はたくさん知っている。

東條首相がたえず口にし、戦陣訓にも書かれた「悠久の大義」といった空疎な合言葉のために死ねるものでないことは、私も同感だ。しかしわれわれの祖先がまもりつたえ、その為に死んだものを忘れてはならない。神坂氏はこれまで大義名分を第一義としたことはなく、その為に死ぬことを考えたこともないから、こんな事が言えたのではないか。だからといって、人の心を自分と同じだと、きめつけてしまうべきではない。義のため、信のため、命をすてることは、洋の東西、古今をとわず存在したのだ。

氏は「あの戦争では、国民を守るための国家が、国民を殺してまで国体を守ろうとしたのですよ」とも言う。まるで森首相の国体発言にとびついた野党や、神坂氏の親しい毎日新聞あたりの言いそうな言葉だ。「国民を守るための国家」とは、新人類になら受けるかもしれないが、常識人ならば、国民を守る国家を、守るのも国民であることを、忘れてはいないのである。

海兵出の久住宏中尉は人間魚雷回天出撃の際、「願はくは君が代守る無名の防人として、南溟の海深く安らかに眠り度く存じ居り候。命よりなほ断ちがたきますらをの名をも水泡《みなわ》と今は捨てゆく」と遺書に書き残した。同世代人として、その志をまもり伝え、熱誠にこたえたいと思う。特攻が帝国陸海軍の栄光であった事実は、永久に残るだろう。

特攻作戦に志願者のいたことは事実である。だがそれ以上に命令がまかり通っていた。特攻生みの親といわれるのは、比島の第一航空艦隊司令長官大西瀧治郎中将である。私は「生みの親」という語がきらいだ。生んでおいて殺す親は無いから、「特攻生みの親」は自己矛盾だと思う。昭和十九年十月二十六日彼はクラーク地区で、百五十人のパイロットを前にして言った。「全部隊を特別攻撃隊に指定する。これに反対するものは、おれが叩っ斬る。これ以上、批評はゆるさん。おわり」パイロット達の間に動揺の色が流れたという。

海軍が始めた特攻は、陸軍も呼応して特攻戦術と公認され、終戦まで続けられた。海軍二千五百二十四名、陸軍一千三百八十六名、計三千九百十名の若人が特攻に出て還らなかった。これは航空機以外に、人間魚雷回天や、人間爆弾桜花、特攻艇震洋などを入れたものである。

十月三十日米内光政海相は参内して、昭和天皇に神風特別攻撃隊の戦果を報告した。天皇は「それほどまでのことをせねばならなかったか。しかしよくやった」といわれた。「よくやった」は御嘉賞のことばとして前線につたえられ、特攻作戦者を鼓舞することになった。

旧軍人の手記などから、特攻隊は大西が現地で創始し、神風の名も諸隊の名称も、その時に出来たように思われていた。ところが、柳田邦男氏の調査で、十月十三日軍令部の源田実中佐が大西にあてた電報の起草案の中に、「神風攻撃隊」「敷島隊」「朝日隊」の名称を入れていることがわかって、特攻作戦は大西が東京を発つ前から海軍部の事前の了承があり、しかもかなり細かいところまで、打ち合わせ済みであったことが判明している（「零戦燃ゆ」文藝春秋）。

もともと大西の人事を発令したのは米内海相であり、井上成美中将も次官として特攻を是認していた。「人間魚雷回天」（図書出版社）を書いた神津直次氏は、学徒動員の予備学生として久里浜の対潜学校に在学していた。昭和十八年十月「戦局を一気に挽回する特殊兵器が出来た。特に危険な兵器だが、みんなのような元気溌剌とした者が適任である。乗ってみないか」という募集があった。予備学生のほとんど全員が志願した。選ばれた四十名が十月二十四日に到着した佐世保に近い大村湾の川棚臨時魚雷艇訓練所には回天隊の札がかかっていた。「特に危険な」ではなくて、必ず死なねばならない兵器であった。このペテン師のような募集に、米内と井上が関与していたことを、戦後神津氏がつきとめた。後章の神津海軍で紹介しようと思う。

米内が参内して天皇から「それほどまでのことをせねばならなかったか」といわれた事について、大西は参謀の猪口力平大佐に「こんなことをせねばならないというのは、日本の作戦指導がいかにまずいか、ということを示しているんだよ。なあ、こりゃあね、統率の外道だよ」と語っている。彼は仏教的な意味で外道といったわけではないだろう。正攻法によらない奇道、型破りの統率という以上に、多少は非難されてもいたし方ないという思いをこめて言ったのではないか。心のどこかには、やましさを感じていたと思われる。だからつぎつぎと強がりの言葉を連発し、結局は自決にいたるのではないか。

だが大西のした事は統率の外道といってすむものではない。人倫の外道なのだ。人に特攻を命令することは、自殺を命令するに等しく、軍隊の中の統制力を考えれば、自殺を強制することであり、殺人行為に他ならない。それが不当であることは、人選指名ということだけ考えても明らかだろう。例えば砲手がＡＢＣＤ四つの砲弾のうち、どの砲弾から先に発射しようとも、その判断が倫理的に問われることはない。しかしＡＢＣＤ四人のうち、ＡでなくてＢを、ＣでなくてＤを、人が人を選んで特攻に指名することは、自殺を命令することで、人間として許されることではない。それが出来るとすれば、人間以上の存在でなければ考えられないことである。人間が人間以上の存在であるかのような行為をすることは、道徳的にも宗教的にも許されることではない。戦中だから、重大局面だからといって、許されることではない。

人格をもつ一人の人間を、爆弾として、あるいは魚雷として使用し、消費することは、人格の尊厳を犯すことである。今なお大西を賛美する歴史家評論家の文章を目にするが、彼等は殺人の事後従犯といってよい。数多くの人に特攻命令の文書を署名交付した大西の下僚たちをはじめ、特攻の命令書を出した者は、すべて殺人の共犯である。国家の応急存亡はいいわけにすぎない。それによって人倫の道をふみはずして良いというものではない。悠久の大義のためという自己欺瞞の信念から、特攻作戦に従事した者は、殺人の罪を犯すことによって日本の戦争を頽廃させ、帝国陸海軍の歴史をけがし、日本の歴史に泥をぬったのだ。

今でも旧海軍大尉の野村實氏の如き、保阪正康著「太平洋作戦の失敗10のポイント」（ＰＨＰ文庫）末尾の解説に「戦争末期の特攻作戦はもちろん、近代国家が実施すべき作戦ではなかった。しかしそれを現出させた背後には、尽忠報国の思想と名を惜しむ古来からの武士道精神があったことを、後世が理解できなければ、当事者があまりにも悲惨だ」と書く。ここには日本の戦争を頽廃させた海軍の罪悪に対する反省が全くみられない。ダブルスタンダードのいいわけあるのみだ。「当事者」には当然志願して特攻死した人たちも入るだろう。私はそれを帝国陸海軍の栄光として、忘れるべきでないと主張する。その上で近代国家であろうと、武士道の時代であろうと、人が人に特攻を命令する事を殺人として糾弾しているのだ。特攻を自ら申し出ても、思いとどまれ、やめろと忠告するのが上級者のつとめであったと私は思う。当事者のうちに命令者も入れるような、曖昧な表現は卑怯だ。野村氏に問いたい。特攻は何故に「近代国家が実施すべき作戦」ではないのか。それと「武士道精神」との関係は如何？　私は野村氏のような海軍軍人がいたから、特攻作戦も続けられたのだと考える。

前記の拙著にも記したが、私は大西瀧治郎を殺人罪で告発する。時効という反論はあるだろう。この世の法律ではそうだ。私はヘーゲルの「世界歴史は世界法廷である」という言葉に従って、歴史の法廷に告発するのだ。彼と同様に、あるいは彼の下で、特攻命令を出した人たちをも告発する。現在大西を賛美する人たち、特攻を肯定する人たちを、殺人の事後従犯で告発する。

当然米内光政に対してもそうだ。彼は自ら手を汚さず、大西にやらせて特攻作戦を続けた。大西は戦後自決し、特攻の責をとったといわれたが、私はそれを認めず、前著で批判した。米内は自決しないでも、誰一人それを怪しむ者はいなかった。しかし若者たちを悠久の大義の名の下に、悲惨な死に方をさせつつある戦争末期の頽廃に、目をつぶった罪は重い。レイテ戦の悲惨に目をつぶった時もそうだった。ソ連進攻で日本人が殺され掠奪されつつある時もそうだった。それを天佑といってのけた男なのだ。

井上成美も同罪だ。昭和十九年十二月中旬、海軍次官室で駆逐艦涼月砲術長倉橋友二郎少佐が、井上に特攻の非を説いていた。「次は特攻作戦に関してです。本年十月以降、海軍は神風特攻隊を、戦線に投入し始めました。ある程度の戦果は挙っているかも知れませんが、日露戦争の決死隊とちがい、あれは作戦の外道です。何とか今のうちに歯止めをかけないと、やがて特攻戦法が普通の攻撃法という異常事態になりかねません。私は、ミッドウェー、マリアナ沖、レイテと、三度の作戦失敗で、此の戦争はもう先が見えたと思っております。国破れて山河だけ残っても何にもなりません。もし国が破れるものなら、残すべきは人ではないでしょうか。特攻を、今すぐにも禁止して頂きたいと思います。」堂々たる正論である。だが井上は返事をしなかったという。つまり黙殺だ。

井上は昭和二十年二月、陸軍省への遺族弔問に関する連絡文書の中で「海軍はいまや全軍特攻である。航空特攻は今後何千何万出るであろう。航空以外の新兵器による特攻も出現する」と書いた。その井上も三月に米軍が沖縄に対して機動部隊や艦砲射撃の激しい攻撃をかけて来て、海軍が特攻を主体にする戦法にふみきると、さすがにこれはいけないと思いはじめたらしい。米内海相にしきりに特攻中止を進言するようになった。阿川氏の前掲書によれば、「これはもはや兵術というものとはちがう」「このままだと、こうした悲惨なことが際限なくつづきます。大臣、手ぬるい。一日も早く」と「叱りつけるような調子で米内につめ寄っている光景」を秘書官たちが見ている。直接には連合艦隊司令長官と軍令部総長の責任であるが、米内海相も特攻隊の人員編成を命ずる人事局長の電報を決裁しているので、影響力はあった。しかし、「大臣手ぬるい」とつめ寄る井上中将に対し、「うん、うん」というだけで結局はぐらかしてしまった。のみならず次官更迭の挙に出た。それも井上が納得しないので、得意の寝技を使うことになる。

昭和二十年四月一日米軍が沖縄本島に上陸した日、小磯内閣は総辞職し、七日鈴木貫太郎海軍大将を首班とする内閣が誕生した。いわゆる終戦内閣である。米内海相は留任した。井上を大将に昇進させる話はこの年初めから三度内示があり、井上はそのつど「大将進級を不可とする理由」なる文書を提出して、拒否していた。ところが米内はまたも推薦し、五月に入って天皇の裁可を得て、井上に大将進級を伝えた。次官のポストに大将の定員は無いので、大将にするというのは次官をやめろという事だと承知しますと、かねて言っていた井上は五月十五日付で退任し、軍事参議官に補せられた。後任は軍務局長の多田武雄中将であった。時を同じくして軍令部総長が及川古志郎大将から豊田副武大将に、次長が小沢治三郎中将から大西瀧治郎中将にかわった。軍令部の人事は、井上次官の退任以上に重大な意義をもった。終戦時の混乱の大きな原因は、この米内人事にあるといっていい。「人事に関して、米内さんは無茶苦茶なところがあった」とまで部内でいわれるわけも考察して行きたいと思う。

蜃気楼を見ていた米内光政

僥倖にはじまる戦争であったが、こちらの度重なるミスが敵に僥倖を与えることになってから、玉砕と餓死の不条理の戦争となった。この事態を打開するため、特攻という神をおそれぬ戦法が採用され、戦争そのものが外道となった。戦争という、人間にとって一つの極限状態は、人間の最も崇高な姿と、最も醜悪な姿を現前した。特攻出撃した若人たちは、日本人の中の最も優れた人たちであった。その純粋な心情を賞賛しつつ、それが戦争の大勢には影響するものでない事を知りながら、特攻命令を出しつづけた司令官、その下僚、そして政府大本営の廟堂密室の高所から、最後までそれを傍観していた人たちは後者である。

僥倖の戦争が終結した昭和十七年六月のミッドウェー海戦の完敗で、勝算は無くなった。その根拠は前にも述べたが、日米の海軍力は、生産力の差、輸送路の被害等によって、加速度的に開いて行った。森本忠夫氏の「魔性の歴史」(文藝春秋)によれば、艦艇総トン数の対米比は、開戦時の六十九・六%が、戦艦大和の就役などでミッドウェー海戦前に七十四・八%となり、海戦直後は六十九・三%となった。主力空母四隻と優秀なパイロット多数を失ったため、損耗をつづけ、昭和十八年二月ガダルカナル島撤退後は五十五・六%となり、それが昭和十九年一月には三十五・〇%となっていた。六月のマリアナ海戦前は三十・八%、海戦後は二十八・三%である。前記の奥宮正武氏が、マリアナ海戦の敗北で勝算が無くなったとされた判断の不当なことは、これだけでも明らかだろう。十月のレイテ沖海戦後は十七・〇%となってしまうのだ。この数字の示す冷厳な事実にそむき、精神主義をかかげて戦闘の体裁をとりつづけたのが、外道の戦争であった。終戦時は六・四%にまで下がっていた。それでも廟堂密室の継戦派は和平に反対していたのだ。まさに正気の沙汰とはいえないのではないか。

保阪正康氏は前記論文「もしミッドウェー海戦で戦争をやめていたら」で「この負けっぷりの悪さ、往生際の悪さ、歴史上これほど無責任で無策の負けっぷりの悪さを示した国家はあったろうか」と書いた。戦争のための戦争、国民が殺されてゆくだけの戦争が、廟堂密室によって続けられていった。旗印にかかげられた戦争目的はとっくに色あせて、戦争継続のために占領地の人民から収奪をつづけ、今にいたるまで、政府首脳が謝罪をかさね、卑屈な言辞を定期的に吐くという禍根を残した。

前に米内光政の言として「もし日本海軍が終戦の提議をしたとしても、終戦にもっていけたかどうかはわかりません」を引用したが、小磯内閣の成立まで蚊帳の外におかれていたとはいえ、海軍軍人として無責任きわまる傍観的態度だ。一般国民が廟堂密室に、終戦をはたらきかけることは不可能だった。大政翼賛会推薦議員が絶対多数の帝国議会で、そのイニシアティヴをとる動きの出る可能性は無かった。米内自身が首相在任中の昭和十五年、帝国議会で支那事変収拾の提議があった時、それを抹殺してしまったことは、前述の通りである。しかし終戦への道が絶無であったわけではない。前述のように保阪正康氏は一つの選択肢として、ミッドウェー海戦時の和平運動を、フィクション・ノベルとして「幻の終戦」(柏書房)に綴られた。

私は帝国海軍の軍人が真に国を憂えたのならば、それが出来たのではないかと思う。太平洋の戦争は、申すまでもなく、海軍力によって遂行され得るものである。いかに陸軍が地団駄ふんだところで、海軍が協力しなければ何も出来なかった。ミッドウェー敗戦いらい廟堂密室は、何をするにも先ず一撃を加えてからだ、という方針をとっていた。とにかく一撃を加えるのだ。何とかして一撃を、和平も一撃を加えてからと、お題目のように唱えながら、ずるずると最後まで、こちらばかりがやられっぱなしで推移したのだった。だがその都度海軍が「それは出来ません」「一撃を加えるには戦力差が開いてしまいました」「制空権をとられていては、玉砕と餓死がふえるばかりです」と正直に告白し、終戦を提議していたら、いかに廟堂密室の石頭どもといえども、ついには耳を貸したかもしれないではないか。

前記の日米戦力比は、戦後明らかになった数字であるが、冷静に見る眼があれば、当時の海軍首脳部に、かなりの事はわかっていた筈だ。現に台湾沖航空戦の大戦果を発表した時にも、再調査によって架空という事をつきとめているのだ。それをかくす体質が国を誤らせた。最後の段階で二千万人死ぬつもりで本土決戦を主張した大西瀧治郎中将のような非合理主義は、海軍ではむしろ例外であった。おそらくマスコミが書き立てて来た無敵海軍のイメージを自らこわすことはプライドが許さず、それが保身の道ともなって、事実の暴露をゆるさなかったのだろう。しかし民間のデマでは、レイテ戦の頃、連合艦隊はもう存在しないのだ、というものがあった。これだけやられているのだから、おそらく事実に近いだろうと、友人たちと話し合ったものだ。

戦争はこちらの分が悪いと思った時は五分五分なのだとか、戦局に一喜一憂することなく、という文句は、大本営情報部とマスコミにくりかえされ、一憂一憂ばかりなのに、何を言うかと感じたものだ。東條首相は「戦争に負けると思った時が負けだ」と、くりかえし言っていた。必勝の信念といいながら、本当は信念が無いから、そんな事を口にするのではないかと思われたほどである。だがこういう精神主義は廟堂密室にもあって、強硬派が和平派をおさえる為に用いられたようだ。それはむしろ敗戦主義に通じるものがある。どんなに負けていても、最後に自分の首がちょん斬られても、負けたと思わなければ、負けにはならないのだ。こういう手合を上にいただく国民は不幸であった。敵の米軍も戸惑ったことだろう。

最近私は珍しい資料を手にすることが出来た。軍医としてインパール作戦に従軍された、私の先輩森田丈夫氏からコピーをいただいた「統帥参考」である。昭和七年七月陸軍大学校が上梓したもので、軍事極秘と表紙に書かれている。その第一章の冒頭に「戦勝は将帥が勝利を信ずるに始まり、敗戦は将帥の敗戦を自認するにより生ず」とあったのだ。東條の口にした信念を、勿体ぶっていえば、こうなるのだろう。しかし陸大とは縁のない米内光政が、海相としてポツダム宣言に接したとき、「声明はさきに出した方に弱みがある。チャーチルは没落するし、米国は孤立におちいりつつある。政府は黙殺でいく。あせる必要はない」と高木惣吉少将に語っているのだ。対米戦力比六・四％の時点での、このリアリズムの欠如は、東條の精神主義と五十歩百歩ではないか。この痴呆がかった発言は、阿川弘之氏の大著「米内光政」（新潮社）では伏せられた。「昭和最高の海軍大将」と副題のある、生出壽氏の「米内光政」（徳間書店）にも、高橋文彦氏の前記評伝にも敬遠されている。しかし左翼史家の田中伸尚氏の「昭和天皇」（緑風出版）では、詳細に論じられているのだ。

マリアナ基地からのＢ29による本格的な日本本土空襲は、昭和十九年十一月二十四日、百十機の東京空襲ではじまった。前述のように米陸軍は、はじめドイツ空襲と同じく、重要目標に対する昼間高高度精密爆撃の方針をとっていた。しかしルーズヴェルト大統領と陸軍航空軍総司令官アーノルド大将がその方針を撤回した。大統領の意をうけたアーノルドは、昭和二十年一月二十日カーティス・ルメイ少将をグアムにおくった。都市のナパーム焦土戦術の開発者という業績が買われた人事であった。期待にこたえるべく、彼は周到なゼノサイド計画をたてた。木造家屋の多い弱点を利用し、第一撃の投下で包囲した面に、火災発生後の風向きを利用して、災害を拡大させる第二撃以下を加えるのだ。初回は三月十日の夜間東京空襲で、三百三十四機（大本営発表は百三十機）のＢ29によって、八万人の死者が出た。これは広島の原爆死者数に匹敵するものである。十二日には名古屋、十三日は大阪、十七日は神戸と、主要都市が次々とやられ、やがて地方都市にも及んでいった。ルメイは日本全土に亘る焼夷攻撃を終戦の前日まで続行し、死者は原爆を入れて二九万七千人に達し、大小多くの都市が焼野原と化した。戦後日本政府はルメイに勲一等を与えた。名目は自衛隊への協力だが、「昨日の敵は今日の友」という明治の唱歌の様な話だ。特攻命令で若者たちを殺戮した大西瀧治郎にも勲一等だから、そこそこというものかもしれない。

昭和二十年三月二十三日沖縄に米機動部隊が来襲し、戦艦隊が艦砲射撃を加えた。小島への上陸作戦のあと、四月一日には沖縄本島に米軍が上陸して来た。この日小磯国昭内閣は総辞職し、七日鈴木貫太郎内閣の誕生となり、米内海相は留任した。ルーズヴェルトは十二日に脳出血で急死する。沖縄の戦闘は六月二十一日の日本守備隊全滅までに、非戦闘員九万、軍人十万の犠牲を出した。

この時廟堂密室はこれを本土決戦の一翼とはしないで、その前哨戦の扱いとした。本土上陸作戦の前に和平を求める原則が確立しておれば、この時終戦にすべきところである。だがその意味で沖縄は本土ではなかった。廟堂密室は日本の国土が犯され、国民が殺戮されることに、自分の身が切られるようないたみを、あまり感じることが無かったかのようである。少なくとも沖縄作戦というものが、あってはならない事態であるとは、考えられていない。そして終戦後の昭和二十一年一月神奈川県に始まった昭和天皇の御巡幸は昭和二十九年八月の北海道まで続けられた。しかし全国都道府県のうち、ひとり沖縄県のみ、それがなかった。アメリカの軍事占領が解かれた昭和四十六年六月十七日の沖縄返還協定以後も、昭和の御代は二十年ちかく続いたのである。国内で最大の犠牲を出した沖縄県に対する配慮は、戦中の廟堂密室とかわらなかったようだ。もし他府県なみの御巡幸がなされていたら、先年のような国旗引きずりおろし事件など、無かったかもしれない。

志願者で編成した特攻隊というイメージは、三月一日海軍航空隊の全軍特攻化計画でかなぐりすてられ、三月二日から終戦まで、出撃は四十四回に及んだ。目的地に到達しようとしまいと、特攻隊は連日沖縄を目指して出ていった。私の学友慶大生島澄夫少尉も、四月十六日九九式艦爆で出撃し、還らなかった。敵までたどりつけたか否か、さだかではない。

外道の戦争は空しく続けられ、海上特攻として戦艦大和までが出撃し、沖縄へ向かったが、四月七日三百五十キロ手前の海上で、米軍機に撃沈された。乗員三千三百三十二人のうち、救助された生存者は二百六十九人であった。戦後の「昭和天皇独白録」に「海軍はレイテで艦隊の殆んど全部を失ったので、とっておきの大和をこの際出動させた。之も飛行機の連絡なしで出したものだから失敗した。陸軍が決戦を延ばしてゐるのに、海軍では捨鉢の決戦に出動し、作戦不一致、全く馬鹿馬鹿しい戦闘であった」とある。特攻の空しさを、これほど明瞭に示す言葉は無いだろう。

辺見じゅん氏は城山三郎氏との対談で、大和特攻の指揮官第二艦隊司令長官伊藤整一中将のことを語られた。中将は「はじめ特攻出撃命令に『こんな無謀な作戦はない』と言って反対しました。でも軍令部から使者が飛んで来て、結局とどめは『要するに死んでもらいたい、一億総特攻の模範となってほしいのだ』と言われ、『わかった』となって、片道燃料で特攻していく。そして最後は他の者は生きろと言って艦と運命を共にする」。「立派でした」と言われる（「文芸春秋」平成十三年十一月号）。

伊藤中将の死は立派にはちがいないが、辺見氏が美談にしてしまったのには驚いた。氏は中将が納得して出撃したと思われるのだろうか。御田重宝氏は「特攻」（講談社）で、連合艦隊参謀長草鹿龍之介中将が説得に来て、「一億総特攻の先駆けとなってほしい」という「殺し文句」を「はいた」が、伊藤はそれに納得して出撃したのではない。特攻作戦には反対であったのに、前軍令部次長として、特攻命令を出して来た「責任の取り方を意識した行動であったと思われる」と書いた。第二艦隊七千人の犬死攻撃には、はじめから反対であったのだ。連合艦隊は「命令を出しておいて、説得も何もあったものではない。命令に従わなかったら抗命罪である」とも御田氏は書く。連合艦隊司令長官豊田副武大将も、命令を発案推進した参謀神重徳大佐も、うしろめたい気持があったから、草鹿を行かせたのだろう。

昭和天皇から「全く馬鹿馬鹿しい戦闘」ときめつけられる不条理な犬死作戦に、伊藤が納得した筈はないと私も思う。特攻命令者に死んで責をとった者がほとんど無い中で、伊藤は稀有の一人であった。辺見氏は一億総特攻という空疎な掛け声が、当時でも人を動かしたと思われるのだろうか。一億総特攻で国民が消滅してしまえば、国家も消滅だ。「模範になってほしい」というのも言葉だけの目標にすぎない。死んでみせるために死ねという命令、特攻のための特攻、全く無意味な国民の殺戮命令であった。命令者にはナチスのホロコーストを非難する資格はない。生還の道をとざされた作戦に、あえて立ち向かった人たちの志をおもえば、いたずらにそれを美談とし、真実を糊塗する現代日本人の態度に、心からのいきどおりを感ぜずには居られない。伊藤中将の「わかった」は、凡将と評判の草鹿中将と、いくら話し合っても無駄だという事がわかったという意味であったのだ。

今や宣戦の詔勅にあった、自存自衛の為に出兵するという戦争目的は消滅し、国民の犠牲と焦土ばかりが増大する一方の戦争となってしまった。やめるより続ける方がたやすいから続けるというのは、廟堂密室の話で、焼かれ殺されてゆく国民の方は、たまったものではない。孤島にとり残され、補給を絶たれた兵たちは、敵が攻めて来なくても、餓えと病いで死ぬしか道は残されていなかった。剣の道に「皮を斬らせて肉を斬り、肉を斬らせて骨を斬る」という言葉があるが、昭和二十年以降の情況は、「皮を斬らせて肉を斬られ、肉を斬らせて骨を斬られる」という有様であった。これは自虐の戦争というべきものである。廟堂密室のつづくかぎり、自虐の戦争はつづけられねばならなかったのか。惰性をくいとめる動きは無かったのか。

ここに終戦美談が登場する。但し廟堂密室そのものが、危殆に瀕した土壇場になってからのことであった。秦郁彦氏は「昭和史の謎を追う」（文藝春秋）でこう書く。

「『終戦があと何か月か早かったら助かったのに』と嘆く遺族には非情と映るだろうが、さりげなく好機を待ちつづけた鈴木の忍耐力には驚嘆のほかない。そして好機はついに到来した。原爆投下（八月六日）とソ連の対日参戦というダブル・ショックである。捉えた後の鈴木の知略も冴えていた」

そして三対三の御前会議で「あえて自身の票を投じることなく、天皇の『聖断』を求めて終戦を引き出す離れ技をやってのけたのである」とたたえる。廟堂密室べったり、お上のなさった事は最高であった。他に選択肢はあり得なかった。生き残った者は感謝せよというわけか。終戦美談の語部史家の典型である。だがこれは多分に生き残った者の、身勝手な言い分である。そのほめ方たるや、泥棒を捕まえてから縄をなってくれた。その手つきが見事だった、「冴えていた」というに等しい。

だがこれと正反対の見解もある。例えば田中伸尚氏の前掲書には、勤労動員の広島市立第一高女の生徒四十四名が原爆を受け、即死者以外は教師と共に元安川に飛び込み、天皇陛下万歳を三唱、

「君が代」をうたいながら死んでいった事を記したあと、「天皇陛下万歳と叫んだ人はだれ一人として、実は、この爆弾は天皇以下、支配者の完璧なサボタージュによって導かれたことを知らなかった」とある。

阿川弘之、猪瀬直樹、中西輝政、秦郁彦、福田和也の五氏の討論集「二十世紀日本の戦争」（文藝春秋）の中で、猪瀬氏は「原爆あっての鈴木貫太郎内閣という面もありますね」「結局は原爆が終戦の決め手となった」といい、阿川氏「原爆とソ連参戦」秦氏「そのダブルショックです」と続いたのに対し、福田氏は「僕はまったくそう思いませんね。実際に、講和に向けて日本が動き出していることは、アメリカ側は掴んでいたのです。電報を傍受していますから。私はむしろ降伏される前に焦って原爆を使ったのではないか、というほどの心証を持っています」という。前の三氏は原爆とソ連進攻があったから終戦となった。そのおかげで終戦が出来たといいたいらしい。秦氏は「好機」といった。ダブルショック以外に選択肢はなかった、というのが終戦美談の根拠である。だが廟堂密室べったりの立場でなければ、他に選択肢があったことを悟り得た筈だ。

終戦美談のもう一つ、阿川弘之氏は「高松宮と海軍」（中央公論社）の中で「とにかく開戦に関し、海軍の責任といふのは陸軍より重いと考へなくてはならない。……陸軍だけでいくら逸ってみたって、対米戦争はやれないんですから」といっておきながら、「興亡の瀬戸際に立たされた時、その組織の中から日本を救ふ人たちが出たのです」と鈴木や米内のことを持ち上げる。だがこういうのを世間ではマッチポンプというのだ。

半藤一利氏は「昭和史の論点」（文藝春秋）で「日本が太平洋戦争に突入していく過程を考えるとき、まず、はっきりさせておきたいのは、陸軍が悪玉で、海軍が善玉であるという構図はまったく成り立たないということです。阿川弘之さんが「米内光政」「山本五十六」「井上成美」という三部作を書き、これが傑作だったものだから、戦後、海軍はすっかりいい子になりましたが、そうではないということを改めていっておきたいと思います」と言っているが、阿川氏の米内讃美は、常識をこえてエスカレートする。

「（米内は）一と言で言へば、帝国海軍最後の海軍大臣、徹底抗戦、一億玉砕派の主張を却けて、梃子でも動かず、対米戦争を終結に持ち込み、祖国再建のいしずゑを残した功臣の一人である。昭和の陛下の御信任がきはめて篤かった。あの時、もし強硬派の脅しに負けて本土決戦をやってゐたら、日本は全くの壊滅状態に陥り、真の国家復興まで二千年を要しただらうとは高木惣吉少将の試算だが、米内さんは無謀の徹底決戦に反対だっただけでなく、もともと対米英戦争に反対……」（「文藝春秋」平成九年六月号、「葭の髄から」文藝春秋）。

白髪三千丈は詩句として通用するが、復興二千年というたわごとが、一流雑誌の一流作家の放言だからといって、異を唱える者のないことは、不可思議という他はない。雑誌だけではない。阿川氏は前掲書「高松宮と海軍」にも、本土決戦になっていたら「日本が真に立ち直るまで約二千年を要するといふのが、高木惣吉少将の試算でした」と書く。くりかえし書かれており、問題にもされず、訂正も撤回もされていない所をみると、阿川氏は今でも本気でそう思って居られるかのようだ。だが米内崇拝もここまで来れば、精神状態が心配される程のものだ。

ポツダム宣言のおどし文句は、本土決戦になったら、ドイツのようなひどい目にあうぞ、というものであった。そのドイツが、分断されたとはいえ、戦後間もなく戦勝国の英仏をしのぐところまで復興したことを、阿川氏も高木元少将も、ごぞんじの筈だった。だいたい二千年というタイムラグは、現代人には無関係である。二千年後はSFの世界。二千年前は弥生時代か。もし仮りに復興に二千年かかったとして、その時の日本の状態を復興と言うだろうか。「試算」というが、そろばんを使っても、コンピューターを使っても、二千年という数字が出て来る筈はない。出るというのなら計算法を教えてほしい。おうむの教祖でも口にしないような、こんな大法螺を吹いてまで、陸軍悪玉海軍善玉論をのさばらせることは、世道人心をまどわすものではないか。

阿川氏は「文藝春秋」誌上の復興二千年説の次に、米内が開戦前友人にあてた書簡から「魔性の歴史といふものは人々の脳裡に幾千となく蜃気楼を現はし」を引用し、「御当人の頭は、緒戦大勝利の頃も、敗戦どたん場の際も『蜃気楼』に彩られた気配皆無である。おそらく、内外の古典を読むのが好きで、ロシア文学にも詳しく、古来列強治乱興亡の跡がよく分かってゐたのだらう」と書くが、これは全く事実に反することだ。

米内の見た蜃気楼の最たるものは、ソ連の好意を信頼し、それに依存したことであった。ソ連に対米和平の仲介を依頼することは、昭和二十年五月十一日から十四日にわたる最高戦争会議で話し合われた。東郷外相ははじめ見込み無しと主張したが、米内海相が積極的に主張した。だがそれより前、すでに米内はソ連大使館に使者をおくり、残存軍艦の戦艦長門、重巡利根、空母鳳翔および駆逐艦五隻と引換えに、ソ連の飛行機とガソリンがほしいと申し込んでいたのである。あからさまにソ連に弱みを見せるこの行為を、鈴木首相にも、東郷外相にも秘密にして、やってのけたことは、当然追及処断さるべきものであったが、表には出なかった。数回の接触は、体よくあしらわれるのみにとどまった。アメリカと共同してドイツと戦っているソ連に、こんな話がいれられると思ったのだろうか。帝国海軍の象徴とされた長門を石油のために提供しようなどと、米内の精神状態の異常を示すようだ。

六月二十二日の御前会議で、昭和天皇が戦争終結のための努力を望む発言をされた時、米内海相は「総合国力の点から戦争継続に困難があれば、前途は知るべきものと考えます。ソ連をして大東亜戦争の終結を斡旋させることを発効すべき時期が、まさに到来したと思われます」と発言し、承認を得た。

これによって近衛元首相を対ソ特使としてモスクワへ派遣することが七月十日に決定、近衛は十二日に天皇の任命を受けた。佐藤尚武駐ソ大使は、ソ連を味方にして有利な講和をはかろうとするのは幻想にすぎないと、当初から報告していたが、東郷外相の指示により、くりかえしソ連政府に近衛特使派遣の同意を求めた。しかし全く相手にされず、返事ももらえないまま破局にいたるのである。

さきに引用したポツダム宣言を受取った時の、米内が高木少将に語った盲目的な情勢判断の弁のあと、彼はこうも言っている。「ソ連側の返事を待って、こちらの措置をきめても遅くはない」と。スターリンも参加した事がわかっているポツダム会議の結果、出された宣言なのに、それ以上のものをソ連の返事に期待したのだろうか。遅くないどころか、十日後にソ連は返事のかわりに進攻して来たのだ。

個人が詐欺師を信用して損をするのは、それだけの事だが、米内がソ連を信用した事は、国家国民の犠牲をまねいたのである。敵と味方をまちがえた米内の判断ミスは、彼が軍人としても失格であることを示している。これでも阿川氏は米内が蜃気楼を見なかったというつもりなのか。

平成十二年八月九日NHKテレビの「その時歴史が動いた」という連続番組は、「予ノ判断ハ外レタリ」と題して、ソ連進攻をとりあげた。大本営陸軍部参謀次長河辺虎四郎中将の日記にある「蘇ハ遂ニ起チタリ。予ノ判断ハ外レタリ」をとりあげ、松平定知キャスターがゲストの半藤一利氏に、河辺の希望的観測のわけをたずねたのに対して、半藤氏は「関東軍に兵器は無くて、兵もとしをとっている。ソ連軍が入ったら困るという大前提があった。人間の心理は面白いもので、『来られたら困る』が『来ないでほしい』となり、『必ず来ないだろう』『来ないんだ』となった。他の人々の日記にも、そういう妄想が見られる」と答えた。

だがこの妄想成立のメカニズムの説明は、参謀本部の無能のいいわけにはならない。この重大な判断が「外レタリ」で河辺が切腹したわけでもない。河辺日記にはこのあと「予ノ判断ハ外レタリトハイヘ、今ニオイテ和平ナド眄顧《べんこ》スル限リニアラズ。処置——全国ニ戒厳、強力ニ押ス。要スレバ直ニ政府更迭、軍部デ引受ケル」と書き、翌日には聖断のことを「累積シタル対軍不信感ノ発現ナリ……タダ降参ハシタクナイ、殺サレテモ参ツタトハ言ヒタクナイノ感情アルノミ」と、厚顔無恥の本性をさらけ出す。ソ連の和平仲介をたのみにした者が、今さら和平の限りでないというのだ。三つ子の魂百までというが、陸軍大学校の優等生らしく、殺されても参ったと言わないのは勝手だが、こういう阿呆に道連れにされたかもしれない国民はたまったものではなかった。こんな軍人が国を滅ぼしたのだ。

もともとソ満国境が心配だから開戦以来満洲には七十万人の関東軍が配備されていたのだ。それが太平洋の戦況激化のため兵站基地となって、人員武器が出て行った。昭和十九年七月からはフィリピンのルソン島などへ三十万、二十年三月からは十万が本土へ移された。それをまともに補充することは不可能であった。根こそぎ動員といわれた現地召集で、終戦時には七十五万の人員はそろえたが、年をとった人が多く、武器も無く、訓練らしい事も出来ないまま、ソ連軍百七十万の進攻を迎えたのである。こうして開拓国に残された婦女子の受難が始まった。

このテレビに出た当時の召集兵は、国境の虎頭から見ていると、四月三十日ヒトラー総統が死んでいらい、対岸のシベリヤ鉄道で、これ見よがしにむき出しの戦車や自走砲をのせた無蓋貨車が、毎日のように走って来たと語った。さきのソ連仲介方針を決定した会議で、梅津美治郎参謀総長は、ドイツ降伏後ヨーロッパのソ連軍が続々とシベリヤ方面に送られているから、一日も早く外交手段をつくして、ソ連の参戦を防止する必要があると強調しているのだ。さきのテレビで半藤氏が張子の虎と表現した関東軍の弱体化は、当然ソ連情報部が把握していると考えねばならない。この情況の下で参謀総長が心配を表明しているのに、次長の河辺が、来てほしくないという願望から、来ないんだの信念にいたったという半藤氏の説明は、あまりに不自然で河辺の心理を単純化していると思われる。ソ連進攻のおそれが、河辺の心の中に百パーセント無かったとは考えられないからだ。ただ廟堂密室の無責任官僚の一人として、ソ連の好意と背信とを天秤にかけた時、前者に賭けて、それを気休めにしていたという程度の事ではないだろうか。

多少でも心配があるならば、責任者として当然何等かの手を打っていなければならない。しかし廟堂密室はソ連依存の一本槍で、全くその配慮をしなかった。構成員は一蓮托生、下手にころんでも自分ひとりが責任をとることはないと、皆の判断に合わせる連中ばかりだった。すべて中立条約を蹂躪したソ連が悪いのだ。そのために判断を誤ったということにしないと、河辺も廟堂密室も格好がつかない。意地悪な左翼史家は別だが、好意的な史家はそれで終戦美談をつくり上げてくれたのである。

もともとソ連に和平仲介をたのむこと自体不合理きわまる話で、私は廟堂密室の錯誤であり、それ以上に頽廃を示すものと考える者である。参謀本部内にもソ連の参戦を予告した人物はいた。前に出た参謀堀栄三中佐はその一人である。氏の前掲書によれば、ヤルタ会議でソ連が、ドイツ降伏三か月で対日攻撃に出ると約束したことを、スエーデン駐在の小野寺武官が電報で報告して来たのに、大本営作戦課はにぎりつぶした。しかし情報部ソ連課では、スターリン演説の分析、日ソ中立条約不延長の通告、クリエールやシベリヤ鉄道も見て来た参謀の報告、そして「極東に輸送されるソ軍物資の中に防寒具の用意が少いという観察などから、ソ連は八、九月に参戦すると判断していた」。

ところが堀にいわせると、「帝国最終の緊迫状態の中でも、作戦課とは大本営の中の『もう一つの大本営』であり、その作戦課の中には『もう一つ奥の院のような中枢』があるかのように感じられた」という。河辺も奥の院にいたのだろう。堀は自分が正確に判断していたことについて、「敗けてなおそんな事を得意がっても、誰も誉めてくれない。情報に勤務する者の一番悲しいことは、敵情の判断は極めて正確であったが、それでもなお敗けてしまったということである」と述懐する。貴重な情報も、廟堂密室にあっては豚に真珠であった。

思うても見よ、国土国民が毎日毎日危機にさらされていたが、その事態を一日も早く解決するよりも、国体護持、皇室の存続が第一義となっていた時代である。反体制の例外をのぞいて、大方の国民がそう考えていた。宣戦の詔勅にある、自存自衛のためやむなく出兵するといった頃とは様相を異にして、敵上陸の後いかにして皇室をまもり、皇位の安泰をはかるか、が最大の課題となっていた。余談だが大学生の私は、戦場となった本土にあって、皇儲を奉じて戦った吉野朝の武士たちのような末路を空想していたのだった。

　ポツダム宣言受諾にまつわる廟堂密室の遅疑逡巡は、いかなる犠牲を払っても、国体護持の線はゆずれないとしていたからである。しかるに何ぞ、その国体護持の目的のため、事もあろうに、天皇制を否定し、その打倒を叫び、日本共産党にそれを指令していたソ連をたのみの綱として、和平仲介を依頼するとは何という矛盾か。廟堂密室に人無しと歎ずるより、それは痴呆集団でなかったかとさえ思われるのだ。

　共産党の国際組織コミンテルンのいわゆる二七年テーゼ（昭和二年）には、天皇制廃止がかかげられ、翌年日本では共産党一斉検挙の三・一五事件が起こる。昭和七年の三二年テーゼでは、「日本における情勢と日本共産党の任務に関するテーゼ」と題して、天皇制打倒という目標がかかげられた。戦後野坂参三が中共から帰国して、昭和二十一年一月「愛される共産党」の標語をかかげるまで、日本共産党は天皇制打倒を第一の目標としていた。無論それは戦中公然と唱えることは出来なかったが、支持者も反対者も、周知の事実であった。そしてソ連がそれを指令し、支持していることも、よく知られていた。廟堂密室の人たちは、その経歴等から、共産党のシンパである筈はなく――中川八洋氏のように近衛文麿を「真正の共産主義者」と論証する人もいるが（「近衛文麿とルーズヴェルト」ＰＨＰ研究所）――反対の立場の人たちばかりであったと思われる。それが戦争の最終段階でソ連の好意にすがろうとした事を、どう考えたらいいのだろう。あまりの苦境から焦慮のあげく、精神錯乱状態になったのだろうか。

　ソ連は開戦前から日本にとって敵国であった。昭和七年から十一年まで、小規模のものを入れて四百八十回の軍事衝突をくりかえしていた。その後規模は大きくなり、昭和十二年黒龍江のカンチヤズ島事件、十三年の張鼓峰事件、十四年のノモンハン事件となる。ノモンハンのにがい経験で、ソ連機甲部隊の威力と補給の重要性を、徹底的に思い知らされた筈であった。ところがその教訓を生かす間もなく、米英の卓絶した装備と補給に対決することになってしまうのだ。

南進をもくろんでいた日本と、ドイツの脅威に直面していたソ連の、双方の利害が一致して、昭和十六年四月十三日日ソ中立条約締結となった。しかしソ連を敵視する日独防共協定（昭和十一年十一月）、日独伊三国同盟（昭和十五年九月）の存在の下での中立条約である。当初から一方が他方を裏切る危険をはらんでいた。最終的にはソ連の裏切りで日本が敗れるのだが、先に裏切ったのは日本の方であった。

昭和十六年六月二十二日ドイツ軍はソ連領となっていたポーランド東部へ電撃戦をしかけ、独ソ戦争が始まった。ドイツが圧倒的優勢と思われた時点で、日本陸軍はソ連進攻を企図した。開戦日を八月二十九日と予定し、昭和十六年七月七日から一か月にわたって、明治建軍いらい最大の規模といわれた大動員が発令された。関東軍特別演習（関特演）といわれたもので、満洲朝鮮三十五万の兵力を八十五万にするため、五十万と馬十五万頭を送ろうとした。厖大な作戦資材、軍需物資が満洲に集積された。戦闘がなかったのに、死者まで出た演習だったと、当時巷間の噂で聞いたことがある。これによって満洲の兵力は七十万に達したが、目標の八十五万には達しなかった。日本陸軍が対ソ開戦にふみ切れなかったのは、動員の成果に不満足な点があった事にもよるが、ドイツの優勢にかげりが見えて来たことも、原因といわれている。しかし動員がうまくいったとしても、出兵しておれば、第二のシベリヤ出兵、第二の支那事変となって、対米英戦争をしないでも、日本は破滅したにちがいない。司馬遼太郎も日本陸軍最大の功績は、ソ連に戦争をしかけなかった事だといった。対ソ攻撃を断念しても、日本はドイツの有利をたのみ、対米英宣戦の挙に出るのだが、ナチスに洗脳された大島浩駐独大使の報告を信用した、廟堂密室の情報軽視が歎ぜられるのである。

関特演で満洲の兵力が強化されつつあることを、ソ連が知らない筈はない。ヨーロッパでドイツ軍をくい止めるため、苦戦を強いられているさ中に、極東で関特演に対抗する軍備を保つことは、大国のソ連といえども、大きな負担であった。スターリンもこの時、恨み骨髄に徹したであろう。それを救ったのが、世界最大の功績をあげたとの評判をもつゾルゲのスパイ団であった。手下の元朝日記者尾崎秀実は、自らの人脈を利用して、近衛首相の内閣顧問として、ブレインにもぐり込むことに成功し、国家の最高機密を得ていた。彼は昭和十年赤軍第四本部長ウリツキーによって、正式にスパイとして登録されていた。

六月二十七日モスクワからゾルゲへ、緊急指令が届いた。ソ満国境への日本軍隊の移動についての報告を求めたものである。二十九日部下のクラウゼンが第一報で、日本陸軍はソ連攻撃にそなえて、大動員をはじめたとモスクワに報告した。幾たびかの報告のあと八月末になって、尾崎の最大の協力者であった外務省嘱託の西園寺公一が、軍と政府の間で、対ソ戦をやらないことが正式に決まったと、尾崎に伝えた。報告をうけたゾルゲが喜んだことは無理もない。

西園寺公一は元老西園寺公望公爵の孫という名門で、同じ華族の近衛の信頼があって、そのブレインとなり、国家機密にふれることが出来た。日本が対ソ戦を準備しつつ、対米開戦の肚をきめた七月二日の御前会議の内容についても、午後十時に尾崎が同盟通信社の松本重治に電話して、決定内容を教えてくれと頼んだ時、怪しんだ松本は「ノーコメント」と答えたのみであった。しかし西園寺は尾崎に内容を教えた。後に尾崎は死刑となるが、西園寺はその出自のゆえに懲役一年六か月執行猶予二年の刑ですみ、近衛は免責された。民間人ならどちらも死刑になったかもしれないところだった。西園寺は戦後中共に客人として招かれた。

尾崎がスパイとして傑出していた点は、最高機密を報告しただけでなく、その裏をとるため、自ら渡満して実地の調査をしたことである。九月二日に東京を出た彼は、満鉄嘱託という役職を活用して、怪しまれることなく、会議や講演をこなすかたわら、軍命令の内容から輸送の現状にいたるまで、二週間にわたって秘密情報を収集して来た。輸送量が減少したこと、満鉄従業員三千名の待機という軍命令が、十数名になっていることなど、具体的に作戦中止が裏付けられた。完璧な情報が日本からモスクワへ送られた十月四日が、ゾルゲ尾崎らスパイ団の最後の送信日となった。十月十五日からスパイ団一味の検挙がはじまるのだ。ソ連は安心して、この年の末までに極東軍の約半数を、西部戦線に移すことが出来た。これによって独ソ戦争の形勢は完全に逆転するのである。

他人の弱みにつけこむことは、個人道徳からみて、卑しいことである。政府がそれをすれば、国の品位を損なうことになってしまう。松岡洋右外相は、中立条約締結の当事者であったのに、ソ連の困っているこの時に、いやがらせをしている。七月の退任までに、対ソ参戦を奏上したあと、スメターニン駐日大使に対して、日独伊三国同盟に抵触する場合は、日ソ中立条約は効力を停止すると念をおしてみたり、中立条約は独ソ戦に適用せずと言明して、ソ連に不信の念を与えた。

松岡を排除して七月十八日に成立した第三次近衛内閣では、豊田貞次郎外相が同大使に対し、日本は中立条約の義務を誠実に履行する旨を言明し、ソ連も遵守することを要望した。これに対して大使は、日本を目標とする第三国との軍事同盟を締結せず、かつ第三国への軍事基地の提供はしないと言明した。それでも東條陸相の下で、関特演は続けられていたのだ。豊田より松岡の方が、正直なワルといえるかもしれない。

第一次大戦の初期、一九一四年七月三十日ロシアが総動員令を発したら、それを理由に八月一日ドイツはロシアに宣戦布告した。間特演は充分にそういう事態の可能性をもつものであった。陸軍はソ連にその余裕無しとふんでいたのであろう。ソ連も正式に抗議することがなかった。しかし肚にはすえかねただろう。その相手が、こちらの落ち目になった時、こちらがしたように、裏切り行為に出ないだろうと、思う方がおかしいのではないか。自分が裏切った以上、相手に裏切られても、文句がいえないと考える方が、常識というものだろう。最低限のモラルである。ソ連がまるでお人好しのようなつもりで安心したのなら無知だし、ソ連仲介以外に何の手もうたなかったのは怠慢である。しかし私は廟堂密室の最大の問題点は、モラルの欠如にあったと思う。

中立条約の下で、ソ連が日本に対して敵性を示した事実は、くりかえしあった。昭和十六年十二月八日開戦の日のプラウダ紙は「日本の侵略者はきわめて危険な冒険に突入したが、それは日本に敗北以外の何物も約束していない」と書き、さらに中立条約について「この条約によるすべての義務からソ連を解放した」とまで主張しているのだ。プラウダはソ連の政府と一体だから、これだけで政府の意図が推測できた。しかしこの時ソ連には、対日行動をおこす余裕が全く無かったから、中立条約を守っていてくれただけのことだ。

重光葵外相は一年間に三度、中立条約確保や独ソ和平仲介申入れのため、特派使節をモスクワに派遣したいと、ソ連に提案した。東條内閣の下で二度、小磯内閣の下で一度である。三度とも提案はにべもなく拒否されてしまった。こちらの情報にはなかったが、すでにソ連には独ソ戦争勝利の確信があり、中立条約は悪用するために存続させているにすぎなかったからである。しかるに廟堂密室は性懲りもなく、その後も特使をソ連へ送ろうとし、ことわられ続けた。悪あがきも度を重ねるたびに、こちらの弱点をさらけ出すことになり、ソ連外交の手玉にとられることになる。この廟堂密室の不見識も、モラルの欠如からだと私は考える。

スターリン首相は昭和十九年十一月七日の革命記念日に演説をした。「侵略国としての日本が、平和愛好政策を堅持せる英米よりも戦争に対して完全な準備を整えていた」と日本を非難し、中立の仮面をぬぎ捨て、はっきりと敵性を示した。そして「この先わがソ連が日本から攻撃を受ける可能性は否定できない。しかしわれわれはすでに迎え撃つ準備ができている」と宣言し、「偉大なる祖国萬歳」(拍手)と結んだ。進攻する意図があり、その準備を正当化するために、こんな事がいえたのだ。これを聞いても、攻めて来ない方に賭けて、「予ノ判断ハ外レタリ」といってのけた廟堂密室は、まともな人間の集団とはいえないのではないか。

佐藤尚武駐ソ大使は、スターリン演説からその真意を読み取り、ソ連の態度はますます硬化しつつあるから、独ソ和平などの甘い考えを捨てるよう、重光外相に警告の電報を十一月七日と十三日の二度おくった。しかしこちらの対策としては、十一月十六日の最高戦争指導者会議で「無言の抗議を可とする」が結論となった。お手あげという事だが、名目は、下手に動けば中立条約を強固にして不可侵条約にまで発展させようとの計画が崩れるからと言う、ふしぎな思惑からであった。中立条約が不可侵条約となっても同じことだという事は、わかっていなかったらしい。

せめて中立条約の保持をとの念願も空しく、昭和二十年四月五日モロトフ外相は佐藤大使に、中立条約を明年四月の期限満了後延長せずと通告した。一方的破棄ということだ。その理由として文書に記載されていることは、独ソと日米の戦争が勃発する前に調印された条約だから、ソ連の敵であるドイツを助け、ソ連の同盟国たる米英と交戦する日本に対して、条約を存続させる意義が無くなった、というものであった。

　せめて日本が希望を托すとすれば、条約の効力が存在する翌年四月まで、ソ連が中立を遵守してくれる事であった。しかし日本が実質的に遵守しなかったように、ソ連が条約を遵守しない可能性の方が大きいことは、それまでのソ連の外交史が示すところである。

　昭和十四年九月一日ドイツがポーランドに侵入して二次大戦が始まったが、同月十七日ソ連軍も東からポーランドに侵入し、二十八日モスクワで独ソの友好条約が調印され、ポーランド分割がきまった。独ソいずれにも大義名分は無い。それどころか昭和七年七月二十三日ソ連とポーランドとの間に不可侵条約が締結されており、昭和十四年一月調印の付属協定には、ポーランドが侵略を受けた時には、ポーランド向けの軍需品のソ連領通過を認めると約束していたのだ。しかしその一方で、同年八月二十三日調印された独ソ不可侵条約の秘密協定で、ポーランドの東半分をソ連勢力圏とする合意があった。あまりにも卑劣な背任行為である。

　ヨーロッパの戦乱に乗じて、昭和十四年十一月三十日ソ連はフィンランドに侵入した。両国の間にはポーランドと同じ昭和七年の同じ日に、不可侵条約が調印されていたのである。しかもさきの独ソ秘密協定で、ポーランド同様フィンランドもソ連の勢力圏と合意されていた。

　スエーデン、ノルウェー、デンマークはフィンランドを援助したが、英仏には対独戦争のためその余裕がなかった。ジュネーヴでは国際連盟がソ連を侵略国と決定し、ひろく世界に援助を訴えたが、ソ連は連盟の理事会を脱会したのみで、実効は無かった。英雄的な抗戦のあと、スエーデンの仲介もあって、フィンランドは屈辱的な講和を結ばざるを得なかった。キヨスチ・カリオ大統領は、条約に署名した時、「調印を余儀なくされた私の手よ、永遠に萎えよ」とつぶやいた。条約がありながらそれに背く密約を第三者とかわし、機が熟したとみれば、条約を蹂躙して攻めこむという、この侵略パターンは、日本に対してもくりかえされるのである。スターリンは廟堂密室のお人好しを、あざわらったことだろう。

これらは二次大戦初期のことで、日本当事者の記憶がうすれていたといういいわけが成り立たない証拠に、近い例があった。ブルガリアはナチスドイツのバルカン進出で、昭和十六年三月一日日独伊三国同盟に加入したが、昭和十九年六月二日バグリアノフ新政権が成立して、連合国との休戦交渉に入った。四日には米英軍がローマに入城し、六日にノルマンジー上陸が開始される。八月二十四日、ブルガリア政府はドイツ軍の撤退を要求し、二十六日には戦線離脱と中立を宣言した。この情況下の九月五日ソ連はブルガリアに宣戦を布告したのである。ソ連軍はドナウを渡って侵入し、九月八日には共産主義政権をつくらせ、戦後の支配体制の基礎とした。世界に知れわたったこの事実を、重光外相はじめ廟堂密室は、他人事としてしか見なかったのだろうか。

この時スイスで公使館付武官藤村義朗海軍中佐は、和平への道を模索していた。ダレス機関との接触については後述するが、彼に終始協力していた朝日新聞特派員の笠信太郎は、ブルガリア侵略の過程からみて、日本が休戦の交渉に出る瞬間が、満洲国境にソ連軍の動き出す可能性のある時だと、藤村に警告の予言をした。そこまで考える人が日本に居なかったにしても、藤村のその後の報告に、米内海相は耳を貸さなかった。ソ連の好意にすがって国体をまもろうとする和平仲介の希望は、米内の見た蜃気楼であるとともに、廟堂密室全員の見た蜃気楼であった。半藤氏は妄想といったが、集団幻想である。視覚的にいえば集団幻視だ。

鈴木貫太郎海軍大将が、昭和天皇の和平志向の御意を体して大命を拝受したことは、間違いない事実と考えられる。当時その意図が少しでも知られると、強硬派につぶされる危険があったので、彼は韜晦戦術をとらざるを得なかった。しかし敵をあざむく度が過ぎて、味方に和平の真意を疑われることもよくあった。やむを得ない場合もあったが、明らかな失敗もあった。その原因の一つを、私は彼の高齢と見ている。慶応三年（一八六七）十二月生まれの彼は終戦時七十七歳であった。人生五十年の語があったが、戦前日本人の平均寿命は五十に満たなかったことを思えば、頭脳明晰であったとしても、高齢のゆえのミスは、充分に考えられることである。最大のミスはポツダム宣言の黙殺発表であるが、これについては後述する。

秦郁彦氏は前掲書の中で、「文藝春秋」昭和六十三年三月号から、鈴木首相の孫に当たる弁護士鈴木哲太郎氏の文章を引用している。昭和二十年四月五日大命降下の翌朝、氏は誰も居合わせないところで会話を交わした。「『このたびはご苦労なことでございます』と私は言った。『俺は日本のバドリオになるぞ』……私は思った。この絶望的な戦争を祖父の手で終わらせてくれるのだ。祖父はその決意なのだった。だがこれは禁句であった。……これを私が誰かに洩らそうものなら大変なことになる——そう思った私は、祖父のこの言葉を神の啓示みたいに心に秘め、戦争が終わるまで誰にも話さなかった」

ピエトロ・バドリオ元帥は、イタリアのエチオピア遠征に功績をあげ、ファシストの総帥ムッソリーニ首相の信任あつい人物であった。だが彼は幹部たちと共謀して、昭和十八年七月二十四日ヴェネチア宮殿のファシスト大評議会で、ムッソリーニの統帥権返還を議決させた。翌日イタリア国王ヴィットリオ・エマニュエル三世に謁見したムッソリーニは、「もはや首相ではない」と言い渡され、宮殿を出たら憲兵に逮捕された。同日午後国王はムッソリーニの辞職と、国王の統帥権掌握、そしてバドリオが新内閣を組織することを発表した。首相になったバドリオは、すぐ連合軍に和平をよびかけた。連合軍司令官アイゼンハウアー元帥は、首相に新政府と交渉する用意があると声明した。しかしルーズヴェルトの無条件降伏方針が患いして対応がおくれ、五週間を空費したため、ドイツ軍の巻きかえしを許し、混乱をまねいた。その揚句バドリオは九月三日に無条件降伏した。バドリオの名はそれから、日本では裏切り者の別称として用いられた。

鈴木の一寸した脳機能の障害から、内閣の危機をまねいた天佑天罰事件といわれるものがある。六月九日第87帝国臨時議会冒頭、鈴木首相の施設方針演説で「今やわれわれは全力をあげて戦いぬくべきである」とカムフラージュ用の言葉をのべたあと、大正七年練習艦隊司令官として、サンフランシスコを訪れた時のスピーチの内容にふれた。自分は日米不戦を主張し、太平洋は平和の海だから、もしこれを軍隊の輸送のために用いるならば「必ずや両国とも天罰を受くべし」と警告したのだと語った。この時提出された戦時緊急措置法と国家義勇兵役法の審議にあたって、強硬派議員はこの文言をとりあげ、鈴木の対応がちぐはぐのため、議場は混乱した。

翌十日衆議院特別委員会で、護国同志会の小山亮委員が天罰の文言にかみついた。開戦の詔勅に「天佑ヲ保有シ」とあるのに、天罰がくだるとは何事か、「国体を冒涜するものだ」と絶叫し、鈴木首相の答弁が前日以上に要領を得ないため、たまりかねて米内海相が代って発言すると、「よう、米内首相」と野次がとんだ。議場は大混乱となって、首相の席に殺到するものと、制止しようとする者との間に乱闘まで生じた。議事は停止し、あとで倒閣運動のビラが撒かれるにいたった。鈴木は不逞悪逆とか、不忠不信とか罵られ、敗戦思想だともいわれた。

鈴木首相の態度に気をくさらした米内海相は、十一日の臨時閣議で、こんな議会を相手にしていてはだめだ、「断乎として解散すべきじゃないか」と主張した。みなが彼をなだめたがきかず、閣議が翌日の議会再開を決定すると、「そんならそうなさい。私は私で善処するから。といってもみなさんには迷惑かけませんよ」と言いすてて、席を立ってしまった。辞意を表明したのだった。

この時米内は鈴木の終戦意図とその手腕に疑問を感じ、鈴木に見切りをつけたといわれている。だが米内の辞職で鈴木内閣が総辞職すれば、和平はほとんど絶望になることを、米内は知っていた筈だ。辞表を出すことは米内の本意ではなかった。私は彼が議会にも鈴木にも、腹が立って昂奮したあげくの、精神状態の異常によるものと考える。ふだんから高い血圧が、この時は極度に上昇していただろうと想像されるのである。

閣議がおわった時、国務大臣左近司政三海軍中将は迫水久常書記官長に、「今からでも米内海相をなだめに行きたいが、もう夜中だから、明朝にでもするつもりだ」と語った。そのあと左近司の許に、陸相阿南惟幾大将の直筆の手紙が届いた。もし海相が辞職すると前途は暗澹として収拾がつかなくなるおそれがある。自分は直接海相に会って翻意をすすめたいが、天皇陛下のお伴をして行かねばならぬところがある。もどってからでは間に合わないかもしれないので、意のあるところを海相につたえ、ぜひとも辞職を諫止していただきたい、との文面であった。

すぐに左近司は海軍省へ行き、手紙を見せると、米内は読後しばらく無言だったという。そして鈴木のことを「ボヤボヤしているから議会であんなことになってしまった」などと悪態をついたあと、「阿南がこんなことをいってきたのか、感心だな」とつぶやいた。しばらくして豊田貞次郎軍需相も来て、話し合った結果、米内は辞意をすてた。三人で首相のネジを巻こうという事で、官邸へ向かった。左近司はいきさつを阿南に伝えた。

米内がここで辞職しておれば、内閣の更迭が良い方に向かう筈はなく、終戦美談さえも成立しなかっただろう。本土決戦という最悪のケースをまねく公算が大であった。阿川氏は米内が「梃子でも動かず」和平の意志をつらぬいたと賞賛するが、動かぬどころか、こんな事でふらふらした事について、氏の大著「米内光政」には触れていない。

米内の辞意を思いとどまらせたのが、米内も阿川氏も和平反対派と認める阿南陸相であったことは、奇異な感をいだかせる。しかしこれは不思議でも何でもなかった。角田房子氏は「一死、大罪を謝す」（新潮社）の中で、もともと阿南が和平派であったことを、論証して居られるのだ。角田氏によれば、六月十八日の木戸幸一内大臣との秘密会談で、阿南は本土決戦を強く主張せず、うごきはじめたソ連仲介の和平交渉を、なるべく早くする事に同意している。また陸軍の一部が木戸の和平活動を察知して、更迭を求める空気があるから、用心されたしと忠告もしている。また杉山元前陸相の時からの秘書官松谷誠大佐は、四月七日阿南が陸相に就任した時から、終戦を唱えていたと、角田氏に証言したという。もし阿南が本当に徹底抗戦派だったのなら、余計な手紙を書くことはなかった。手をこまねいて米内の辞職を見ているだけで、目的は達せられたのである。

十二日に再開された議会で、鈴木は演説を取消して釈明し、小山議員も深追いせず、法案は通過した。阿南はじめ陸軍が倒閣運動に乗らなかったからで、天佑天罰事件はこれで立ち消えになった。いいがかりをつけた議員に対する鈴木の対応のミスから、とんだ騒ぎになって、味方の陣営を危機に導いた事件であったが、意外な成果があった。グルー国務次官はじめアメリカの知日派は、この演説から鈴木の和平意図を読み取り、それがアメリカの対日政策に影響した。混乱は別として、鈴木ははじめからその効果を期待して演説したのだと思われる。

さきのソ連参戦のＮＨＫテレビで、なぜ日本は当事者のアメリカを和平交渉の相手としないで、ソ連の仲介を頼りにしたのか、という松平キャスターの問に対して、半藤氏の答は、ルーズヴェルトが無条件降伏以外に和平はあり得ないと、くりかえし言ってきたからだ。それでは国体が危くなるから、アメリカとは戦わざるを得なかった。それでソ連の仲介をたのみの綱としたのだと、いうものであった。だがこれは一面的な見解で事実ではない。

四月二十日にルーズヴェルトが急死してすぐ、アメリカの方針には変化が生じた。アメリカからの和平のよびかけもあった。それに応じなかったのは廟堂密室だったのだ。ソ連の仲介のみをたのむ事はなかった。終戦美談の語部たちにとって、選択肢が無かったとする方が、美談にし易いかもしれないが、選択肢のあった事は以下の通りである。

ルーズヴェルトの死因は脳出血、享年六十三歳であった。前年には心筋梗塞を起こしていて、動脈硬化が進行していた。その後も安静横臥状態で血圧は二百六十／百五十ミリもあったという。脳の機能状態が良くなかったことは、早くから知られていた。偏執狂的な無条件降伏への固執も、それから来たと考えられる。昭和二十年二月米英ソ三国首脳のヤルタ会談では、血圧が三百／百七十ミリまで上昇して、しばしば安静をとることもあった。イギリスの医師ハロルド・シーヤン博士は「死にかけた病人が会談に現れたのを見て、私たちはショックを受けた」と書いている。それにつけこんだスターリンは彼を手玉にとり、チャーチルは腹を立てて、宿舎にもどると「老いぼれの病人め！」と叫んだという。チャーチルの方が八歳も年長であった（アコス、レンシュニック共著「現代史を支配する病人たち」新潮社）。

トルーマン副大統領が大統領になると、無条件降伏方針には早速変更が加えられた。ドイツが無条件降伏した翌日の五月八日に対日声明を出して、無条件降伏とは日本軍隊の無条件降伏をいうので、日本国民の滅亡や奴隷化を意味するものでないと明らかにした。これはポツダム宣言まで一貫したもので、あとになって受諾するよりは、この時に交渉すればよかったのに、廟堂密室はこれを軍民離間の謀略として、折角のサインを無視してしまった。

大統領の放送につづいて、大統領のスポークスマン、エリス・ザカライアス海軍大佐が対日降伏勧告放送をした。これは八月四日まで十四回にわたって続けられ、具体的に和平条件を提示した。七月二十一日には、日本の敗北は不可避だから、指導者は現実的に事態を直視し、平和と繁栄をもたらす降伏をせよと説いた。翌七月二十二日の放送では、対日政策の根源は大西洋憲章とカイロ宣言であるが、前者は領土拡大を求めず、各国民をして政治形態を自ら選択することを許すものだと説いた。これはポツダム宣言より緩和な条件である。短波放送だから一般国民の耳には入らなかったが、政界指導者の一部には大きな影響があったという。しかし蜃気楼ばかり見ていた廟堂密室の眼には、入り込む余地が無かった。

トルーマン声明以前の四月から、スイスのベルンでは日本公使館付海軍武官藤村義朗中佐が、米戦略情報部（ＯＳＳ）の欧州部長アレン・ダレスのいわゆるダレス機関と接触していた。藤村は太平洋の戦争は海軍が主体だから、海軍に和平のイニシアティヴをとらせるのが至当と考え、その意図をダレスに伝えた。ダレスの請訓に対する米国務省の訓令は五月三日ダレス機関に到着し、「日米直接和平の交渉をダレスの線ではじめて差支えない」としていた。藤村は前記の笠信太郎らと協議し、暗号電報を作戦緊急電として、海軍大臣と軍令部総長におくった。ところが東京からは返事が来ない。五月二十日まで七通を送った。ドイツ無条件降伏の惨状も伝えた。最初の返事が到着したのは実に五月二十一日又は二十二日であったという。米内海相でなく軍務局長の名で、「陸海軍を離間しようとする敵側の謀略のように思える節があるから十分注意せられたい」という、見当はずれというか、呑気というか、おどろくべきものであった。

藤村は六月十五日の第二十一電まで、電報を送りつづけた。公けに交渉する権限の授与を懇請するとともに、ヨーロッパの米ソ両軍が極東へ移動していることを報じた。日本の軍隊がいかに力んでも「絶対に見込みがない」と強調した。ダレスとは、和平条件について話し合った。ダレスは公式の返答はできぬが、私人の見解としてという条件付きで、天皇地位の保全は可能性があるが、朝鮮台湾は駄目だろうとの感触を与えた。

六月に入ってからも本国からの訓令が来ないので、藤村はダレス機関に、自分が日本へ行く方法を考えてもらえないかと申し入れた。ダレス機関側は彼が帰国した場合に遭遇する困難を指摘し、東京政府が権限を有する将軍、提督もしくは閣僚級の人をスイスに送る事を示唆し、その場合に米国側はスイスまでの空路輸送の安全を保障すると答えた。よろこんだ日本側は、早速それを東京に報告した。最終となった第二十一電は海相米内あての親展電報として、経緯の説明と共に「この対米和平を成就することが（米内にとって）唯一の国に報いる所以ではないか」との激越なる文言を加えた。だが、それでも鈍感な米内は動かなかった。

六月二十一日にやっと米内の回答電報が到着した。「貴趣旨はよく分った。一件書類は外務大臣の方へ廻したから、貴官は所在の公使その他と緊密に提携し善処され度し」要するに海軍は手を引くというのだ。「東京に人なきを痛感した。……国が亡びる時はやはり亡ぶ丈の理由があるものだ」

と藤村はその手記の中で慨嘆している。だが東京に人はいたのだった。米内の腹心だった高木惣吉少将は、自らスイスへ行き、和平打診をしたいと、米内に申し出たが却下されていたのである。軍令部の反対が強かったからともいわれている。総長の豊田副武大将は当初から「こんな大問題を中佐ぐらいに言って来るのはおかしい」と反対していた。ぬきがたい悪しき権威主義だ。次長の暴将大西瀧治郎中将の和平に対する猛反対に影響されていたというが、両者を廟堂密室に入れたのは米内人事であった。阿川氏の書にもあるが、海軍部門でも「人事に関して米内さんは無茶苦茶なところがあった」といわれたものだ。しかし豊田、大西がいかに反対しても、米内自身がソ連だのみの蜃気楼を見ていなければ、まともな判断が出来たはずであった。

海軍省がダレス機関との交渉を外務省へたらい廻しにした時、外務省の貧弱な情報網は、アレン・ダレスが大統領の信頼も篤く、後にＣＩＡ長官になるような人物で、戦後国務長官となるジョン・フォスター・ダレスの弟であることを全く知らず、どこの馬の骨かという程度の扱いであった。東郷外相は既にうごき出した対ソ仲介の線を大切にするため、その他のうごきを抑制する方針をとっていた。スイス駐在の加瀬俊一公使との連絡にも身を入れず、報告を求めるのみで、好条件を待つうちに終局にいたるのである。藤村は米内にことわられてから、外務省の専門家が適切な判断をしてくれるかもしれないと、一縷ののぞみを抱いてみたが、おそらく間に合わないのではないかとの危惧を表明している。そして事実はそうなってしまった。

スイスでは海軍と別個に陸軍も動いていた。これは日本公使館付武官岡本清豪中将、加瀬俊一公使らによるもので、参謀本部を通じて和平をはかろうとするものであった。スエーデン人ベル・ジャコブソンを介して、ダレスとその機関員に、日本の希望条件として天皇の安泰、憲法の不変、満洲の国際管理、朝鮮、台湾の日本保持を伝えた。ダレス側は天皇と帝国組織の維持について米国政府は反対ではないが、他国の反対もあるのでコミットできない。しかし日本が早期に降伏すれば、それを維持し得るだろうとの了解は述べうるとした。憲法は改正さるべきだとされた。朝鮮、台湾についてはは論評を加えないとした。その上でダレスはジャコブソンに対して、ありうべきソ連の参戦前に交渉に入らなければ、失敗に帰することを、岡本らに伝達するよう、特に依頼した。

七月十六日これを聞いた加瀬らは、ソ連参戦前の交渉という条件に注目し、このことは極めて重要な点だと意識して、岡本に伝えた。彼は熟考のすえ七月十八日はじめて参謀総長あて電報で、ダレス機関と接触したことを伝えた。彼は梅津総長ならば、十分意を伝え得ると確信していたという。だが東京からは何の回答も来なかった。岡本と相前後して加瀬公使も大至急便で、詳細に交渉経緯を外務大臣あて通達した。七月二十六日ポツダム宣言が発表されてからも、加藤は宣言内容と関連して、くりかえし報告と請訓の電報を送った。しかし東郷外相からは、ダレス機関との接触の情報を要求してくるのみで、何らの訓令も来なかった。

スイスの日米両当事者は、日本本国からの訓令を焦慮して待ったが返事はなく、岡本は督促の電報を打っていた。返電の日時は不明だが、岡本の第一電以来相当の時日を経ていたのはたしかであるという。原因の一つは日本本土の無電受信能力の低下であったとされている。当時陸軍関係の無電は大阪で受信し、それを東京へ伝える有様だった。返電の内容は、和平工作は本土も手を打っているから、スイスでの工作は必要なしというものであった。

八月四日以後岡本らはポツダム宣言発表にもかかわらず、この際ダレスを通じて、日米非公式会談を行うべきだとの意見がまとまり、ダレス機関への伝達を、ジャコブソンに依頼した。原爆投下後の八日夜に返事があり、ダレス機関としては、加瀬公使に全権を委任して速やかに交渉に入れば、米国側も応じる意向だというものであった。しかし九日にはソ連の進攻をみて、万事休した。岡本は「涙をふるって聖断を仰ぐ」との趣旨の電報を、天皇と参謀総長あてに送った。そして終戦後彼は自決した。

日本国内はもとより外地にあっても、当時和平に挺身するには、死を覚悟しなければならなかった。岡本はダレス機関との交渉を参謀総長あて伝えた第一報を書きながら、落涙したという。折角の献策もいれられず、原爆とソ連進攻をふせげなかった事は、痛恨のきわみであっただろう。しかしそれは彼のミスでもなく、責任でもなかった。ミッドウェー海戦で唯一の戦果をあげながら自決した山口多聞少将とともに、武人の一つの典型として、忘れられない人物である。

戦争の最終段階で、ソ連の仲介にたよる以外に選択肢は無かったというのは、終戦美談のウソだということが、これで明らかにされたと思う。これ以外のうごきもあったが省略して、最も著しいダレス機関について詳述した。学習院大学助教授本間正氏はダレス機関について「もし日本側が和平交渉について十分の権限をもつ代表——たとえばソ連に特派を予定された近衛のごとき——をスイスに派遣しえたならば、和平交渉は成立したとも推測し得る」と書いた（『太平洋戦争終結論』東京大学出版会）。トルーマン就任時の演説や、それ以後十四回をかぞえたザカライアスの呼びかけにこたえて交渉しておれば、ポツダム宣言より有利な条件を得ることも可能であった。廟堂密室の連中には、岡本中将の爪の垢でも煎じて飲ませてやりたかった。

廟堂密室が真剣に国体護持を考え、一日も早く惨禍をとり除こうとするなら、あらゆる可能性を求めて、手を打つべきであった。なぜ選択肢を自らせばめてしまったのか。五月十一日から四日間の構成員会議を回顧して、東郷外相は「支那、瑞西、瑞典、ヴァチカン等を仲介する場合を検討したが、何れも無条件降伏という内容以上に出でざるべしとの予想に一致した。されば米英に対して我方に相当有利な条件を以て仲介し得るのはソ連以外になかるべしとの議が梅津参謀総長から出で（中略）無条件降伏以上の講和に導き得る外国ありとせばソ連なるべしとの考え方は自分も持って居た」と言っている。小国はたのみにならぬとして、大国のソ連だのみに廟議一決するや、あとで他の解決策があらわれても、選択肢として一顧することがなかったのはどういうわけか。

さきに引用した「統帥参考」と同様に、陸軍大学校が出版し、軍事機密と表紙に書かれた「統帥綱領」（昭和三年三月二十日）の第六章五六項は次の通りである。

「会戦指導の方針ひとたび確定せば、状況の変化に眩惑せらるることなく、明快なる判断、堅確なる意志をもってこれが遂行を図り、如何なる場合といえども、作戦の根本目的を逸するが如きことあるべからず」

これを文字通りにまもれば、私にこの資料を下さった森田先輩の参加されたインパール作戦のように、情況変化から意見具申した三人の師団長を更迭してでも方針をかえず、空前の犠牲を出すことになる。ザカライアス放送にもダレス機関にも一顧することなく、馬車馬のようにつっぱしった廟堂密室の体質もこれであった。

七月二十六日に発表されたポツダム宣言は、翌日無電で日本政府が知った。東郷外相は午前十一時に参内し、昭和天皇に訳文をお見せしながら説明した。外務省秘書官の加瀬俊一は天皇の「原則的に受諾可能と考える」との発言を記録している。半藤一利氏の前掲書によれば、天皇は「近衛にソ連へ行ってもらわなくても、直接に連合国側と交渉できるということは、何かにつけていいのではないか。この際は、戦争終結に力をいたしてもらいたいと思う」といわれたのに対して、東郷は次のように答えた。

「目下ソビエト政府と調停依頼のことについて鋭意交渉中でございますので、これが成功いたすならば、ソ連を介してポツダム宣言の条件もより有利になるよう交渉できるかと思われます。従いまして、事を急いで諾否の回答を与えず、ソ連側の回答を待ってわが国の態度を決すべきが良策と存じております」

良策どころか、下の下の策であった。鋭意交渉中という実態は、誠意のない回答拒否の連続であったのに、一見こうと思いこんだら意地になるのか。虚仮にされつづけた揚句、ソ連の回答は進攻であった。「予ノ判断ハ外レタリ」の男と同じく、東郷は自らの判断の誤りを反省もせず、ましてや責任もとらず、東京裁判の訴追は受けたが、程なく出てくることが出来た。しかしこの天皇に対する回答のしらじらしい言いのがれは許せない。天皇は図星をついているのだ。常識ある人間ならば、筋道の通った天皇の御意見に対して、早速努力しましょうというのが当然だろう。それをしなかったのは、当時の国民道徳として不忠といえる。おそらく素人かんがえの意見だとして、天皇の見解を軽視したのだろう。蜃気楼を見ていた東郷には、まともな言葉が通じなかった。承詔必謹という言葉があった。聖徳太子の十七条憲法に出てくるもので、当時の国民道徳の根幹をなすものであった。彼がこの日本人の心に立ちかえり、昭和天皇のいわれた通り、ポツダム宣言を契機として、アメリカと交渉に入っておれば、原爆もソ連進攻も無かった。終戦美談も無かった。もしあったとしても、語部たちの説くようなものにはならなかったと思う。

廟堂密室のみた蜃気楼という集団幻想が原爆とソ連進攻をまねいた。終戦美談の無かった方が国民にはしあわせであった。先の東郷外相へのお言葉からみられるように、もしかして、陛下おひとりが廟堂密室で蜃気楼の呪縛から自由であられたのではなかったか。ザカライアス放送も、ダレス機関も、天聴に達しておれば、とっくに講和できていたのではないか。

敗戦を無条件降伏にした戦後の日本人たち

アメリカを主敵とした戦争で、日本が無条件降伏したという人は多い。だがこれほど歴史的事実を大きくねじまげた話はない。そのねじれが五十年間、ボタンのかけちがいとして続いているのだ。

戦争末期の数か月、私は医学生の身分で、駆逐艦専門の軍需工場、大阪市藤永田造船所内の診療所に勤務していた。敵の上陸は必至とされ、黙って死ぬことだけが、二十五年の生涯に残された道と思いこんでいた。終戦の放送は工場内の焼跡の広場できいた。全く思いもよらぬ形の終焉であった。特攻隊の友をはじめ、先に逝った人たちに、これでは会わす顔がないという思いばかりが先に立って、考えがまとまらなかった。戦争には敗れたが、命にかけてまもるものはまだあるのだと、信じようとしていた。

おくれて夕方に配達された八月十五日付の新聞には、それまで断片的にしか知らされていなかったポツダム宣言の全文が出ていたので、とびつくようにして読んで行った。冒頭からいきなり恫喝的言辞が出て来て腹が立った。これでもか、これでもかといった調子で、それが続くのである。このようなおどしに日本は屈服してしまったのか、というくやしさがこみあげて来た。生き恥をさらすという言葉の意味がわかるような気がした。

ここに宣言の全文を引用する余裕はないので要約するが、御承知のように、これは十三項の箇条書きになっている。第四項までは前文で、第五項に「吾等の条件は左の如し、吾等は右条件より離脱することなかるべし。右に代る条件は存在せず。吾等は遅延を認むるを得ず」と降伏条件の存在が示され、第六項から具体的に諸条件が示されてゆく。即ち新秩序の建設、占領、領土、復員、戦犯、産業、占領軍の撤収等である。最後の第十三項に条件の一つとして「全日本国軍隊の無条件降伏」が要求され、再びおどし文句が出て来て、宣言は終わる。「無条件降伏」の語はこの第十三項のみに、「全日本国軍隊の」という限定付きで一度出るだけで、他のどこにも出ていない。まして「日本の無条件降伏」を要求するとは、どこにも云っていない。無条件降伏論者はこの重大な事実に頬かむりを続けて来たのである。何のために！

降伏条件の内容は、戦前の日本から見れば苛酷であるが、敗戦時の国力の差からみれば、むしろ寛恕な面がなくもない。「言論宗教および思想の自由並びに基本的人権の尊重」という条文は、一部の人をして敗戦を解放と考えさせた理想主義的内容ともいえよう。占領政策がそれに背馳するのは後日の話である。一読してこれは有条件降伏（条件付降伏）であると私は理解した。敗戦はくやしいが、少なくとも無条件降伏の屈辱を免れ得たことは幸いであると感じた。その条件をさか手にとって臥薪嘗胆すれば、再び米国と戦う力をもたないまでも、日本を再建することは不可能ではないと考えた。

日本の降伏を理解する鍵は、ポツダム宣言と共に、九月二日の降伏調印である。この二つの事実が日本の降伏という歴史的事実のすべてであった。後述するように、これ以外の二等三等の史料を枚挙して、右の歴史的事実を歪曲しようとするのが、無条件降伏論者の論理である。だが所詮それらは切手収集以上の意味をこえることはない。

ミズーリ艦上の調印式典では、まずマッカーサーが一世一代の演説をした。「余は連合国最高司令官として、余の代表する諸国の伝統に従って、正義と寛容とをもって、余の責任を果たし、降伏条件が完全、迅速かつ誠実に遵守せられるよう、あらゆる必要な措置をとる決意であることを声明する」。「われわれは、ここにわれらの国民が正式に受諾する諒解を留保なく、かつ誠実に履行することを誓う」。彼は降伏条件の存在をはっきりと認めただけでなく、その履行を約束したのだ。そして先ず日本側が降伏文書に署名し、連合国側はそれぞれの「諸国の利益の為に受諾す」と書いた下に署名した。

戦いが終わって敗者が勝者に降伏する時、事前に降伏条件が明示されておれば有条件降伏であり、それが無ければ無条件降伏である。後者の場合、降伏後の情況に関しては、いわば敗者が勝者に白紙委任状をわたした形となり、何をされても文句がいえないという屈辱を伴う（本当はこの場合でも、勝者は何をしても許されるわけではない。ヘーグ陸戦法規などの国際法が存在するからである）。有条件降伏の場合、勝敗の差は条件の内容に持ち込まれるが、双方が調印した以上、それは契約となり、契約自体は対等である。従って「契約は遵守せらるべし」とか「合意によるものは拘束さるべし」といわれる国際公法のルールが適用されるのである。敗れたりとはいえ、国民的矜持を失わない者のみが正当な権利を主張し得る。いたずらに迎合する卑屈は軽蔑をまねくもとである。

形式的に非のうちどころの無い日本の有条件降伏を、日本人自らが無条件降伏であると主張して不利と屈辱の道をえらぶ事は、奇怪としかいい様がない。この思いは私だけのものでない一例として、東郷文彦氏の回想をあげる。氏は終戦時東郷茂徳外相の秘書官付であった。「米国による直接軍政を引っ込ませることが出来たのも、無条件降伏ではないからである。ところがこの頃（江藤氏注・昭和二十年九月中旬以降）から日本人の間には、折角の有条件降伏をことさらに無条件降伏、無条件降伏と言う様になって行った」（江藤淳「占領史録」下巻　一九九五年　講談社）

一体いつからマスコミに無条件降伏の話が出るようになったのか、私は図書館でしらべてみたことがある。昭和三十年代でコピーサービスがなかったので、朝日毎日の縮刷版をノートに筆写した。それによると昭和二十年九月九日付朝日新聞には「戦後経営案民間業界より提示」の表題で「ポツダム宣言各条項はわが国のみの履行責任でなく、相手国もまた確立のため履行を保証すべき責任あることを十分に認識すべきものである」との主張がある。堂々たる正論である。朝日は年末まで降伏と書く所に無条件降伏の語を用いることがなかった。笠信太郎氏の論説がのった頃の朝日には風格があったといえる。

ところが毎日新聞は、すでに九月四日付のコラム「硯滴」に、「日本はポツダム宣言に応じて降伏した。同宣言は日本の無条件降伏を条件としてゐる」という真赤な嘘が出ている。九月二十二日の社説は「無条件降伏から新日本の建設へ、まことに未曾有の転換期である」という書き出しに始まっている。それから五十年、朝日と毎日の区別は無くなった。マスコミでは無条件降伏論の方が優勢である。

たまに見られる有条件降伏論の方にも、問題が無いわけではない。「教科書が教えない歴史」（藤岡信勝　一九九六年　産経新聞社）に「厳密にいえば日本の降伏は有条件降伏なのです」とあるが、これはおかしい。なぜ厳密（こまかい点まで見落とさず、またいい加減な扱いをせず、きびしいさま「岩波国語辞典」第三版）でなければいけないのか。本当にそうなら、著者は「こまかく」論証すべきであった。「教科書が教えない」のだから。だが有条件降伏の論証に厳密とことわる必要はない。前述のように単純明快な歴史的事実あるのみだからだ。厳密な論理を必要とするのは、後述するように、鷺を烏にする無条件降伏論者の方なのである。この書物は「厳密にいえば」を削除するか、「正確にいえば」とでも訂正すべきだと考える。

無条件降伏論者は何を以てその根拠として来たか。形式の完璧に整った有条件降伏を無条件降伏といいくるめる為には、事実を認めぬか、歪曲するか、それとも詭弁を重ねる以外にないのである。例えば「広辞苑」第四版（一九九一年）の「太平洋戦争」の項に「九月二日無条件降伏文書に調印」とある。意識的な曲筆だ。日本側の正文で「降伏文書」とあるものは、敵側文書ではINSTRUMENT OF SURRENDERとなっている。どちらの文書にも「無条件」の語はない。有条件降伏を無条件降伏にするのは、「広辞苑」の筆者であり、岩波書店なのだ。

私がこの問題に深入りすることになったのは、昭和三十六年故橋川文三氏と書簡で論争したのが、きっかけであった。一高で同じ年月を過ごした氏とは、議論がかみ合わず、翌年私は「現代史研究」第七号（三月書房・京都）に見解を発表した。昭和四十年には「歴史評論」四月号（春秋社）に、諸家の無条件降伏説を分類批判して、有条件降伏を論証する論文を掲載した。この時私を支持して下さったのは京大教授井上清氏で、御著書「戦後日本の歴史」（現代評論社）に論文のことを、御紹介までいただいた。

先ず、無神経に無条件と口にする者は、ポツダム宣言を読んでいないのが通例である。読めば有条件の結論しか出て来ないからだ。読まずに無条件を主張するやからは論外とする。

最も多いのは、エライ人が無条件というから無条件だという人たちだ。エライ人とは、第一に敵国首脳、GHQ（連合国最高司令官総司令部）、そして朝日、毎日、NHK、岩波書店、筑摩書房であり、加藤周一氏、武田清子氏らの岩波文化人、植田捷雄東大教授とその亜流等々、また各種教科書である。私が書面で論争した橋川文三氏は、植田氏の「太平洋戦争終結論」（一九五八年　東京大学出版会）での所論をそのまま主張した。その植田氏の所論も、米軍部のエライ人の主張を、無条件降伏の根拠の一つとするのである。

次に多いのは無条件受諾と無条件降伏のスリカエ論理だ。無条件受諾だから無条件降伏だという杜撰な論理の上に、だから何をされても仕方がない、という本来の無条件降伏を適用する二重のスリカエ論理がまかり通る日本の国は、つくづく不思議な国だと思う。植田氏も前掲書で、ルーズヴェルトら強硬派の無条件降伏要求ばかりを列挙したあと「無条件降伏とは……連合国側が一方的に提示した条件を日本側が丸呑みに承諾することによって成立した降伏であって、条約や契約に基く降伏ではないことを意味する。八月一五日に、日本が受諾した降伏は、正にこのような無条件降伏であったのである」と書く。丸呑みしたから無くなってしまったとは、まるで手品か奇術だ。丸呑みしても相互の調印した条件は契約であり、条約（文書に書き記した国家間または国際機関との間での合意「岩波国語辞典」第三版）ではないか。

植田氏はそこで「無条件降伏の条件」という詭弁をくりかえし持出す。橋川氏もこの語を用いた。条件付無条件降伏とはノンセンスだ。正しくは無条件受諾の条件というべきだろう。いずれにせよ無条件の好きな学者が多すぎる。国際関係で、条文の解釈は、つねに自国に有利な解釈をとるのが慣行である。自国に不利な解釈をとる馬鹿な外交官はいない。有条件降伏をすてて、国土国民をましるのだろうか。

橋川氏の場合と同じころ私の論争した鶴見俊輔氏も、ポツダム宣言が「連合国側の一方的な条件提示であり、日本側の条件提示をゆるさぬという意味で、無条件降伏だったのです」と書いた（「現代史研究」第七号　一九六二年　三月書房　京都）。彼もスリカエ論理を用いている。ちなみに「……という意味で無条件降伏だ」は無条件降伏論者の常套句である。無条件で無条件降伏と主張できない弱点を示すものだ。

降伏調印直後の九月六日、合同参謀本部からマッカーサーに当てた「連合国最高司令官の権限に関する通達」に「われわれと日本との関係は、契約的基礎の上に立つものではなく、無条件降伏を基礎とするものである」とある。無条件降伏論者がこれを最大の論拠とするのは倒錯した論理であり、論者の精神的頽廃を示すものといえよう。戦争当事者が降伏文書に正式調印し、日本軍隊の武装解除と連合国軍の占領が進行し、日本の抗戦能力が消滅した時点において、さきの条件は一切反故だとくれば、ペテンもいいところだ。何という背信行為か。これで怒らぬ日本人は、馬鹿でなければ、よほどの意気地なしだろう。事前にこの意図が示されていたら、絶対に終戦はあり得なかった。このようなヤミ通達を知った以上、敗戦国民の立場からは、糾弾の声をあげるのが当然ではないのか。しかるに何ぞ、この背信通達をまるでお墨付のようにかかげて、だから契約は無かった、無条件降伏だと、植田氏はじめその亜流は説くのだ。亜流の伝承は前記の橋川文三氏から「GHQ」（一九八三年　岩波文庫）を書いた竹前英治氏、はては桶谷秀昭氏まで続いている。

まるで事後法で人を裁くように、事後に出された米軍部のヤミ通達を根拠として、日本の有条件降伏という歴史的事実を否定するのは、逆立ちの論理である。事後にどんな事が起ころうと、歴史的事実はかわるものでない。田岡良一、横田喜三郎両教授が、この通達はアメリカの「一方的声明」ないしは「内部的な文書」であって、「国際法的価値を持ち得ず、したがって日本は法的にこれらに拘束されない」とした正論を、竹前氏は前掲書で「情報不足からくる」「客観的には誤った認識」と否定し、ヤミ通達を奉戴する。事後の情報を百倍にしたところで、有条件降伏が無条件降伏になるものではなく、田岡、横田両教授の正論に筆を加えることが出来るわけではない。

国際法の正義も、敗戦国の国益もかえりみず、帝国主義的意図をむき出しにした米軍部の恣意に迎合するいいなり学者の精神的頽廃は、見られたざまではない。彼等は自らが敗戦国民であることを忘れ、勝者と自己同一化し、国民一般に対するリーダーシップを保持して来た倒錯現象と私は解していた。岸田秀氏の「二十世紀を精神分析する」(一九九六年　文藝春秋)を読んでから、彼等の人格が内的自己と外的自己に分裂し、後者が勝者に迎合し、その代弁者ともなって、内的自己をいたぶる構図を理解するようになった。これは現在の自虐史観、謝罪史観に尾をひいていると思われる。

昭和五十三年毎日新聞紙上で、江藤淳氏が本多秋五氏の無条件降伏論を批判する論争があった。読者をまきこみ、著名人たちが有条件と無条件のいずれをとるか、紙上で論議をにぎわしているとき、神戸新聞「文芸時評」の欄で、桶谷秀昭氏がこれをとり上げた(同年九月二十六日付同紙)。氏がどちらの側に加担するのか、私は興味をもって読んで行った。ところが氏は両者の説を要領よくまとめたあと、さてという所で、毒にも薬にもならぬ文学論にすりかえてしまい、態よくはぐらかされてしまった。双方に義理立てしたのかもしれないが、論争中の毎日紙上だったら、これでは済まなかっただろう。だがこれは彼のいつもの伝である。慎重ないいまわしの揚句、旗幟を鮮明にしないことが多い。しかし桶谷氏が骨の髄から無条件降伏論者であることは、以下の引用が示すように「昭和精神史」（一九九二年　文藝春秋）に明らかだ。

ソ連参戦という裏切り行為で、和平仲介の望みが断たれた日本の窮境を、彼は次のように表現した。「残るのはポツダム宣言だけである。しかし、これが〝藁〟でないといふ保証はどこにもない」そして宣言の内容に言及してゆく。わらとは良くもいえたものだ。国家存亡の瀬戸際に、和平か戦争継続か、政府首脳が血の出るような苦闘のさ中である。日本という国が断末魔にあえいでいる姿を、溺れる者がわらにさえ手を出そうとするさまにたとえる評論家の眼は、日本人の眼ではない。当事者は命をかけて論議していた。実際に終戦直後、陸軍大将は六人が自決したのである。海軍大将は一人も死ななかったが、かわって私の学友、東大生寺尾博之海軍少尉が八月二十日未明、福岡市郊外の油山で割腹自決した。二十四歳であった。戦って死ぬと思いさだめた者は、わらに手を出したりはしない。

ポツダム宣言が「〝藁〟ではないという保証はどこにもない」という判断は、当時としてもまともなものであり得ただろうか。下司のかんぐりのたぐいではないのか。これが若し一九四五年七月某日、スイスあたりの日本公使館に、オケターニャ・ヒデアキンスキーと名乗る国籍不明のヨーロッパ人が現れて、十三項の条項をきり出したとしたら、「〝藁〟でないという保証はどこにもない」と判断して差支えないかもしれない。だが連合国首脳が集まって、全世界に発表した宣言である。それなりの国際的評価を認めるのがまともな判断ではないのか。後述するように、アメリカ側の発言を、日本側のそれより尊重する桶谷氏自身の論理とも、わら論議は矛盾している。

「オケタニお前もか」といいたくなるのは、植田氏をはじめとするいいなり学者と同様、九月六日の米軍部ヤミ通達をふりかざすことだ。しかも彼はその引用の中の最も恥しらずな部分「われわれと日本との関係は、契約的基礎の上に立つものではなく、無条件降伏を基礎とするものである」の一字一字に傍点を付し、「傍点引用者」とことわっている。その上これが「日本側の考へ方がいかに甘いものであったかを痛烈に指摘する文言」だなどと、米軍部の代弁人よろしく註釈までしてくれるのだ。甘いというのは、彼自身も書いているように、ポツダム宣言を「有条件講和の申出」とした東郷外相の判断や外務省の解釈をさすものだ。敗れたとはいえ、矜持を失わず、当然の権利を主張しようとする者を「甘い」とは何事か。

私のような老人の愛唱歌に「昨日の敵は今日の友」(「水師営の会見」)という歌詞があるが、米軍部は内部文書で「昨日の敵は今日も敵」ドブに落ちた犬を叩け、屈服した敵を征服せよといっているのだ。それに対して敵愾心すら持つこともなく、戦うどころか尻尾をふって敵に迎合し、有条件の契約を主張する味方を「いかに甘いものであったか」と嘲笑するのは、通敵行為ではないか。徒手空拳で占領国に対し、国土国民をまもる戦いを決意する味方に、背後から刃をつきつけるものだ。桶谷氏にナショナリズムのひとかけらでもあったら、口が裂けてもこんな事はいえたものではない。「新潮日本文学事典」(一九八八年)によれば、彼は「十三歳で敗戦をむかえたが、皇国史観を信じ悠久の大義に殉ずることを至上の価値観として戦争末期を生きた自己の検討をモチーフとした」とある。皇国少年のなれの果てが米国少年ということか。

いいなり学者、いいなり評論家たちのゆきつくところは、マッカーサーの神化、無条件降伏論の神話化である。

すでに無条件降伏論者の鶴見、橋川両氏を入れた五名共著の「日本の百年」第二巻（一九六一年筑摩書房）には、「長い戦闘の終りに、マッカーサーは、将軍としてだけでなく一人の立法者として入って来た。戦争の溶鉱炉の中で形を失うまで煮つめられた日本の国家は、この立法者の手で、地上のどの国家にもあたえられたことのない新しい形をあたえられた」とある。創世記ちくま版だ。

生物学にはローレンツのすりこみ現象（imprinting）といわれる理論がある。生まれたばかりの動物が、目の前の動くものを親として覚えこみ、一生愛着を示すことで、鳥類に多いという。新人類が生まれながらにして無条件降伏論をすりこまれ、マッカーサーを神とも父とも、父なる神とも思いこむにいたったのは、これで説明がつくように思われる。

昭和二十三年生まれの加藤典洋氏は「アメリカの影」（一九八五年　河出書房新社）で次のように書く。

「無条件降伏という考えがなぜぼく達にいとも自然に受けとめられたか。ぼくにやってくるのは、一つの問いである。無条件降伏というイデーは、守護神となって、戦前『天皇』がぼく達の中で占め、その後『人間』になることでそこから退いた、あの空位を占めたのでは、なかっただろうか。そしてそれこそが、ぼく達の〝民主主義〟が、その原理を問うことなくとにかく『無条件降伏』を必要としてきた、その理由なのではないだろうか」

『『無条件降伏』という思想はなぜぼく達にとって神聖なのか。江藤が『日本は無条件降伏していない』と主張した時、彼はどのようなタブーに触れていたのか。ここには遠い王殺しの記憶が残っており、しかも誰も王を殺せず、よそからきた異人が王を殺めて新しい王位に即いたという記憶がそれを覆っている」

「そのタブーとは一言でいうなら、ぼく達が自分達で天皇制を廃止できなかったということかも知れない。それを廃止するのに、新たな外から来た神、『マッカーサー』を必要としたということかも知れない。そうでなければ、ぼく達はなぜ『無条件降伏』を必要としたのだろう。ぼく達の民主主義がぼく達の無条件降伏を強調する。そのようなグロテスクなことが、なぜ起るか」

これは論理というより信仰だ。マッカーサーを神とする無条件降伏真理教信者の信仰告白である。「正論」一九九五年十一月号には、「マッカーサーと原節子の国」と題して、新人類ファミリー「佐藤家のお茶の間討論」第三回なるものが出ていた。出席者は佐藤誠三郎（東大名誉教授）、佐藤欣子（弁護士）、佐藤健志（作家）、佐藤亜希（イラストレーター）の四氏である。その終りのところを引用する。

「健志　それが最近ゆきづまり、みんな不安になっているわけだけど、これだけ成功した枠組みを捨てるのも怖い。

欣子　マッカーサーが懐かしい。

健志　彼は戦後日本の『国父』だからね。亜希の友人たちの間に、元気のいい人から順に外国人と結婚するという面白い傾向があるけど、これも考えてみれば自然なことだ。女の子は生涯、恋人に父親の面影を求めるというが、戦後日本人の『父』は外国人だったんだよ。

イザナギとイザナミの国産み神話ではないけど、私は男女間の『性の政治』は現実の政治と密接につながっていると思う。その意味では、敗戦とはマッカーサーが新しいイザナギになることだったんじゃないかな。実際、占領中には、マッカーサーのところに『あなたの子種が欲しい』という手紙が何十通も来た。

誠三郎　彼は背は高いし、コーンパイプなんか持ってカッコよかった。

健志　だがマッカーサーがイザナギなら、新たなイザナミは誰か。どうもそれは原節子に思える。『青い山脈』を見れば分かるように、敗戦直後に戦後民主主義を象徴的に体現したのは、ああいった若い女性なんだ。それが子供たちにマッカーサーの理想を広めたというわけ。男たちは戦死したが、復員しても悄然として元気なかったんじゃないかな。

誠三郎　さっそうと戦後民主主義を説く『青い山脈』は何回も何回も作られてるけれども、第一回の敗戦直後に作られた『青い山脈』の若い女の先生は原節子だよね。

健志　戦後民主主義のシンボルとしての若い女教師というイメージは、『青い山脈』の後にも、『白昼の通り魔』の小山明子や、『瀬戸内少年野球団』の夏目雅子に連綿と受け継がれている。結局、敗戦直後の日本では、若い女性だけが戦争の責任から自由で、新しい理想を堂々と説けたということなんだろうね。

いわば戦後日本人は、マッカーサーと原節子の間から生まれた子供たちなんだ。そういえば『瀬戸内少年野球団』はアメリカでもビデオになっているけど、英語題はずばり『マッカーサーの子供たち』になっていた（笑い）。

誠三郎　戦後五十年にして、その子供たちが大きな岐路に立たされている

日本人のアイデンティティの消失で、この新人類ファミリーの「お茶の間討論」は終わった。「正論」という雑誌も、大したものをのせるものだと驚嘆した。戦後日本人の祖先として、アメリカ兵の隊長と日本人の女役者をかつぎ出し、それをアダムとイヴになぞらえるのならまだしも、われらが祖先の神話を冒涜する言辞は許せない。日本人みずからが、日本の国を根柢からむしばんでゆく

姿を、老いの眼でながめねばならないことは、何とも悲しいことである。

終戦美談の語部たち

廟堂密室が近衛特使のソ連派遣に、はかない希望をつないだため、終戦時の惨禍を招くことになったのだが、近衛がソ連の仲介をたのむ時の手土産とした条件は、ポツダム宣言の降伏条件より、はるかに苛酷なものであった。筑波大学教授中川八洋氏の「近衛文麿とルーズヴェルト」(PHP研究所)によれば、交渉条件として、こちらが提示する予定だったのは、敗戦後の日本の領土として、明治以降に得た海外の領土すべてを放棄することは当然として、沖縄、小笠原諸島、北千島まで放棄して、ソ連に提供するというものであった。ルーズヴェルトとスターリンの間のヤルタ密約(昭和二十年二月)では、北千島(クリル諸島)と南樺太をソ連が獲得することになっていたが、沖縄や小笠原諸島までは含まれていなかった。むろんポツダム宣言にそれは無い。

それればかりか、近衛案は「賠償として一部の労力を提供することに同意す」となっていた。戦後日本の将兵が六十四万人以上もシベリアに抑留され、十四万人が還らなかったが、中川氏はもし近衛特使の訪ソが実現しておれば、抑留は八十万人以上になったであろうと推測する。国民の命を虫ケラの様に扱って意とせぬ堂上人政治家、そして廟堂密室のおそろしさを、ひしひしと感じさせる事だ。ソ連襲来の報を、その日の昼前に女婿細川護貞から自宅で知らされた近衛は「陸軍を抑えるには天佑であるかもしれん」とつぶやいた。国民の悲惨など眼中にはなく、ひとえに陸軍を抑える好機到来、天のめぐみと感謝したのだ。これが堂上人の感性というものであった。近衛特使の交渉案は、彼の側近高田健治を介して、予備役の将軍でコミュニストの酒井鎬次が原案を執筆し、近衛の意見で修正が加えられたものであった。スターリンのよろこびそうな内容になるのは当然であった。

その交渉案よりも有利な、ポツダム宣言を受け取った廟堂密室は、どう対応すればよかったのか。どうすべきであったか。その選択肢はいくつかあり得たのである。しかし終戦美談の語部たちは、その可能性を認めたがらない。あの形の終戦しか有り得なかったことにして、廟堂密室の対応を美化するのである。先に引用した秦郁彦氏のごとき、ポツダム宣言を受理してからのうごきを全く省略し、いきなり「さりげなく好機を待ちつづけた鈴木の忍耐力には驚嘆のほかない。そして好機はついに到来した。原爆投下（八月六日）とソ連の対日参戦（八月八日）というダブル・ショックである。捉えた後の鈴木の知略も冴えていた」とたたえる（「昭和史の謎を追う」文藝春秋）。

鈴木が「好機」と発言したという記録はない。とすればこれは秦氏の言葉なのだろう。だが原爆は広島だけで八万人の死者を出し、ソ連襲来では軍民あわせて二百万人が生死の関頭に立たされたのである。これを好機と表現する心理は、悪魔の満足というものではないか。秦氏のいわゆるダブル・ショックは、廟堂密室の無為無策がもたらしたものである。その責任を感じない為政者もさることながら、その罪を免責するばかりか、美辞麗句でほめたたえ、終戦美談をつくり出す語部たちに、私はその為に死んだ多くの人たちの叫び声を、ぶつけてやりたい。

外務省はポツダム宣言を知った七月二十七日早朝から幹部会で協議し、これは有条件降伏提案で、ドイツよりもゆるやかな条件だから、受諾すべしとの意見で早くから一致した。ところがソ連が名を連ねていないこと、ソ連の回答を待つ段階であることから、最終的には松本俊一次官の「この際黙っているのが最も賢明で、従って、新聞にはノー・コメントで全文発表するよう提案するのが適当だ」の発言に、みな賛成した。上の者ほど頭がわるいのか、この愚策を東郷茂徳外相が閣議に持ち出したところ、軍部の反対に遭った。ことに豊田副武軍令部総長は、士気にも関するから「この宣言を不都合だという大号令」を出せと主張したが、さすがにこれは通らなかった。

発表の仕方について、かなりもめたが、国民の戦意を低下させる心配のある文句を削除して発表する。政府の公式見解は発表しない。新聞はなるべく小さく調子を下げて取扱うよう指導する。新聞側の観測として、政府はこの宣言を無視する意向らしいということを、付加することは差支えないと決定した。だがマスコミの方は、それではおさまらなかった。

翌二十八日の各紙は宣言のうち第四項までを削って発表した。指示により、論説や社説には取り上げなかったが、記事の見出しには、「笑止、対日降伏条件」「全く問題外として笑殺」「大東亜戦争完遂に帝国邁進」などと書いた。朝日は「政府が、これを黙殺すると共に、断乎戦争完遂するのみとの決意を更に固めている」とまで書き立てた。この後の鈴木発言に「黙殺」の語が出るのは、この新聞を見た影響があったのかもしれない。

ノー・コメントの方針は、どこでひっくりかえされたのだろうか。半藤一利氏は「聖断」(文藝春秋)で「新聞発表は政府の方針を忠実以上に守った」と書くが、これはおかしい。忠実あるいは忠実以上に守るのなら、ノー・コメントでおし通す筈である。政府指導の不徹底か、軍部におもねるマスコミの暴走だったのか。

東郷外相はこの紙面に激怒し、内閣に対して、閣議決定に相違すると抗議したというが、それから先は投げやりだった。午前中に宮中で政府統帥部の定例情報交換会が開かれたが、東郷は所用にかこつけて、この重大な会合をすっぽかした。陸軍の阿南、梅津、海軍の豊田が、政府声明で黙殺せよと主張したが、結局午後の記者会見で、鈴木が軽くふれることに決定した。

記者会見は午後四時から行われ、所信を問われた鈴木は、「私はあの共同声明はカイロ宣言の焼直しであると考えている。政府としては何等重大な価値のあるものとは考えない。ただ黙殺するのみである。我々は戦争完遂にあく迄も邁進するのみである」と言ってしまった。黙殺のみにとどまらず、あまくで戦うという、明瞭な宣言拒否意思表示をしてしまったのだ。これが原爆とソ連襲来を招いた。

軍部ことに陸軍のテロをおそれる鈴木は、終戦意図をかくすため、わざと強硬な抗戦意志をしばしば表明して来た。だがよりによって、最終的なこの重大な局面に際し、ここまで芝居をしなければならなかったのか、とはよくいわれる疑問である。東郷は肝腎の席を逃げたが、責任者の鈴木に、もし確固とした和平意志があり、閣議決定を尊重する気があったのなら、政府は現段階ではノー・コメント、それ以上のことは言えない。後日明らかにするといって、押し通すべきであった。「戦争完遂」の新聞記事は政府の意図ではない、とまでは軍部の圧力から、はっきり言えなかったかもしれない。しかし政府の立場として、現段階のノー・コメントを中外に明示することは、最小限の訂正として、必要であり、可能であった。無論生命の危険は覚悟しなければならなかったが、事態はまだそこまでは進んでいなかった。少なくともそれによって、わずかの猶予は得ることが出来たのだ。

そんな間にもダレス機関は日本政府との接触に努めつつあり、ザカライアス大使の放送は、八月四日に至ってもなお「必然的な敗北と日本の未来のため、ただちに決断されたい」と勧告していたのである。そしてこれが最後の放送となった。その時に交渉をはじめておれば、少なくとも原爆は防げただろう。原爆がなければソ連襲来はあり得なかった。なぜなら火事があってこその、火事場泥棒だからだ。原爆ぬきで日本が降伏してしまったのでは、ソ連の出る幕が無くなってしまうのである。ソ連の好意的仲介という蜃気楼を見つづけた廟堂密室は、最後の機会を逸してしまった。

外国の報道は鈴木発言をイグノア（無視）とか、リジェクト（拒絶）の語で報じた。広島に原爆が投下された翌八月七日のトルーマン大統領声明は、投下されたのが原子爆弾であったと明らかにして、その威力をつげたあと、「七月二十六日の最後通牒がポツダムで発せられたのは、日本国民に徹底的な破壊を加えないためであった。彼等の指導者は、たちどころにその最後通牒を拒否した。もし日本の指導者がいまわれわれの条件を受け入れないならば……空から破滅の雨が降りそそぐ」そして海軍と地上軍がおしよせるだろうと警告した。

駐ソ大使佐藤尚武が八月八日クレムリンにモロトフ外相をたずね、近衛特使派遣についての回答を求めようとしたら、モロトフは手で制し、一通の文書を出して読みはじめた。宣戦布告文であった。はじめの方に「三国すなわちアメリカ、イギリス、中国の日本軍隊の無条件降伏に関する本年七月二十六日の要求は、日本により拒否せられたり。よって極東戦争に関する日本政府のソ連に対する調停方の提案は全くその基礎を失いたり」とあって宣戦布告を正当化する言辞がつづく。ひとつ注目すべき点は「無条件降伏」を「日本軍隊の」と正確に引用していて、「日本の」としていないことである。

ルーズヴェルト前大統領は高血圧などの病気で精神状態が悪かったため、二月のヤルタ会議では、ソ連の要求に譲歩してまで、ソ連の参戦を希望したが、トルーマンは大統領就任当初から、ソ連の参戦は日本と戦うために必要ではなく、むしろ戦後のためにも、参戦を避けたいと考えていた。そのため日本に和平のはたらきかけをして来たが、廟堂密室は全く判断を誤って、それに応じる態度を示さず、無駄な戦争を続けた。ソ連の方は何とか参戦して、獅子の分け前にあずかりたいため、日ソ中立条約に違反しても、参戦の大義名分が立つように、連合国のお墨付きを必要とした。

七月二十九日モロトフ外相はバーンズ国務長官に対して、ソ連の対日参戦を要求する文書を、米英両国から出してほしいと要請した。これにはバーンズも、トルーマンも困惑したという。結局トルーマンは書面でソ連に回答した。「一九四三年十月三十日の米英ソ中モスクワ宣言で、四国は平和と安全のため共同することになっている。」「国連憲章一〇三条では、国連憲章に基く義務と他の国際協定に基く義務とが、抵触する場合には、この憲章に基く義務が優先することになっている。それ故にソ連は平和と安全を維持する目的をもって、日本と戦争中の他の大国と協力せんとするものであると、いうことができる」という内容であった。

半藤氏は前にもふれたNHKテレビ放送の終りに、松平定知キャスターがソ連の中立条約違反についてたずねた時、「中立条約違反はソ連に非があるが、ソ連の方は米英のたのみにより、人類平和のために参戦したのだといっている」「八月九日ソ連参戦の意義は何かときかれるなら、私は戦争に正義は無いということだと思う。日本人は戦争に敗けた時、日本はまちがっていた、アメリカやソ連の方に正義があったと教えこまれた。私はそうではないと思う。戦争に正義は無い。言い分はどうにでもつけられるが、戦争に正義は無いという事を学んだのが、最大の意義であったと思う」と結んだ。

だがこれでは正義そのものが無いと、いう事になってしまうのではないか。法政大学教授田中直吉氏は、右のトルーマンの書簡について、「ソ連は対日宣戦に対する口実をえたが、このような三百代言のような法理論は、ソ連の対日参戦に合法性を与えるものでもなく、これでは歴史家の批判に答えうるものでもない」と論じている（『太平洋戦争終結論』東京大学出版会）。またパル判事も東京裁判で「ソ連の対日宣戦当時の事態が、防衛の考慮から必要となった戦争であるとしても、これを正当化するような事態であったとはいえないであろう」と論じた。

阿川弘之氏は「鈴木の徹底抗戦論もそこまで『真に迫る』必要があったのかどうか、結果として連合国側は、これをポツダム宣言の正式拒否と受け取り（或は受け取ったふりをし）、のち、原子爆弾の使用とソ連の対日参戦とを正当化する口実に使うようになった」と書いて、鈴木発言と原爆およびソ連襲来との因果関係を示している（『米内光政』新潮社）。しかし「黙殺」の上に「戦争完遂」といえば正式拒否ではないのか。「受け取ったふり」も無いものだ。

秦郁彦氏は前記のように、鈴木発言にふれず、いきなり原爆とソ連襲来を「好機」と書くのみだが、半藤一利氏の前掲書では、鈴木発言について、こう書く。「それはたしかに首相の口から語られたものであったが、首相自身のものではなかった。情報局総裁を中心に政府側が作成したものである。しかも『黙殺』はノー・コメントまたは『黙過する』程度の軽い意味だったという」。そしてこれが原爆やソ連を「正当化するための口実に使われたことはよく知られている」「それは字義どおりアメリカやソ連の口実であり、言い訳でしかない」。なぜなら原爆もソ連襲来も、彼等の間ですでに決定していた事だったからだ、と鈴木を免責する。

「口実」は事実その通りであるが、すべて悪いのは口実に利用した方であって、口実を与えた方に責任は無いという論理が、通用するものであろうか。ことに鈴木発言が首相自身の言葉でなかったという、詭弁のような弁護は、贔屓のひきだおしというものだ。一人前の男が口に出した言葉が、彼自身の言葉ではなかった。かげであやつる黒幕が言わせたものだ、というのは、あまりにも鈴木を虚仮にしていないか。半藤氏の弁護は鈴木を腹話術師に抱かれた人形にしてしまった。

もし鈴木自身が、あれは自分自身の言葉でなかったと、あとで言ったとしたら、彼は二枚舌をつかった事になる。彼はそこまでは言わなかった。しかし彼自身もその責任を転嫁する発言をしている。終戦一年後に残した有名な言葉がある。「余は心ならずも、七月二十八日の内閣記者団との会見に於いて『この宣言は重視する要なきものと思う』の意味を答弁したのである。この一言は後々に至るまで、余の誠に遺憾と思う点であり、この一言を余に無理強いに答弁させたところに、当時の軍部の極端なところの抗戦意識が、如何に冷静なる判断を欠いていたかが判るのである」つまり半藤氏の強弁は、鈴木の意にそったものであった。しかし、「心ならずも」口にした言葉でも、言った以上政治家として、責任はとらねばならない。「重視する要なきもの」の意味だったというが、戦争完遂とまで言った事を、鈴木はきれいさっぱい忘れ去っていたのだろうか。

無理強いされたからといって、自分の発言が原爆とソ連襲来の口実にされた事が明らかになった戦後の発言である。遺憾といってすむものではないだろう。明治の元勲だったら切腹してわびたところだ。彼はそれほどの責任は感じなかったらしい。おまけにアッケラカンと軍部の抗戦意識と判断ミスを批判する。夫子自身の判断ミスは棚上げだ。見事なばかりのモラルの欠如である。この破廉恥を何といったらいいか。どう解釈すれば良いのか。

しかも半藤氏は黙殺とノー・コメントを同一視するような無理までして、鈴木を免責しようとした。黙殺とか黙過するというのは、発言者の意思表示である。ノー・コメントはそういう意思表示をしないという事なのだ。氏はまたソ連の回答を待って、廟堂密室が「静観」の態度をきめた事を弁護して「ここに大きな錯誤があった」「最高戦争指導会議でも閣議でも、それを最後通牒とみなしたものはひとりもいなかった。またこの通牒には何ら時日の制限はない。それを〟即決を迫られている〟と判断したものもいなかった」と書くが、これは廟堂密室が低能集団であると証明したことになるのではないか。はじめに記したポツダム宣言の条文の「右以外の選択は迅速かつ完全なる破壊のみ」は最後通牒以外の何物でもない。日本政府の受諾を「直ちに」と要求し、「遅延を認むるを得ず」とあるのに、何月何日までの指示がないから、即決を迫られていると思わなかったといういいわけは、通らないだろう。

終戦美談の語部たちは、秦氏にしても、半藤氏にしても、「待つ」とか「静観」といってのけるが、そうしている間にも戦地では国民が敵に殺されるか、病死するか、餓死するかしており、国内では空襲で、一日一万人が確実に死んでゆくのだ。一刻もはやく和平にもって行かねば、何とかして犠牲を防がねば、という気持が廟堂密室に見られないことを、二人は何とも思わないらしい。

痴呆と阿呆の廟堂密室

八月九日早朝、迫水久常内閣書記官長が首相官邸で鈴木にソ連襲来を報告した。言下に鈴木は「来るものが来ましたね」と言った。海相米内光政も、早朝秘書官の古川勇少佐に起こされ、ソ連襲来を告げられた時「ついに来たか」と言った。語部たちは問題にしないが、これほど奇怪な言辞は無いだろう。少々のことには動じない、太っ腹なところを見せたつもりかもしれぬが、まるで予期していたかのごとくだ。

鈴木の黙殺戦争完遂発言から十二日間も、正式回答を保留したのは、ひとえにソ連の仲介を期待し、好意ある返事を待ち続けていたからではなかったか。返事のかわりの宣戦布告である。期待ははずれた。中立条約を遵守してくれるものと信用していたのが裏切られた。そのショックが無かったとしたら、今までソ連を信用したふりをして、周囲をだましていたことになるのではないか。ショックを覚えたのなら、怒るなり、已れの愚を恥じるなりするのが、まともな人間ではないのか。

半藤氏は鈴木が「冷然として」言ったと書く。阿川氏は「ソ連の仲介に未だ一縷の希望を托していた米内は沈痛な面持ちで」言ったと書いた。いずれも事実だとしたら、廟堂密室の集団妄想であったソ連仲介の蜃気楼が、一瞬にして消滅し去ったにしては、あまりににぶい反応であった。なぜか。

さすがに東郷外相は、迫水氏によれば激怒したという。駐ソ大使佐藤尚武は、クレムリンでモロトフから宣戦布告文書を受取り、大使館へ帰る車中で、油橋重遠書記官に「とうとう来るものが来たね」と寂しそうにつぶやいたという。ソ連の和平仲介の可能性が全く無いことと、ソ連参戦の可能性を、くりかえし東郷外相に進言していた佐藤大使の言だから納得できる。しかし鈴木と米内の発言と態度は納得できない。許し難いものさえ覚えるのだ。

ソ連に和平仲介を依頼することが、当時の政治家の判断として、如何に不合理な見当はずれのものであったかは、前に論じたが、鈴木と米内が百%ソ連を信用したのでなく、いささかの危惧でもあったのなら、ソ連一辺倒でなく、他の和平工作をも併行して行なうべきであった。ダレス機関など、選択肢はあったが彼等は関心をもたなかった。危惧をもたなかったからか、それとも国を憂うる一片の志も無かったからか。

ソ連仲介の蜃気楼のため、原爆をまねき、ソ連襲来を見て、完全に政策が間違っていた事を知らされた以上、まともな日本人ならば当然不明を恥じ、責任をとるべきであった。支那事変の近衛声明の時と同様、鈴木発言も米内が支持しているのだ。記者会見の鈴木発言のあと、高木惣吉少将から「なぜ総理にあんなくだらない事を言わせたのですか」と聞かれ、米内は「声明はさきに出した方に弱味がある。チャーチルは没落するし、米国は孤立におちいりつつある。政府は黙殺でいく。あせる必要はない」と答えている。以上のことから私は鈴木も米内も老人性痴呆ではなかったかと、疑いを持った。

老人性痴呆はアルツハイマー型痴呆と脳血管性痴呆の二種類とされている。前者は脳細胞が全面的に老化萎縮死滅してゆくもので、脳の機能がすべて低下し、人格の崩壊にいたるものである。後者は脳内の血液循環の障害で、脳動脈硬化などによって小動脈がつまり、その先の脳細胞組織の新陳代謝ができなくなって、部分的に死ぬため、その部分の機能が脱落するものである。脳梗塞・脳塞栓などでおこり、大血管で起れば致命的な発作をまねくが、微小血管の場合は、無症候性脳梗塞といって、精検によらねばわからないことがある。危険因子は高血圧、動脈硬化、糖尿病、飲酒、喫煙等である。脳梗塞はくりかえし再発することが多い。脳内病巣の部位に応じて、その部位の機能が低下脱落し、知能や運動機能の障害が現れる。アルツハイマー型のような人格の崩壊はない。しかし末期には両者の混合型がある。脳血管性痴呆はまだら痴呆といわれ、脳機能の正常な状態の間に、異常なものがみられる。日常生活は良く保たれることが多い。

人生五十年といわれた戦前に、日本人の平均寿命は五十年に達しなかった。四十台で終るのが一般だった。慶応三年（一八六七）十二月生まれの鈴木は、この時七十七歳、明治十三年三月生まれの米内は六十五歳だった。脳血管性痴呆があったとしても、不思議ではない。ことに米内には甚だしい高血圧が続いていた。

こう考えれば、先にあげた鈴木と米内の言動の不合理、不可解な点は、すべて脳血管性痴呆で説明がつくのである。モラルの欠如を示す破廉恥な判断行動も、このため免責されざるを得ない。しかしそれを正常人の言動と解し、あまつさえ終戦美談の功績につくりあげる語部たちの誤りは、明らかにしておかねばならない。

この年の五月ソ連仲介を決定した最高戦争指導会議の席上、鈴木が「スターリンの人柄は西郷南洲に似て太っ腹だから、悪くはしないような気がする」と発言したことは、よく知られている。だがスターリンが西郷とは似ても似つかぬ人物であったことは、当時もひろく知られていた。昭和九年（一九三四）から五年間つづいた大粛清では、政府、党、軍部をふくむ国民一千万を、反革命陰謀者という名の下に処刑した。日本に亡命した三等大将もいた。東條時代の憲兵政治の比ではない。すべてスターリンの陰険残忍な人柄によるものである。世界中に知られていたこの事実を、鈴木が知らない筈はなかった。ソ連だのみの仲介工作がうまくいってほしいという願望が、スターリンの人柄に対する妄想となったのかもしれないが、口に出してしまったのは痴呆のせいであった。

天佑天罰事件で訪米の昔ばなしを持ち出すまではよかったが、言葉尻をとらえた強硬派議員の質問に、ちぐはぐな返答をして議場が混乱した。そのトンチンカンなやりとりは、半藤氏の前掲書にくわしい。耳が遠かったと自らいっているが、ことさら遠い仕草をみせ、メモを多用し、「総理はロボットか」と野次られたりしたのは、半分は地のままであったのだろう。痴呆まる出しのふるまいと、痴呆らしい見せかけとが、恐らく一体となっていたと思われる。米内がこれをまだら痴呆と認識できなかったことは無理もない。だから彼は鈴木の能力と終戦意図に見切りをつけて、辞任さわぎを起こしたのだった。だがこの時米内自身も、反対派と目していた阿南陸相の書状による説得があるまで、辞職するといきまいて固執したことは、脳血管性痴呆のせいであったと思われる。

脳血管性痴呆では人格が保たれるのが通常である。鈴木がまだら痴呆にもかかわらず、人格の最も高潔なところを示したのは、ルーズヴェルト大統領の訃報に接した時であった。同盟通信社のインタビューにこたえて、アメリカ国民に対し「深甚なる哀悼の意」を表明した。国内では知られなかったが、それが海外に流されると、英首相チャーチルは感銘を受けたと、後に「第二次大戦回顧録」に書いた。アメリカ亡命中の作家トーマス・マンは「東洋の国日本にはなお騎士道が存し、人間の品性に対する感覚が存在する」と母国のドイツにラジオで伝えた。そのドイツでは、ヒトラーが「運命は地上からこれまでで最大の戦争犯罪人を消し去った。戦争の転回点は訪れた」と叫び、ラジオはルーズヴェルトを煽動者とか、歴史に残る愚かな大統領などと、放送していたのだった。

日本のバドリオになるぞと言って、終戦内閣を引き受けてそうそうの、この水際立った対応は、ソ連以外の連合国に対して、はかり知れない好影響を与えた。しかるに廟堂密室は、折角の鈴木の志を生かすことなく、アメリカからの申し出に背を向けて、ソ連一辺倒で破滅するのだ。鈴木もこの最大の功績を、黙殺戦争完遂発言でフイにしてしまったのは、痴呆のせいとはいえ、全く惜しまれることである。

米内海相は八月十二日腹心の高木惣吉少将に言った。「私は言葉は不適当と思うが、原子爆弾やソ連の参戦は、或る意味では天佑だ。国内情勢で戦をやめるということを出さなくて済む。私はかねてから時局収拾を主張する理由は、敵の攻撃が恐ろしいのでもないし、原子爆弾やソ連参戦でもない。一に国内情勢の憂慮すべき事態が主である。従って今日その国内情勢を表面に出さなくて収拾ができるというのは寧ろ幸である」

これは不適当ですまされる事ではない。言葉を知らぬにも程がある。言語道断のこの米内発言を、多くの人が異とせず、名言と持ち上げたりする人のあることは、思えば奇妙な話である（例えば鳥巣建之助「太平洋戦争終戦の研究」文藝春秋）。天佑とは日本海海戦で大勝利した連合艦隊司令長官東郷平八郎大将が、その敬神の念から使った言葉である。軍人ならば大敵を仆した時に、神への感謝の気持ちから発するものである。米内の場合大打撃を受けたのは味方なのだ。陸軍を敵と思っていたとしても、日本が大敗しようとしている瀬戸際である。強硬派をおさえて終戦へもちこむのに、もっけのさいわいといった感覚から、うれしさのあまりの発言であったとしても、天佑は不謹慎のきわみだった。ゾルゲ団のスパイ尾崎秀実なら、ソ連をアワーカントリーといっていた男だから、これを天佑と言ったとしても不思議ではない。これは明瞭に売国奴の言葉である。作家太田洋子が「人間襤褸」と表現した、広島長崎の現場の人たちの前へ行って、これは天佑だといったらどうだろう。ソ連の機甲部隊にかこまれた将兵たち、逃げまどう居留民たちの前で、天佑だといったらどうだろう。不適当ですむ事だろうか。廟堂密室の中だから言うことが出来た。

阿川氏は前掲書でこの語をとりあげたあと、国内情勢を解説して、食糧の危機がせまっており「民心が離反すれば、どんな事態が起るか、米内は二十九年前革命前夜のロシヤ駐在中、自分の眼でつぶさに見て来ていた」と説いて、理解を示す。

だがこれはアベコベではないのか。原爆やソ連襲来で国土国民が大被害をうけて降伏するより、食糧危機のような国内情勢によって降伏する方が、筋が通っていたのではないか。当時国内情勢に革命がさしせまっているような様相は全くといっていいほど見られなかった。革命家はいたのだろうが、息をひそめ、表だった動きをする余地は全く無かった。むしろそういう動きは戦後の一、二年で、昭和二十二年一月三十一日ＧＨＱ（占領軍司令部）が翌日予定の二・一ゼネストを禁止する命令を出した時がピークであった。

阿川氏の解説と米内の言葉が不当な第二点は、原爆ソ連襲来と国内情勢との二者択一を前提としている論理である、痴呆のせいで米内には二つの道しか見えなかっただけだ。これまで論じたように、なにも原爆ソ連襲来がなければ終戦が出来なかったわけではない。すべてソ連の好意にたよるしかないという、固定観念に固執した米内および廟堂密室の、無為無策が招いたものである。それ以外の選択肢については前に述べた。

古代の為政者は天変地異の災害についても、自らの不徳のせいではないかと、おそれつつしみ、天子は改元までした。廟堂密室の責任者は、原爆とソ連襲来を自らの失態とは考えず、責任もとらなかった。とらぬどころか、それをさか手にとって、つまり禍いを転じて福となす式に、天佑でごまかしてしまったのだ。完全なモラルの欠如である。売国奴といっても足りない。人非人ともいうべき米内という人間は、痴呆という以外に解釈がつかないのではないか。

前にもふれたが、高木少将が鈴木発言について「なぜ総理にあんなくだらないことを言わせたのですか」ときかれ、「声明は先に出したほうに弱みがある。チャーチルは没落するし、米国は孤立におちいりつつある。政府は黙殺でいく。あせる必要はない」と答えた返事は、情勢判断といい、論理の適用といい、すべて完璧な痴呆である。正常人の言葉ではない。スターリン西郷論どころではない。
昔から東北人は脳卒中の死亡率が高く、高血圧の原因に食塩が大きい意味のあることがわかって、昭和三十年代から食餌改善運動がはじまり、著効を奏して来た。盛岡出身の米内の時代にそういう知識は無かった。彼が高血圧を患ったことは、多くの書に出ている。それも血圧計の目盛りの限度をこえることすらあったという。高血圧と動脈硬化とは、一方が他を助長するという悪循環があり、酒豪であることも相俟って、彼の健康を害して来たと思われる。発作を起こして運動麻痺を生じたという記述は無いが、無症候性脳梗塞の存在は充分に疑われることであり、痴呆を示す症候は、阿川氏の讃美の書にも記されている。

例えば右翼系とみられる川南豊作が、海軍省の参与と称して、自由に軍機工場に出入りしているということを、閣議のあとで豊田貞次郎軍需相から聞かされた米内海相は、そんな者を参与にした覚えはないと憤慨し、軍務局長を呼べと命令した。ところが大臣の捺印のある決裁ずみの書類が出て来たので、部下が見せると「そうか、大臣は落第だね」といった。しかし保科善四郎軍務局長を呼んで、沖縄作戦輸送の機帆船集めに、川南を重用していたことを、厳重注意した。

「あのころ米内さんは、血圧が異常に高く、いくらか焦り気味で、神経質になっておられたようだ」とか「ソ連を通して終戦工作をしようというのも、ソビエトがそんな善意の仲介者になってくれるものかどうか、我々ですら、知れば疑問を感じたにちがいないことで、やはり焦りのあらわせではなかったかと思う」などと、阿川氏は部内の談話をのせているが、痴呆を善意に解釈すれば、あるいは素人判断すれば、こういう事になるのだろう。しかし参与任命の決裁を失念した程度のミスは、笑い話ですませるが、ソ連仲介の蜃気楼を見つづけた痴呆は国を誤らせたもので、いみじくも彼自身「大臣は落第」と言っているが、むしろこれが正当な評価ではなかったか。

聖断によってポツダム宣言受諾が決定し、詔勅の原案が出来上ったのは八月十四日午後四時で、それから閣僚による修正審議が行われた。陸相の阿南惟幾は「戦勢日ニ非ナリ」の文言が、将兵に与える衝撃が大きいとして、「戦局必ズシモ好転セズ」にしてほしいと希望した。真向から反対したのは米内海相であった。そういうまやかしの言葉を用いず、国民に敗けたありのままを知らせた方がよいというのだった。今まで国民にウソばかりついていた罪ほろぼしにしては、おそすぎた。国民にありのままを知らせるつもりだったら、これではすまなかった。国民はまだ東條以来の必勝の信念にとりつかれた者もいたし、連合艦隊が消滅した事を知らされるのは戦後の九月であったのだ。

米内も阿南もゆずらないため、審議は遅々として進まなかった。一方では国民が死んでゆくのに彼等の関心は無かった。今の目から見ても、二つの文言の意味するところに、大したちがいはない。どちらも完敗したという真相は伝えていないのだ。しいていえば「日ニ非ナリ」という客観的現実を、主観的には「必ズシモ好転セズ」と受けとめたいということで、戦う当事者としては、負けおしみといわれても、後者の方が卑屈にならなくていいのではないかと思われる。無駄な時間をついやしたあと、鈴木のとりなしもあり、米内が譲歩して決着した。午後十一時に各大臣の副署がおわった。

角田房子氏は「一死、大罪を謝す」（新潮社）で、阿南が米内には武士の情が無いという憤懣を押さえて来たと書く。米内のこだわりの底には、天佑発言で見られるように、畑俊六元帥のいる広島の第二総軍司令部が原爆で壊滅し、満洲では関東軍が敗走し、憎い陸軍が痛手を負ったことの満足があった。自らも敗軍の将であるにもかかわらず、むきになって敗戦を強調せよといたぶるのは、近ごろの学級崩壊にみるいじめのような、幼稚な構図であった。だから最後はあっさりとひっこめてしまった。痴呆に武士の情は通じなかったのである。

海兵出の史家池田清氏の「海軍と日本」（中央公論社）の巻頭に、昭和二十年十一月三十日海軍省廃止の日、最後の海軍大臣として米内が発表した短い談話の全文が出ている。

「三年有余の苦闘遂に空しく征戦すでに往事と化し、ここに海軍解散の日を迎えるに至れり。顧みれば明治初頭海軍省の創設以来七十余年、この間邦家の進運と海軍の育成に尽瘁せる先輩諸士の業績を憶う時、帝国海軍を今日において保全すること能わざりしは、吾人千載の恨事にして深く慚愧に堪えざる所なり」

池田氏はこれに何の批判も加えないが、この文章には脳血管性痴呆の特性が、顕著に出ている。アルツハイマーとちがって、人格は保たれているので、一応文章の体裁は整っている。しかし当時のモラルからすれば、最も重要なものが欠落しているのだ。即ち日本の軍隊は天皇直属の軍隊であり、軍艦の舳先につけられた菊の紋章はその象徴であった。宣戦の詔書に「朕ガ陸海軍将兵ハ全力ヲ奮ツテ交戦ニ従事シ」とあり、また「朕ハ汝有衆ノ忠誠武勇ニ信倚シ」「帝国ノ光栄ヲ保全センコトヲ期ス」とある。大勢の国民が召され、戦って死んだ。しかしいくさは敗れた。海軍の責任者として、帝国海軍の終焉に寄せる言葉としては、何よりも陛下の「信倚」に応えることの出来なかった罪を謝すべきであった。ところがそれは綺麗に脱落していて、海軍を保全できなかったと、慚愧するのみなのだ。

昭和の帝国海軍にはフリート・イン・ビーイング（保全が意義の艦隊）という観念があって、太平洋の戦争では、日露戦争時代のような積極的行動をとらず、中途半端な作戦で失敗する愚をかさねて来たのだが、終焉のこの時にいたって、なお保全を云々するのは痴呆のせいではないか。モラルの欠如も痴呆からだろう。極端なことをいえば、艦隊が保全されなくても、戦争に勝っておれば文句は無いのだ。「先輩諸士の業績を憶う」のなら、海軍が保全できなかった事より、日本海海戦の赫々たる戦果に比して、愚戦をつづけ、国体護持を危うくし、国民をまもることが出来ず、国土を荒廃せしめた罪をわびるべきであった。責任者として慚愧に堪えずと、切腹しても不思議ではなかった。終戦時に六人の陸軍大将が、四か月後に八十七歳の柴五郎大将が自決した。海軍大将にそれは無かった。

終戦直後の八月十九日、小学校で同級だった東大生寺尾博之海軍少尉は、福岡市郊外の油山で切腹自決した。遺書には「大元帥陛下ノ股肱トシテ干城ノ任ヲ全クスル能ハズ　罪マサニ万死ニ値ス」「魂魄トコシヘニ祖国ニ留メテ　玉体ヲ守護シ奉ラム」とあった。二十四歳の予備学生としては、責任のとり方が重すぎるといえるが、これが当時のモラルというものであった。彼の令弟寺尾尚之氏は、すでに沖縄特攻で戦死しておられ、寺尾家を継ぐ人は絶えた。しかし彼は神州の不滅を信じつつ、自らの命を絶ったのだ。

平成十一年の終戦記念日のころ、読売新聞に八十歳をこえた女性の投書があった。ソ連軍におわれて満洲を引き揚げる途中、母乳が出なくなって、背負っていた男の児が息絶えた。今も折にふれ、思い出して涙しているというものであった。天佑とよろこぶやからには、想像も出来なかった姿である。戦後五十年にして、とられた北方領土はいまだかえって来ない。そのめども立たないありさまだ。米内も存命中にその現状を知っていた筈だ。しかし彼は売国発言を取り消さなかった。艦隊保全の出来なかったことを慚愧しても、失言を恥とはしなかった。

昭和二十三年四月に米内光政は逝去した。享年六十八歳、死因は脳出血であった。臨終を見とどけた元国務大臣緒方竹虎は、彼の最後の姿を、「あの初めて海軍大臣に就任した頃の豊頬の見る影もなきは勿論、眼窩はくぼみ皮膚は枯れ、人並み外れて逞しい骨組のみがいたずらに目立って見えた」「肝脳を国にささげ尽したという印象」を深くしたと書いた。

この変容は一朝一夕のものではない。長期にわたって肉体の内部では、全身の血管系統から脳髄にいたるまで、老化が進行し、その窮極として外に現れたものが、緒方の所見であった。そのわずか三年前、鈴木終戦内閣の海相に留任した時、外面からは気付かれなかったが、すでに脳血管性痴呆が米内に始まっており、それが愚行奇行となって、部内の注意をひいた。アルツハイマーではないから人格は保たれていたので、帝国海軍の終焉まで職務は全うし、陛下の御信任を厚くし、栄典にも浴した。まこと一将功成り万骨枯る。彼の「天佑」がその象徴であった。痴呆が彼に蜃気楼を見せ、そのため国運を傾けても、天佑でしめくくる見事な生涯を与えたのである。

終戦美談の語部たちも、「二十世紀日本の戦争」グループの大半も、原爆とソ連襲来で終戦ができたとするが、犠牲となった三百万の死者からいえば、もっと早く終戦に持ちこめなかったのか、といううらみが残る。戦争をしなければよかったという論はここでは措くことにする。くりかえし書くが、私は保阪正康氏の説をとって、ミッドウェー海戦後の講和が最も妥当であったと考える。それまでの僥倖の戦争では、こちらが優勢のため、譲歩した条件を、軍部が呑む筈が無かった。ミッドウェー以後に彼我の戦力差が開いてゆく情況を、正確に把握するよう努力すれば、講和へのいとぐちを見出す可能性があったと思われる。海戦直後の艦隊総トン数の対米比六十九・三%が、半年後のガダルカナルで五十五・六％となった。これで勝算ありと考えるとしたら、精神異常だろう。

ルーズヴェルトの死で連合国側に変化が生じてからの選択肢については前に論じた。ここではポツダム宣言前後にしぼって論じてゆこうと思う。原爆とソ連襲来を終戦の契機とする半藤氏が、珍しくイフを持ち出す文章がある。「歴史にもしもはないというが、惜しみてもあまりある：ｉｆを一つだけどうしても付け加えておきたい。ポツダム宣言に、もしも天皇の地位についての確かな保証が与えられていたら、つまり第十二条の後半が残っていたら、である。鈴木貫太郎の死を恐れぬ大勇をもって興味深い歴史的展開が成されたであろうことは確かである」（前掲書）。

第十二条後半とは、知日派の国務次官グルー元駐日大使が起草した宣言案の、天皇に関する好意的な部分であった。ポツダムの会談中に、イギリスのブルック元帥は、天皇の地位の保障を、はっきりと宣言にもりこんだ方がよいと主張し、アメリカのマーシャル参謀総長は、戦闘停止まで天皇制の問題にはふれない方がよいと反対した。トルーマンの裁決で、天皇制については一言もふれないことにきまったという。だがイフといっても、あなたまかせのイフでは反省にならない。もしもミッドウェー海戦で、敵空母がもう少し遅く出撃してくれて、日本潜水艦隊の哨戒線がしかれた後だったら、負けることはなかったのに、というたぐいだ。

半藤氏の鈴木に対する買いかぶりは、語部だからといっても、鼻持ちならないものがある。「死を恐れぬ大勇」とは、いいもいったりだ。そんな大勇があったのなら、原爆も落とされず、ソ連襲来も無かった。語部の一人、阿川氏ですら鈴木発言について、「鈴木の徹底抗戦論もそこまで『真に迫る』必要があったのかどうか」と批評する（前掲書）。テロがこわくてビクビクしていたから、さしせまった危険があったわけでもないのに、痴呆のため、最も言ってはならないことまで言ってしまったのである。首相就任いらい、何かにつけて戦争完遂論者の演技をつづけて来たが、肝腎の時に演技過剰のミスを犯してしまった。痴呆のせいとはいえ、ノー・コメントの意思表示のつもりが、戦争完遂という明瞭な拒否発言となった原因は、すべて死をおそれたからであった。

井上成美海軍大将は、はっきりと半藤氏と反対の見解をとる。昭和三十七年三月十四日防衛庁戦史室で彼は語った。「鈴木さんが強気だったのはゼスチャーだったという見方をする人もあるが、自分は陸軍のクーデターがこわかったのだと見る。かりに終戦へもってゆくためのカムフラージュであったとしても、ほどほどで、クーデターがあっても、やるべきことはやるべきだと思う。日本の運命を決める場合においては、自分の生命を捨てて、ちゃんと自分の本心をそこへ出してやるべきだと思う。カムフラージュが、あまりにも切迫した時期まで延びすぎた」終戦美談への批判として、まさに至言である。

井上の鈴木評に対して、生出寿氏は前掲書でコメントしている。「鈴木が生命を捨てて、終戦一本に進み、終戦が実現されたかというと、むしろ実現されなくなる可能性のほうが大であった。鈴木、米内が消されれば、代わる者がいなかったのである」これが語部の固定観念というものだ。鈴木、米内がいなくなっても、井上、高木がいた。むしろ私は後二者の方が、前二者より人物が上であったと評価する者である。井上、高木が去っても、代わる者が出たと思う。幕末の動乱では多くの俊秀が非命に仆れ、その果てに維新の大業が成就した。明治国家を運営し、憲法をつくり、日清日露の戦役をやりぬいたのは、生き残った二流の人物たちであったのだ。

終戦時の様相はそれにおとらぬ国難であった。しかし神国日本の信念は、いまだ衰えてはいなかった。天皇に対する忠義が、国の歴史と文化、伝統をまもる意志を結集することの出来る時代であった。東條政権のような口先だけの精神主義が、国民の精神をむしばんで来たのだが、全世界を敵とするような、絶体絶命の危機に際して、神国日本の真の姿が顕現する時、鈴木、米内がいなくても、救国の志士は輩出したと、私は確信する。もし鈴木と米内が、当時の日本人の心に訴える言葉を残し、そういう死にざまを見せたとき、後に続く者は必ず出ただろう。あとに続くを信ずと言って出撃した特攻隊のあとに、多くの人が続いたのである。

半藤氏のイフは、鈴木の大勇そのものが信用できないから、成立つわけがないが、その上に痴呆を考えれば、せっかく十二条後半があっても、現実の拒否発言と同様、「心ならずも」どんな発言をしたかしれない。ソ連がもっと有利な条件をもたらしてくれるかもしれないなどと、いっているうちに、何が起ったか知れないではないか。

廟堂密室には鈴木、米内の痴呆のほかに、もう一つ重大な欠陥があった。ソ連仲介の交渉開始を決定した、五月の最高戦争指導会議の席上、参謀総長梅津美治郎大将は「本土決戦なら必ず勝てる」と断言した。どこからみてもこれは痴呆というより阿呆だ。太平洋の彼方、アメリカ西海岸の近くまで戦争をひろげたものが、おいつめられ、世界を敵として今や本土が攻略されようとしている段階の、これが廟堂密室の中の発言なのだ。信じ難いような白痴的言辞である。無責任といっても今更はじまらない。

海軍では軍令部豊田副武大将が事ごとに和平に反対したあげく、八月十二日には梅津参謀総長とつれだって、宣言受諾反対を上奏し、米内海相に叱責された。それでも反対の策動をやめなかった。軍令部次長の大西瀧治郎中将は、六月宮中の最高戦争指導会議に、ことわりなしに軍刀をさげて示威にあらわれ、米内から退去を命ぜられた。最終段階で大西は二千万特攻をとなえて、和平を妨害する。バドリオ指向の鈴木内閣に列しておりながら、豊田、大西という無類の阿呆を呼んだのは、五月の米内人事であった。海軍部内で「人事に関して、米内さんは無茶苦茶なところがあった」といわれるのも、痴呆のせいであった。

前にも述べたが、東郷外相からポツダム宣言の報告をうけた昭和天皇は、「原則として受諾のほかあるまい」、近衛をソ連へやらずに連合国と直接交渉できるのはいいではないか、とまで言われたのに、東郷はソ連の回答を待ってから態度をきめるのが良策と、いいくるめてしまって退出した。君側の奸という言葉があったが、これは君側の愚というものだ。むかし上聖明を蔽い奉る奸物を討て、と青年将校たちがいきまいた。二・二六事件の反乱部隊の占拠した赤坂山王ホテルには、「尊皇討奸」と大きく墨書した日章旗が、かかげられた。その君側の奸という観念には大きな認識の誤りがあったが、東郷のような君側の愚は、許しがたい。スイスでのダレス機関との接触や、八月四日まで十四回もくりかえされた、ザカライアス放送のことも、東郷は上奏していないようだ。ポツダム宣言に対する右のような対応からみて、もし上奏しておれば、天皇は近衛特使よりその方を優先されただろう。細川護貞ではないが、情報天皇に達せず。永久に悔いがのこることである。

駐ソ佐藤尚武大使からも、駐スイス加瀬俊一公使からも、ソ連仲介の望みなき事、ソ連参戦の可能性、そしてポツダム宣言受諾の有利が、くりかえし報告進言されているのに耳を藉さず、終戦時の悲惨を招いた愚人東郷外相の罪は伏せられて、終戦美談が成立した。この稿執筆中の平成十二年秋のニュースによれば、東郷の生地鹿児島で、彼を顕彰する記念碑が建立されつつあるという。故人の慰霊に異存はないが、何を讃えようとするのだろうか。

ポツダム宣言を知った日に、東郷外相は参内したが、鈴木はしていない。開戦の日と同じくらい、この戦争にとって、最も重大な日に、何という怠慢か！　やはり痴呆のせいなのか。それほど重大な事件とは思わなかったからだろうか。秦氏は鈴木が好機を待ったというが、その好機とは原爆とソ連襲来であった。好機というなら、バドリオ志向の鈴木にとって、ポツダム宣言こそ願ってもない好機ではなかったか。

先ず私はここでイフを持ち出したい。もし鈴木が東郷と相前後して参内し、ポツダム宣言について、昭和天皇の御意向を伺うとしたら、受諾の御意向を知らされたにちがいない。鈴木の痴呆が救い様のないものなら、東郷と同じくソ連の返事を待つよう、おすすめしたかもしれない。しかしそれがまだら痴呆で、ルーズヴェルトへの弔意に示された、正常の判断がこの場合にも示されたとしたら、聖断をいただくのはこの時と、決意したかもしれない。終戦の方策としてはこれが最上のものであった。すみやかに手を打てば、原爆もソ連襲来も無しに、和平にいたることが出来たであろう。さんざ叩きのめされたあとの十日にいたって、「天皇の国家統治の大権を変更するの要求を包含し居らざることの了解の下に受諾す」と先方に言うのなら、はじめからそう問い合わせをすればよかった。鈴木のバドリオ志向が本物だったのなら、直ちにそれをした筈だ。受諾する気持をにおわせて、相手の意向を引き出すのが、外交というものだろう。この時アメリカはソ連の参戦を防ぎたいと考えていたことを、廟堂密室が知っていなくても、何とか早く終戦にもちこみたいという気持さえあれば、それが出来た筈だ。最初の日に鈴木が参内しなかったことは、今まで誰からも問題とされていないが、呆れかえるほど重大な怠慢である。当時のモラルからいえば不忠の臣というべきものだ。だから天皇の御意向を知らず、東郷外相のソ連だのみに迎合してしまった。痴呆と阿呆の漫才が原爆とソ連襲来を招いた。

戦中に私がよくうたっていた白頭山節に、次のような詩句があった。

泣くな嘆くな必ず帰る　桐の小箱に錦着て　会いに来てくれ九段坂

み国仇なす醜《しこ》ぶねどもが　醜《しこ》めきレイテの海原は　男いのちのすてどころ

私は鈴木がポツダム宣言に接した時、ここが命の捨てどころ、と思いさだめてほしかったと思う。そのつもりでやれば、彼が命をうしなっても、終戦はできただろう。それをしなかったばかりに、原爆とソ連襲来という最悪の終戦を招いてしまうのだが、事態の展開によっては、彼も死なずに終戦にできたかもしれない。実際の終戦美談でも、クーデターやテロの動きは見られ、鈴木が殺される可能性はあった。ポツダム宣言から時をおかず行動したとしても、そのやり方によって、殺される可能性が、実際の終戦美談に比して、どちらが大きかったとも、いう事はできないだろう。

鈴木のまだら痴呆の、正常な判断機能に期待して、もう一つのイフを持ち出してみたい。日本歴史上未曾有の危機に際して、廟堂密室がそれまでの秘密主義を一擲して、国民に事実を知らせたらどうであったか。帝国議会を召集し、ポツダム宣言の内容を知らせ、現在の戦力、国力の実態を、できるだけ正確に報告し、その上で、国体護持、国土国民の保全を考えるなら、本土決戦を避けて、宣言受諾すべきであると思うがどうかと、選択をもとめたらどうであったか。

痴呆と阿呆の廟堂密室は、選択を迫られて最悪の道をえらんだ。しかし帝国議会はそれほどまで痴呆と阿呆の集団ではなかった。昭和十七年四月三十日の総選挙の結果、衆議院の構成は四百六十六名中推薦三百八十一、非推薦八十五名であった。推薦とは東條政府のつくった翼賛政治体制協議会が推薦し、臨時軍事費の中の東條の機密費から、一人五千円ないし二万円をもらい、警察や憲兵隊の支援の下に選挙運動をして当選した者である。当然翼賛会的体質はあっただろうが、内閣は二度かわり、戦局の変化した現実をみて、廟堂密室のような集団幻想は必ずしも持っていなかったと思われる。非推薦議員の中には、米内内閣の時支那事変解決を提議して、米内に排除され除名された斎藤隆夫が、最高点当選を果たして健在だった。廟堂密室の諸公とちがって、彼等は本土決戦の矢面に立たされる国民なのである。国会議員の知性と愛国心に訴えて、本土決戦回避を理解させることは、有能な政治家であれば可能だったと思われるがどうだろうか。

国を焦土と化しても徹底抗戦、死中に活を得るのだ。このまま降参しては日本が精神的にほろびてしまう、などと呼号して、テロ行為に出た軍人は居た。しかし議会人にそういう者は少なかったのではないか。鈴木が誠意を尽くして、まごころを披瀝すれば、もし彼が死んでもあとを継ぐ者が出たと私は思う。大君の辺にこそ死なめ、国をまもるためには命を捨てる国民が、当時の日本にはまだ多く生きていたのだ。

真実の力ほど強いものはない。ここで鈴木も米内も、これまで国民をだまし続けて来たことを、詫びるべきであった。無敵海軍の幻想を自ら打ち消すべきであった。この時でもなおミッドウェー海戦は勝利のままであり、敗軍の将山本五十六は連勝提督のイメージのまま、元帥として崇拝されていたのだ。大本営発表を計算した人によると、日本が撃沈した米艦の数（括弧内は実数）は空母九十七（十）、戦艦三十六（七）、巡洋艦二百十九（十）、駆逐艦護衛艦百四十九（五十七）、潜水艦三百五（十六）にのぼるという統計がある。

国民の前に戦力の喪失が明らかにされたのは、実に昭和二十年九月四日の第88臨時帝国議会に於てであった。東久邇宮稔彦首相の報告で、現存するもの戦艦四、空母六、巡洋艦十一、そのうち航行可能なもの、それぞれ〇、二、三であることが国民に知らされた。痴呆と阿呆の廟堂密室は、これでも戦うつもりであったが、鈴木が帝国議会でこれを報告していたら、それでも戦うという議員が、何人いただろうか。

鈴木の痴呆がまねいた前述の天佑天罰事件で、強硬派が唱えたのは、詔勅の中の天佑を、万世一系の天皇のお言葉として、絶対視する所から発した論理である。鈴木がポツダム宣言受諾を天皇の御意向として、あくまでつらぬけば、承詔必謹のモラルが第一義とされていた戦中に、強硬派といえども従わざるを得なかったと思われる。

だが廟堂密室にはそれだけの信念がなかった。戦後に久野収氏らが指摘したように、神国日本の万世一系の天皇に対して、承詔必謹の態度をとることは、顕教の教義として、小学校から国民を教化するものであった。為政者は天皇機関説を密教として、国民を支配していた、という二重構造があった。廟堂密室は後者を旨としており、必ずしも天皇に柔順ではなかった。首相や海相をつとめた山本権兵衛大将は大正政変のとき「たとえ御沙汰なりとも、国家のために不得策なりと信ずれば、御沙汰に随わざる方却て忠義なりと信ずる」と言っている。杉山陸相は昭和天皇がいやがる事を知りながら、夜の奏上の前に晩酌することをやめなかった。大西瀧治郎のごときは、終戦直前に「天皇の手をねじりあげても抗戦すべし」と言っている。

だが陸軍にはむかし乃木希典大将のように、恋闕の至情あふれる人がいた。一部の人から軍神とされた杉本五郎中佐の遺著「大義」の流れをくむ常岡滝雄中佐のような人も健在であった。海軍の東郷平八郎元帥については後章でふれる。戦中にまともな議会政治の無かった日本で、鈴木が議会を召集し、講和を提議したとすれば、大混乱があったかもしれない。だが鈴木はじめ廟堂密室の何人かの犠牲があったとしても、少なくとも原爆とソ連襲来を防いで、終戦にいたることは可能であった。戦中日本人のモラルから、私はそう確信する。

二・二六事件で絶命するところを、夫人の対処で奇跡的に再生した鈴木貫太郎にとって、命が惜しかったのは当然だ。あえて危険を冒して、帝国議会で真実を吐露すべしというのは、あまりに苛酷といわれるかもしれない。老いてますます死を恐れる人は多い。だが昔の武士には、斎藤別当実盛のように、七十余歳で白髪を染め、加賀篠原の合戦に出陣して討たれ、平家物語に名をとどめた者もいる。海軍が範としたイギリスの貴族には、ノーブレス・オブリージュというのがあった。高い地位に伴う道徳的義務である。元侍従長であり、海軍大将の鈴木首相は、それなりのノーブレス・オブリージュの自覚があっただろう。あえて二度目の死地に向かう決断がほしかったと私は思うのだ。

私が中学時代に読んだヘンリック・シェンキーヴィッチの「クオ・ヴァディス」の終り近くにこんな場面があった。ネロ皇帝がキリスト教徒虐殺を続けるローマを去って、カンパニアへ向かう平原をゆく使徒ペテロの眼に、金色の光を伴って来るイエス・キリストの姿が見えた。地上にひざまずいたペテロの「主よ、いずこにゆき給う（クオ・ヴァディス・ドミネ）」に応えたキリストの声「なんじが私の民を見捨てるなら、私はローマへ行って、もう一度十字架にかかろう」は、つれの少年にはきこえず、ペテロのみにきこえた。少年がペテロの「クオ・ヴァディス・ドミネ」をくりかえすと、ペテロは「ローマへ」と言った。引きかえした彼は、甘んじて磔刑をうけた。

鈴木にかくあれというのは、酷であったか？　しかし特攻隊の若者たちは、それを体験し、苦しみに堪えて死んで行ったのだ。出撃しても敵影が無く、あるいは天候のため、またはエンジン不調のため、帰還しても、二度三度と命令は出された。必死のつもりで出て行って、たまたま戻って来た時に、あたりの景色、野や花の美しさが、心に沁みたという文章が残されている。それでも彼等は出て行った。鈴木に特攻隊諸士の心を求めるのはまちがいだろうか。

かえりみれば、不条理の戦争に多くの国民が命をすてた。私と同世代の多くの人が、不条理の中でも国をまもることに意義を見出して、死んで行った。あの戦いを侵略戦争と言ってのける人たちにいいたい。人は侵略戦争のために死ねるものではない。自らを犠牲にすることによって、自らをこえる大きなもの、それは人によっていろいろだろう。国土、国民、家族あるいは国の歴史、文化、それとも国家の理想、そのいずれかのために、家をすて、知らぬ土地におもむき、そして死んだのだ。日本の戦争の実態が、自分の信じたものとちがっていても、理想の姿としての日本を信じ、理想のために死んだ人たちの鎮魂を祈りたい。戦後日本でいろいろ説かれた史観とは別の、そういう人たちの戦争があったことを訴えたい。

稿を了えるにあたって、最初の命題「米内を斬れ」にかえらねばならない。軍人として政治家としての米内の言動をとり上げ、論じて来たが、「斬れ」に値する要素は多い。その中でも最も問題になるのは、天佑発言である。もし米内が阿南の面前で、これを口にしたとしたら、その場で阿南が斬ったかもしれない。だが発言は密室の中であり、阿南が伝聞でこれを知ったという事実もない。

米内にとって米軍より憎い陸軍が大打撃を受けたことは、痴呆のためとはいえ、天佑という言葉が出るほど、うれしかったのだ。言葉には出なくても、廟堂密室での米内の一挙一動のうちに、それが出てしまっていたのだろう。痴呆がそれをおさえられなかった。理性において阿南が米内の和平指向を理解し、ある程度尊敬の念を持っていたことは、角田房子氏の前掲書も論証するところである。だが米内を痴呆とは考えない阿南は、米内の天佑を本性と感じとり、「斬れ」と口にしたのではないか。痴呆でなかったら、今の私でさえ、「斬れ」といいたいところだ。それほどの発言だったのである。

三百万の国民を殺した不条理の戦争は、もっと早くやめるべきであった。痴呆と阿呆の廟堂密室を上にいただいた国民の不幸、不運が、改めて思いかえされるのである。

第二章　帝国海軍の変容

明治の天佑と昭和の天佑

「天佑を保有シ萬世一系ノ皇祚ヲ踐メル大日本帝国天皇ハ昭《アキラカ》ニ忠誠勇武ナル汝有衆ニ示ス」

米英両国に対する宣戦の詔勅の冒頭である。日清日露日独の三戦役でも、「天皇」が「皇帝」、「忠誠」が「忠實」となっている以外、同文のままである。「天佑」は辞書には「天のたすけ」「天の加護」とある。よこしまな者に天の加護はない。それを祈りつつ至誠の道を尽くす者に勝利が与えられるのである。その信念が失われた時、戦いは敗れた。鬼畜米英などと敵をいやしむ事によって、自らをもおとしめ、悠久の大義といった空虚なスローガンを氾濫させた国民精神の頽廃が、五十年前の敗戦をまねいたのである。愚劣な戦争指導者には、天佑をいただく資格がなかった。

明治の日本はちがっていた。国運を賭した日露戦争が、日本の勝利という形で講和条約を結ぶことが出来たのは、われらの祖先の偉大な業績である。満洲における陸戦では、これ以上の進撃は無理だという所まで、勝利を続けて来たが、ロシア側は「予定の退却」と言った。シベリア鉄道が健在である以上、時をかせげば充分な戦力を整えて反撃して来る可能性があった。それを講和にいたらせたのは、第一に日本海海戦の圧倒的勝利である。開戦当初からの日本外交の努力によって、アメリカの好意ある調停をひき出す事も容易となった。日英同盟を軸とした国際情勢に加えて、革命前のロシア帝国の内部情勢が、日本に有利にはたらいた。

歴史学者はイフを嫌うというが、もし逆に日本の連合艦隊が完敗していたら、どうなっていたか。おそらくきびしい条件をのんででも、講和せざるを得なかっただろう。一橋大学教授中村政則氏は「日本海海戦で東郷平八郎の連合艦隊が負けていれば司馬も言うとおり、日本はロシアの属邦になっていただろう。対馬には大要塞が築かれ、横須賀と佐世保港には一大軍港がつくられたかもしれない。明治の司馬遼太郎はシバレンスキーと名前を変えなければならなかったかもしれないのである」（「近現代史をどう見るか――司馬史観を問う」岩波書店）と書くが、占領軍支配下の教育をうけて来た昭和十年生まれの中村氏だから、司馬戦車兵史観に同調されるのだろう。だが私はそう思わない。明治の政治家軍人たちの有能さと、日本国民のプライド、アメリカの好意とその国益、日英同盟の存在などから、「属邦」となる可能性はなかったと思う。幕末の混乱期に、ペリー以来の砲艦外交の矛先を能くきりぬけて来たわれわれの祖先は、この時も独立を全うしただろうと私は確信する。もし五分五分の戦果だったとしても、かなり不利な条件をしのんで、講和せざるを得なかった。だがそうはならなかった。空前の大勝利は世界中をおどろかせた。その残照は今もなお北欧の「トーゴービール」の名に残っている。

東郷司令長官の戦闘詳報には「天佑ト神助ニ由リ我ガ聯合艦隊ハ……日本海ニ戦ヒテ遂ニ殆ド之ヲ撃滅スルコトヲ得タリ」「前記ノ如キ奇蹟ヲ収メ得タルハ一ニ天皇陛下御稜威《ミイツ》ノ致ス所ニシテ固ヨリ人為ノ能クスベキニアラズ。特ニ我ガ軍ノ損失死傷ノ僅少ナリシハ歴代神霊ノ加護ニ由ルモノト信仰スルノ外無ク」とある。文章は秋山真之参謀の起草といわれるが、東郷の心情をそのまま示すものであろう。

東郷元帥は大正三年（一九一四）東宮御学問所総裁に任命された。この時、重責をになう思いを、

おろかなる心につくす誠をばみそなはしてよ天つちの神

と詠んだ。私がこのうたを記憶しているのは、昭和九年五月（一九三四）元帥の逝去が報ぜられた

時、母校の神戸一中で校長の池田多助先生が、朝会の訓辞で全校生に教えて下さったからである。先生はキリスト者であられたが、元帥の信仰とその謙虚な人格を説かれたのだった。母校の講堂には元帥直筆の「至誠通神」の額がかかげられていて、私の元帥へのおもいは深いものがあった。

ペリーが嘉永六年（一八五三）に来て以来の、国事に殉じた人たちに対する慰霊招魂の行事は、明治二年六月二十九日（一八六九）招魂祭として、東京九段坂上の仮設本殿と拝殿で行われた。明治五年五月十日そこに招魂社が建てられ、明治十二年六月四日太政官達によって、それが別格官幣社靖国神社となって、今日にいたっている。戦死者は身分の上下を問わず、ひとしく神として祀られて来た。生前の人間的欠陥は、死によってあらいきよめられ、神格を与えられ、参拝の対象となっている。

これとは別に日露戦争以来、軍人の鑑と仰ぐべき人格を、軍神とよぶ慣習が出来て、昭和の敗戦まで続いた。概ねそれにふさわしい人物がえらばれている。明治時代は陸軍の乃木大将、橘中佐、海軍の東郷元帥、広瀬中佐であった。広瀬中佐については後章に述べる。東郷元帥は攻勢終末点にさしかかっていた陸軍をたすけて、名誉ある講和に導いた日本海海戦の完全勝利という殊勲によって、軍神たるに最もふさわしい人物であった。

ところが戦後の風潮に乗せられて、あからさまに東郷を非難する声が出て来た。左翼史観からの批判は別として、海軍部内に戦前からあった反東郷派が力を得て、知識人もそれにとびついたのである。軍神ぎらいの志賀直哉の弟子を名乗る阿川弘之氏は、「米内光政」（新潮社）で、次のように書く。

「大体広瀬武夫を軍神に仕立て、東郷を聖将にして神社を建てたりしたのは、陸軍の肉弾三勇士などと同じく、軍の宣伝目的からであって、横須賀の古い海軍料亭『小松』の先代女将は『あんたたち、東郷さんとか広瀬さんとか、特別の人のようにむやみと奉り上げるけど、うちへ来て芸者あげてお酒を召し上る時は、みんな同じだったよ』と、よく言っていた。井上にしてみれば『小松』のおかみの言うことの方が、部内の東郷崇拝よりずっと胸におさまりやすかったであろう」

井上とは井上成美大将のことである。「おさまりやすかったであろう」は井上の胸のうちを察したようないい方だが、阿川氏自身もそう思っているのだろう。東郷のえらさがわかりそうもない料亭の女将が「みんな同じだったよ」と言ったからといって、軍神イコール普通人、それが軍神否認論の根拠だとは、阿川氏も本気で主張するわけではないだろうが、後にしるす広瀬中佐の場合と同様、水をさす程度の効果は見込んでの事だろう。しかし普通人同様に料亭でふるまったからといって、東郷が軍神失格だとは、私は考えない。阿川氏は俗耳に入りやすい下世話からはじめて、東郷批判を展開するつもりのようだ。

帝国海軍の輩出した七十七人の大将について、井上は一等大将とか二等大将とかの、ランクづけをしていた。阿川氏もそれにならって、東郷元帥は「井上の基準では一等大将に入っていなかった」「東郷平八郎と山本五十六が落第するくらいだから」基準はきびしかったと書く。井上の言葉を引用するかと思えば、井上は内心でこう思っていたなどと、御自分の見解との区別が曖昧な文章で、東郷批判が続けられてゆくのだ。

「(連合艦隊) 解散の辞の中に、『百発百中の砲一門能く百発一中の敵砲百門に対抗し得るを覚らば』という言葉が見える。これが後年、日本海軍の精神主義、『月月火水木金金』の猛訓練一途につながって行くわけで……」と書き、井上は内心「あんな馬鹿なことがあるものか、あの時から、海軍の堅持すべき合理主義がゆがめられ始めたのだ」と思っていたのだという。どこまでが阿川氏の推測か、これも曖昧な文例だ。

東郷が百発百中の砲一門で、百発一中の砲百門の敵に立ち向かって行こうと、考えていなかったことは確実だ。両者が対決して、同時に戦端を開いたとすれば、第一撃で一門の方は沈黙し、百門の方は九十九門が残ることくらい、東郷もわかっていただろう。これはあくまで別々の目標に対する備えとして、一門が敵の百門に対抗し得るという意味なのである。技をみがき命中率を百%に近づけよととるか、砲の性能をあげて、百%に近づけよととるかによって、精神主義うんぬんも違って来るだろう。

帝国海軍の悪しき精神主義は、東郷イズムのせいではない。特攻戦法のごときは、その極限であった。性能の良い機械のかわりに、人間の精神力をかり立てて、目標の敵に突っこませたのだ。東郷艦隊の旅順閉塞隊は、捕虜になる覚悟で出撃せよと司令部にいわれたが、山本艦隊の司令部は、後述のように、捕虜になった後帰還した中攻機の隊員たちに自爆を命令し、零戦のエース坂井三郎を失望させたのである。

「東郷平八郎は、晩年部内で神様扱いをされるようになった。重大案件は何事も、八十を過ぎた老元帥の意向を聞いてからという奇妙な風潮が出来上り、ロンドン軍縮条約の批准にあたって、加藤寛治や末次信正、小笠原長生らの取巻きにかつがれた東郷は、少壮強硬派の勇ましい連中と同じことしか言わなくなり、最高人事に口を出して海軍の進路を誤らせるもとを作った」と阿川氏は非難する。まるで「みんな東郷が悪いのです」といいたいかのようだ。

しかしこれは氏が「高松宮と海軍」（中央公論社）で、口を極めて讃美する海軍とは、全く正反対の姿である。「なかなか味のある、面白い、そしてものの考へ方のきはめてリベラルな集団だった。例証の一つとして、自由にものの言へる雰囲気があったといふことが挙げられるでせう。逆の言ひ方をすれば、その気風があったからこそ、英米と比肩し得る世界第一流の海軍に成長したのだと思ひます」そして「勤務上のことで上官といかに意見が違っても、打々発止侃々諤々やり合って『生意気なことを言ふから、あいつ左遷させてやる』なんてことは、原則として一切なかったですね。もしさういふ措置を取る上官がゐたら、その人の方が人事局の審査にかかって問題視される慣例があったやうです」と続けるのだ。

いったい悪しき権威主義の海軍と、リベラル海軍の、どちらが本当なのだろうか。もし後者が本当だとすれば、相手が東郷元帥であろうと、宮様総長であろうと、自ら正論と信ずる所を、堂々と述べるのが筋というものだろう。それを左遷などでおさえつける上官がいたら、その方が問題視される筈ではないか。だがリベラル海軍の部内に、東郷の存在を絶対視する権威主義がはびこっていた事は、歴史的事実のようである。だとすれば阿川氏の讃美するリベラル海軍というものは、或る限度までであって、肝腎なところでは全くのウソだったということだ。下士官兵の世界にいたっては、それどころでなかったことについて、後章で論じることにする。

戦争は権威主義をのさばらせた。その一つの象徴が大西瀧治郎中将である。彼は異論をとなえる部下を殴ったり、左遷して自説を通し、無用の犠牲をまねいた。彼が山本五十六や源田実らと組んで、部内を制圧した戦闘機無用論が、ミッドウェー海戦以後、最後まで制空権を奪われる原因となった。これらは生出寿氏の「特攻長官大西瀧治郎」(徳間書店)にくわしい。

戦前日本人の平均寿命は五十年に満たなかった。それまでに動脈硬化や高血圧、そして脳出血を起こす人も多かった。平均寿命が七十台にのびた現在でも、八十歳をこえれば、それらの疾患から老人性痴呆の出る率は増加する。今から七十年前のロンドン軍縮会議の時、東郷は八十三歳であった。人格の崩壊するアルツハイマー型でなく、脳血管性痴呆の始まっていた可能性は、充分に考えられることである。思考の柔軟性を欠くこともあっただろう。老いの一徹といわれるものだ。歯止めがきかなくなるのも老人の特徴である。だがそれは決して彼の不名誉にはならない。老境に痴呆が出たとしても、その功績は、トラファルガルでナポレオンの仏西連合艦隊を打ち破ったネルソン提督とともに、燦然として万世に輝くものである。

東郷の老人性痴呆が悪いのではない。悪いのはそれにつけこんで、東郷に軍縮条約反対を煽り立て、その名声と権威を利用して、反対論者をねじふせようとした、虎の威を借る狐どもと、それに屈して権威主義をのさばらせた、リベラルとやらの海軍軍人の意気地無さである。

東郷批判の急先鋒のように阿川氏が扱う井上成美にしてからが、心の奥では彼を敬慕していたふしがみられる。阿川氏の「井上成美」(新潮社)に、「珊瑚海々戦概要」に記した井上の文章からの引用がある。空母祥鳳が被害をうけ、沈没してゆく報告の電文が、次々に作戦室に入った時、井上はアームチェアで「煙草ヲ吹カシ何気ナシヲヨソホハントスルモ凡人ノ悲シサ」「煙草ハ少シモウマクナシ。酒保ノ菓子ガオイテアッタガ一ツ、ツマンデ見テモ咽喉ヲ通ラズ」こういう時「東郷大将ハ如何ナサレシヤ」を想像したというのだ。

私事にわたって恐縮だが、戦後私が医師になって間のないころ、これに似た体験をした。生涯の恩師と仰ぐ篠崎芳郎先生は、高校大学の先輩で、二十歳の年長だった。左翼史家の羽仁五郎氏の実兄であられたが、思想的立場は異にしておられた。深い学識経験がヒューマニズムにつらぬかれ、今でも私のめざす臨床医である。厳しいお叱りもあったが、惜しみなく与えてやまぬ教育的情熱が、あたたかく感じられた。一年有半の交流のあと、遠くはなれてしまった私は、独立してすべてにあたらねばならなかった。薬も経験も乏しいころのこと、しばしば難問に逢着した。どうしたらいいか、考えがまとまらず、途方にくれた時、ふと篠崎先生だったら、こういう場合にどう考えられるだろうか、どう判断し、どう処置されるだろうか、という問いかけが脳裏にひらめいた。すると落着いて考えることができて、解決にいたった。それからは難局のたびに、篠崎先生だったらをくりかえし、きりぬけて来たのだった。たまたま井上成美の告白を知って、むかしの記憶がよみがえり、いいしれぬ感慨と共感をおぼえたのである。井上は心の中で東郷を慕っていたと思われるのだ。

大正十一年（一九二二）ワシントン海軍軍縮条約が調印された時、日本代表は東郷艦隊の旗艦三笠の保有を、制限外として認めてほしいと提議した。英米の委員は即座に快諾して、条約の一項として保全が認められた。ポーツマス軍港につながれたネルソン提督の旗艦ヴィクトリー号のように、三笠は横須賀で栄光の日の姿を、いつまでも国民の前に見せてくれる筈であった。

それを不可能にしたのは、戦後の日本人である。伊藤正徳「大海軍を想う」（文藝春秋）によれば、はじめアメリカ占領軍は、横須賀市に三笠を保管させることにした。市は湘南振興株式会社にそれを委託した。この時原形保全が契約の一項に明記されていたという。昭和二十七年四月二十八日の講和発効によって三笠は国有財産となり、大蔵省の管轄となったが、保存管理については、市と湘南振興との契約のままとされた。どういうわけか、大蔵省は両者に対して何の監督もせずに放置した。そのためあっという間に、三笠中央部の煙突、そして砲塔、大砲など、単なる鉄材として利用し得るものすべてが剥がされ、売却されて、三笠は裸にされてしまった。煙突のあとは映画館とダンスホールになった。東郷の部屋はカフェー・トーゴーにされた。十二インチ砲の炸裂で六十余名の死傷者が出た士官室も、ダンスホールにかわった。

「この有様を見て悲しみの眼を掩ったのは日本人ではなくて、イギリス人であった」と伊藤は書く。貿易商ジョーン・ルービン氏は三笠がイギリスの造船所で建造中に、日本の回航員と親しくなっていたので、戦後商用で来日した時、京都や奈良よりも、先ず横須賀に三笠をたずねた。昭和三十年秋のことで、彼は七十五歳になっていた。期待していた三笠の英姿はそこに無かった。「何ぞ図らん。見たものは船体汚れ檣檣破れたる三笠であり、語ろうとすれば粉黛艶めかしい商女のほかには人影もない」と伊藤は書いている。

ルービン氏はさっそく日本タイムス紙に寄稿して「日本人は三笠の現状を知っているのだろうか。恐らく知らないのであろう。知っていれば、あの国辱的荒廃を放っておけるはずはないと思うからだ。一九〇〇年（明治三十三）三笠の回航員であった人々の中で存命中の方があれば至急連絡を願う。私はこれについて語らねばならない」と訴えた。幸い二、三の存命者が現われて、三笠保全の約束をした。彼はそれを喜び、なにがしかの寄付をして、故国へ去った。三笠の保全運動は、その後伊藤の尽力もあって軌道に乗り、横須賀基地司令官スウ少将までも協力を申し出てくれた。

太平洋艦隊司令長官だったニミッツ元帥は、若いころから東郷元帥を尊敬していた。明治三十八年夏、少尉候補生としてオハイオに乗組み、東京湾に碇泊していた時、日本陸海軍将星たちの凱旋園遊会に、五名の同僚と共に出席した。東郷が近くを歩くのを見た彼は、仲間を代表して、自分たちのテーブルに来ていただきたいと頼んでみた。東郷は快諾して十分ほど付き合ってくれた。英国にいたので、英語は上手だったと、ニミッツは手記「太平洋海戦史」（恒文社）に書いている。

昭和九年夏ニミッツはアジア艦隊司令長官アップハム提督の旗艦オーガスタの艦長として再び東京湾に入り、六月五日東郷元帥の国葬に参列した。翌日の東郷邸における仏式の葬儀にも、アップハム長官、参謀長、副官らと共に参列している。次に来日した時は昭和二十年九月二日ミズーリ艦上で、マッカーサー連合国最高司令官の次に、合衆国代表として降伏文書に署名した。前記の三笠保存運動を知った彼は、さっそく二万円を寄付した。昭和三十四年には手記の日本語訳が出版された。この時彼は出版元に書簡をおくり、空襲で被災した東郷神社の再建奉賛会に対して、印税をアメリカ海軍の名で寄贈してほしいと伝えている。英雄のみが英雄を知る。戦後の風潮に流されて、東郷元帥を攻撃する一部の旧海軍軍人、史家、作家、評論家たちには、ニミッツ元帥の爪の垢でも煎じて飲ませてやりたい。

戦勝の結果に天佑をみるのは信仰である。昭和の戦争にその様な勝利は無かった。みじめな敗戦の連続で終焉を迎えた。しかるにその時天佑があったという。昭和の天佑は神が不在の天佑か。発言者は海軍大臣米内光政大将であった。前の章に記したように昭和二十年八月十二日彼は高木惣吉少将に、「言葉は不適当と思うが、原爆やソ連の参戦はある意味で天佑だ」と言った。如何なる意味であれ、天佑とは売国奴の言葉である。彼が売国奴でないとすれば、老人性痴呆であるとは、前にのべた結論であった。

しかしこの発言の異常性に目をつぶり、阿川弘之氏は「米内光政」（新潮社）で解説の労をとり、生出寿氏は「米内光政」（徳間書店）で米内のいいわけがましい弁解を紹介する。鳥巣建之助氏は「太平洋戦争終戦の研究」（文藝春秋）で米内の「所信」として紹介し、「まさに天佑神助ともいうべき終戦によって日本は救われたのである」と全文を結ぶ。だが原爆とソ連襲来は、あくまで廟堂密室の無能と錯誤がまねいた人災である。五十年後の今日、原爆後遺症にくるしむ人は絶えず、米内存命時に奪われた北方領土はかえって来ない。これをしも天佑というのか。

売国奴の発言を是認し、何の異議をも唱えない人士は売国奴だと私は思うのだが、御三人とも自ら売国奴を以て自認されるわけではあるまい。それならそれで、この米内発言が売国奴のものでないことを、はっきり申し開きしていただきたいものだ。亡国政治家で愚将の米内光政を一等大将とたたえ、昭和の最高の海軍大将と書く人たちだから、少々の瑕瑾には触れたくない気持かもしれないが、日本人として、ことにその当時戦争していた一国民として、許し難いものをおぼえる。

これに匹敵する戦後の発言は、昭和五十四年「文藝春秋」七月号のロンドン大学教授森嶋通夫氏の論文であろう。「私自身はソ連が日本に攻めてくることはまずないと信じている」しかし「不幸にして最悪の事態が起れば、白旗と赤旗をもって平静にソ連軍を迎えるより他ない。……若い人にそう教えることは戦中派の務である」と書いている。米内発言と同じく、日本人もここまで卑屈になれるものかという例だ。

この論文が発表されたころ、岡崎久彦氏は防衛庁で情報を統括するポストにあった。氏は「毎日のように入るソ連軍増強の情報とその分析に追いまくられていた。北海道防衛も覚束なかった。当時の永野陸幕長はソ連が侵攻した場合、『勝つことは出来ないが、敗けない戦争をする』と言っていた。海空は制圧されてしまうという想定の下で、硫黄島のように地下壕に立て籠っての抗戦を考えていたのである」と書く（「日本とアメリカ」廣済堂）。こういう人たちの努力を背後からおびやかす森嶋氏の無抵抗平和主義は、昭和五十一年の文化勲章受章とは無関係であったのだろうか。

昭和海軍に天佑が与えられなかったわけは、東郷艦隊の勝利をうらがえしにしたような、ミッドウェー海戦の惨敗が明らかにしている。日本はアメリカの物量に敗れたという、きまり文句はここでは通用しない。山本五十六大将ひきいる連合艦隊は、敵の倍以上の戦力で出撃し、無為無策のために完敗したのである。暗号解読による情報つつぬけを第一の敗因とするのは、いいのがれに過ぎない。解読されなくても、機密保持が全くおろそかにされていた士気のたるみが問題だ。よくいわれるが、呉軍港では床屋の主人までが「次はミッドウェーだそうですね」とうわさ話をしていた。トップの山本司令長官自身が、芸者梅龍こと河合千代子に五月二十九日早朝出撃すると書いたレターを出しているほどだ。人事を尽くして天命をまつというが、いかに完璧な努力をしたつもりでも、戦運というものがあり、そこに神慮がみられる。乾坤一擲の戦場に向うにあたって、天佑神助をいのりつつ、心をきよめ、気をひきしめ、最善の努力を誓うべき時に、長たる者がこれでは結果が思いやられるというものではないか。天佑はのぞむべくもなかった。

大本営海軍部参謀をつとめた奥宮正武元中佐は、ミッドウェー敗戦の主因を二つとし、「その一は連合艦隊司令部や機動部隊司令部の作戦関係者たちの機動部隊の実力に対する過信」であり、「他の一つは、わが方に運がなかったことにあった」としている（『真実の太平洋戦争』PHP文庫）。一読して私はあいた口がふさがらなかった。こういう恥しらずが高級軍人であったのだから、日本海軍が敗けるのも無理はない。天佑が与えられる筈もなく、夫子自身天佑など信じもせず、祈ることもなかっただろう。

ミッドウェー海戦は運がなくて敗れたのではない。攻撃機の大部分が飛び立つ前に、闘わずして全滅させられているのだ。山本司令部最大の過失は、大和の群をぬく通信能力で敵機動部隊の出動を知りながら、電波の発信で大和の位置を知られるのをおそれ、南雲機動部隊に伝達しなかった怯懦である。陸軍軍人なら誰でも「為さざる勿れ」を念頭においている事を知らなかったのか。南雲司令部最大の過失は、敵機の攻撃を受ける前に、即時攻撃隊を発進させよという、山口多聞少将の意見具申をにぎりつぶしたことである。これが最後の勝機であった。「運がなかった」のではない。運をつかむ能力に欠けていて、自ら運を手放したのだ。

奥宮氏ら旧軍人たちと反対に、日本側に勝運があったと主張する説がある。もともとミッドウェー海戦は、占領後の補給難から反対が多かったが、それによって米空母をおびき出し、撃滅するのが山本司令長官の目的であった。せっかく出撃しても、敵が出て来てくれなければ困る。しかし来ることは来るだろうと期待した。奥宮氏自身が「心ある作戦関係者たちが最も恐れていたことは、米空母が出撃することではなくて、それが出現しないことであった。そこで、わが方の行動が洩れたとしても、それによって米空母部隊が出撃してくれるならば、望むところである、との空気が支配的であった」と書いている（前掲書）。ところが望みどおり米空母部隊が出て来てくれたのだ。ただおごりたかぶった司令部の予想よりやや早かっただけだ。小室直樹氏は、これこそが「神の恵みではなかったか。この時運命はまだ日本の頭上にあって、太平洋を行く連合艦隊を太陽のごとく照らしていたのであった」と書く（『大東亜戦争ここに甦る』クレスト社）。これは事実そのものであった。奥宮氏の説は、勝運を自ら手放したことを、運がなかったことにすりかえているのだ。

運命の神は坐してそれを待つ者に微笑みをみせてはくれない。東郷艦隊はなすべきことをつくしていた。血の出るような射撃訓練で命中精度をあげた後、水ももらさぬ索敵の陣をしいた。即ち済州島から佐世保までを一辺として南方に正方形を描き、それを碁盤の目のように区画して数十区とし、七十余隻の艦船にパトロールを分担させた。一八八五年（明治二十八年）マルコーニの発明した無線電信を採用していたのが敵発見の通報に役立った。

ミッドウェーで米艦隊は空母機を用いて五段の索敵をして日本艦隊を先に発見している。その上ミッドウェー島の飛行艇二十数機が索敵に協力した。日本側は珊瑚海海戦の教訓を生かして、索敵を充実させよという山口多聞少将の意見をしりぞけ、巡洋艦の水上偵察機七機を用いた一段索敵しかしなかった。しかも原因不明の出発おくれや、雲上飛行の不手際から、当然発見すべき敵艦隊を捕捉できず、報告におくれをとった。敵側にレーダーがあったのに対し、日本機動部隊の出撃二日前に完成されたレーダーは、赤城や飛龍に設置されず、戦艦伊勢と日向におかれた。しかも両者は戦闘部隊である南雲艦隊の後方三百浬を、役立たずの主力部隊の名の下に、大和と共に進撃し、何もせずに帰還したのだった。これでも旧軍人は「運がなかった」から敗れたというのか。なすべき事をつくした東郷艦隊は勝つべくして勝ち、山本艦隊は敗れるべくして敗れたのではないか。

太平洋艦隊司令長官ニミッツ元帥は「奇襲を試みようとして、日本軍自身が奇襲を受けた。その上日本軍は重大な過失を犯し、米軍指揮官は大した誤りもなく、日本の過誤を巧みに利用した」と淡々と批評する（『ニミッツの太平洋海戦史』恒文社）。プランゲは「アメリカ海軍がフレッチャーおよびスプルーアンスという、敵をその全力で最初に攻撃する強い意志と気力を持った二人の指揮官を、ミッドウェーで有していたことは、幸運とニミッツの適切な判断の賜によるものであった」と書いた（『ミッドウェーの奇蹟』原書房）。そしてスプルーアンス司令官は「われわれは運がよかった」と簡単に述べている（同上書）。敗軍の将が不運をいいわけにするのは見苦しいが、勝者が幸運だったという謙虚さは、敗者として無念であるが認めざるを得ない。

ミッドウェー海戦によって日米両軍の戦勢が逆転し、日本軍はそれ以後守勢をつづけたまま、敗戦にいたるのは歴史の事実の示すところである。敵将ニミッツも前書で「この海戦は、太平洋戦争における転換点を示すものである。それは、これまでの日本が意のごとく攻勢をとることができた優勢という利益を、日本から取り上げてしまった。……日本はこの海戦の結果を、元どおりにすることはできなかった」と書いている。もともと勝利の確信があってはじめた戦争ではない。この時点で、戦争指導者は敗戦必至という判断を下すべきであった。下司の後知恵で歴史を裁くのは不遜のそしりを免れない。だが人間の判断行動について、その時点で、その情況の下で、正しかったか否か、他に選択肢はなかったのかを検討するのでなければ、過ちはくりかえされ、未来を誤ることがあるだろう。

日本の大本営はミッドウェーで空母四隻全部を失い、敵空母三隻中一隻を撃沈したのを、敵空母二隻撃沈、当方一隻喪失と、まるで勝ちいくさの様な報道をした。つじつまを合わせるため、虚偽の報道はこれからとめどなく続けられてゆくのである。戦争指導者がかかげた「絶対不敗の態勢」という標語は、彼等自身の不安のあらわれであった。山本五十六司令長官も大本営発表のウソがまかり通っていることを知っておりながら、そのうち戦果をあげて辻褄をあわせればよいと思って沈黙したのだろうか。私はそうではないと思う。敗戦の無念をかみしめながら、ウソの汚名を回復する機会もあきらめて、死んでゆかねばならなかったことについては、後章で触れてみたい。

軍歌「勇敢なる水兵」から渡辺清「海の城」へ

煙も見えず雲もなく　風も起らず波立たず

鏡のごとき黄海は　曇り初めたり時の間に

これは明治から大正前期まで、小学校の唱歌に採用されていた軍歌「勇敢なる水兵」（作詞佐佐木信綱　作曲奥好義）の第一節である。日清戦争中の明治二十七年九月十七日（一八九四）黄海海戦中の一情景をうたったものだった。旗艦松島の艦上で、重傷を負った三等水兵三浦虎次郎が、かたわらを通りすぎようとした副長の向山少佐に、声をかけてたずねた。「まだ沈まずや定遠は」（第五節）。

六　副長の眼はうるおえり　されども声は勇しく
　心安かれ定遠は　戦い難くなりはてぬ
七　聞きえし彼は嬉しげに　最後の微笑《えみ》をもらしつつ
　いかで仇を討ちてよと　いふ程もなく息絶えぬ
八　まだ沈まずや定遠は　その言の葉は短きも
　皇国《みくに》を守る国民《くにたみ》の　胸にぞ長く記されん

と第八節で終わる。

海戦直後松島が佐世保にドック入りした時、向山少佐が親しい本屋の主人にこの話をした。感激した主人は、たまたま新聞の通信員を嘱託されていたので、早速送信した。その記事に感動した若き日の佐佐木信綱が、一夜で作詞したという。

清国海軍の定遠と鎮遠は、ドイツ製の強大な戦艦で、七千四百トン、三十センチ砲四門を、十四インチ装甲の砲塔内におさめ、舷側を十二インチ半の装甲でかため、不沈戦艦といわれた。後の日本海軍の大和、武蔵のような威圧的存在で、明治二十四年に二隻が呉、神戸、長崎を訪れた時、朝野を震撼させた。上陸した水兵の狼籍にも、手が出せなかった。小学生の間に流行した遊びに、両大将の名を定遠、鎮遠として、それを捕えるものがあったという。

対する日本には、一等海防艦という名の四千トン級主力艦三隻があり、三十二センチ砲一門ずつを持っていたが、砲塔は無くむき出しの上に、大きすぎて操作困難ということが問題になった。そこで口径は小でも速射砲の多い、高速の一等巡洋艦をそろえて、日清戦争にのぞんだ。無鋼装快速艦とまでいわれたものもあったが、発射速度が物をいって、黄海海戦は勝つことが出来た。

欧米の予想では、七分三分で清国艦隊が優勢とされていた。例外的にアメリカのペルナップ提督のみが、日本海軍の訓練を視察した結果から、日本有利としていた。死に際の水兵が最後まで気にしていた定遠とは、こういう存在であったのだ。

同じような挿話が他にもあった。松島艦上で連合艦隊司令長官伊東祐亨《すけゆき》中将が、負傷者を見舞っていた時、瀕死の水兵がその足にすがり、「長官御無事でしたか」と言った。伊東が彼の肩に手をかけて「祐亨はこの通り無事だから安心せよ」と答えると、水兵は「長官が御無事なら戦さは勝ちです。萬歳」と言って息絶えた。

こういう話が語りつがれたことは、この時代に、身分の上下をこえた交情があり、帝国海軍の中で、軍人同士という一体感のあったことを示すものである。一歩退いて、これを美談とし、かくあれかしという手本にしたとしても、上下心を一にして敵に当たるべき帝国海軍では、当然のことというべきであろう。

大正七年から国定教科書の国語読本に収録された「水兵の母」も、日清戦争のことを扱っていた。

「軍艦高千穂の一水兵が、女手の手紙を読みながら泣いてゐた。ふと通りかかった某大尉が之を見て、余りにめめしいふるまひと思って、『こら、どうした。命が惜しくなったか、妻子がこひしくなったか。軍人となって、いくさに出たのを男子の面目とも思はず、其の有様は何事だ。兵士の恥は艦の恥、艦の恥は帝国の恥だぞ』と言葉鋭くしかった」

「それは余りな御言葉です。私には妻も子も有りません。私も日本男子です。何で命を惜しみませう。どうぞ之を御覧下さい」

手紙には村のかたがたが気をつかって、朝夕やさしくして下さるのに、「そなたは豊島沖の海戦にも出ず、又八月十日の威海衛攻撃とやらにも、かく別の働なかりきとのこと。母は如何にも残念に思ひ候。何の為にいくさには御出なされ候ぞ。命を捨てて君の御恩に報ゆる為には候はずや」と叱責していた。

「大尉は之を読んで、思はず涙を落し、水兵の手を握って、『わたしが悪かった。おかあさんの精神は感心の外はない。お前の残念がるのももっともだ。しかし今の戦争は昔と違って、一人で進んで功を立てるやうなことは出来ない。将校も兵士も皆一つになって働かねばならない。総べて上官の命令を守って、自分の職務に精を出すのが第一だ。豊島沖の海戦に出なかったことは、艦中一同残念に思ってゐる。しかしこれも仕方がない。其のうちには花々しい戦争もあるだろう。其の時にはお互に目ざましい働をして、我が高千穂艦の名をあげよう。此のわけをよくおかあさんに言ってあげて、安心なさるやうにするがよい。』と言聞かせた。水兵は頭を下げて聞いてゐたが、やがて手をあげて敬礼して、にっこりと笑って立去った」で終わる。

この教材は明治三十七年（一九〇四）第一回の国定教科書、高等小学校一年の国語読本に、「感心な母」の題名で収録され、次期から尋常小学校高学年に、「水兵の母」として終戦まで用いられた。第一期教科書用図書調査委員会の海軍側代表委員小笠原長生中将が、とり上げたものである。彼は、「東郷平八郎伝」などで著名な文筆家で、戦後子爵となるが、高千穂に乗艦中にこの水兵に出会ったことを、明治二十九年ドキュメント「戦戦目録」に書いていた。それには実名が無く、鹿児島の寒村の漁民で母子家庭、老女と一人息子となっていた。そんな母親が、お国のためにはよろこんで、息子をささげるという、軍国美談の一典型であった。

中内敏夫氏の「軍国美談と教科書」（岩波新書）によると、昭和四年（一九二九）に肥後日日新聞が母子をさがしあて、鹿児島県揖宿郡指宿村の有村おとげさと、次男の善太郎とわかった。右のエピソードは実話であったが、水兵はその後病のため、黄海海戦の前に退艦して、手柄をたてることが出来ないまま帰郷し、三年後に病死していた。それでもこの物語は、ながく伝承されたのだった。

私にとって「水兵の母」は、小学校に入る前から、親しいものであった。近くに八雲高等小学校という女子校があって、その学芸会に、母が幼稚園児の私をつれて行ったことがある。高小の女子生徒は、私から見れば大人の感じであった。「荒城の月」のうたに合わせた舞踊と、「水兵の母」という学校劇とを記憶している。劇では舞台中央にテーブルと椅子があって、水兵が一人、巻紙の手紙を読んでいた。上官がやって来て、言葉のやりとりがあった。それ以上のことは覚えていない。ストーリーは多分理解できなかっただろう。しかし何か非常に印象づけられるものがあったらしく、後に小学五年の国語読本巻九でこの話に出会った時、挿絵が舞台の記憶そのままだと感じたのだった。あの劇はこういう話だったのかと、はじめて理解することが出来た。

しかしその内容にはなじめなかった。先ず「女手の手紙」の意味が、ついにわからなかった。教師の説明はあった筈だが、誰が書いても同じ文字が、男と女で異なることが、理解できなかった。それにもまして母親の繰り言は、理不尽な無理難題と思われた。読んで泣く方がおかしいとも思った。上官の諭しは当然至極で、それ以外のことに、あまり意味は無いように感じたが、編纂者の意図には、ある程度副《そ》った理解であったと思われる。

四年生の国語読本巻八に「広瀬中佐」が出て来た。三節からなる韻文で、唱歌の時間にも教わった。大正元年（一九一二）文部省唱歌として、尋常小学校四年の教科に採録されたものである。作者名は公表されなかったが、金田一春彦氏の「日本の唱歌」（講談社文庫）によると、作詞は巌谷小波、作曲は岡野貞一のようである。半音をたくみに用いた、ゆたかなメロディーが歌詞にぴったりしていて、今も私の愛唱歌である。

日露戦争でロシア艦隊のいる旅順港を封鎖するため、港口に船を沈める決死隊として、旅順港閉塞隊が編成された。明治三十七年二月二十四日（一九〇四）、三月二十七日、五月三日の三回決行された。しかし犠牲のわりに効果が無く、作戦は打切られた。第二回に出撃した四隻のうち、福井丸の指揮官だった広瀬武夫少佐（のちに中佐）は、爆破の準備をしてボートで退去する際、部下の杉野孫七兵曹（のちに兵曹長）がいないのに気付き、彼の名を連呼して船内をさがしたが見付からず、ボートに乗り移って間もなく、砲火のため血潮と肉片を残して姿を消した。

とどろく砲音《つつおと》飛来る弾丸　荒波洗ふデッキの上に
やみをつらぬく中佐の叫　杉野はいづこ　杉野は居ずや

船内くまなくたづぬる三度《みたび》　呼べど答へずさがせど見えず
船は次第に波間に沈み　敵弾いよいよあたりにしげし
今はとボートにうつれる中佐　飛来る弾丸《たま》に忽ちうせて
旅順港外うらみぞ深き　軍神広瀬と其の名残れど

これを学校で教わったころ、活動写真の「広瀬中佐」を見た。南光明主演の日活映画である。船内の廊下を中佐が走りまわるシーンで「杉野兵曹はおらんかあ　杉野はおらんかあ」と絶叫する弁士の声とともに、カツカツと靴音がきこえていたような気がする。無声映画で小さな楽隊の伴奏はあったが、効果音があったわけではない。おそらく見ていてそれだけの迫力を感じたということだろう。部下を思う上官の心情は、この映画からも、教師からも教えられ、感動したものだった。三度もさがしたりしなければ、死なずにすんだものを、とその時は思ったりしたが、時間のずれのわずかな偶然が、どういう結果をもたらすか知れないということは、後の戦争で、いやという程知らされたのだった。

昭和四十五年（一九七〇）芦田伸介の劇団が最初の公演に、広瀬中佐の物語を「日本の騎士」と題して、東京日生劇場で上演した。「別冊文藝春秋」（昭和四十五年十二月）に発表した阿川弘之氏の「荒城の月――広瀬武夫私記」には、柴田錬三郎の強引なすすめで、氏がそれに関与することになった顛末とともに、広瀬中佐の略伝が書かれており、近著の「日本海軍に捧ぐ」（ＰＨＰ文庫）にも収録されている。それによれば、阿川氏の原案をもとに、遠藤周作が脚本を書き、芦田が広瀬中佐を演じたという。「音楽は演出の比呂志氏の弟、芥川也寸志氏が担当した。幕があく前に、東京少年少女合唱団の『轟く砲音』の歌声が聞えて来た。しかし、ほんとうのことを言うと、私はこの小学唱歌『轟く砲音』はあまり好きでない」と阿川氏は書く。

劇のはじまりは、観客も固唾をのんで見まもる時である。この文章を読んでいて、「とどろくつおと」のコーラスが、少年少女の声で流れる情景をおもいうかべただけで、私には、胸のあつくなるおもいがしたのだった。ところがそのあとの氏のコメントは、それに水をさしてくれた。こんな所で自分の好悪をさらけ出して、読者の気持をさかなでする必要が、あるのだろうか。阿川氏にとっては、好きでもない曲が流れて、不愉快だったかもしれない。しかし世の中には、軍神広瀬とこの歌をむすびつけるファンは、数多くいたのである。劇場まで足をはこんだ人たちには、そういう人が多かっただろう。

芥川両氏が幕あけにこの曲を導入したのは、それが観客の情感に訴える効果を、期待したからだろうし、それは成功だったと思われる。その成功自体が、阿川氏には不満であったとしても、この蛇足のコメントは、両氏に対していささか礼を失するものではなかったか。もしこの演出が気に入らないのなら、率直にそう書けばよかった。反対の意見は出さずに、自分の好ききらいの感情を表明して、読者にマイナスのイメージを与えるのは、陰湿というべきだ。

阿川氏にとってはじめての劇作を、気がすすまないまま引き受けたいきさつについては、詳述されている。遠藤周作が芥川比呂志氏の演出ならという条件で、台本を引き受けたという。それなら幕明けのシーンの記述には、もう少し芥川氏に対して好意的であっても良かったのではないだろうか。それとも五十がらみの流行作家の傲慢は、芥川両氏のことを、その程度のあつかいで良いと、思わせたのだろうか。

彼の傲岸は八十近くになると、度を越して来るようだ。平成九年七月号の「文藝春秋」巻頭随筆をみて、私はおどろいた。古橋広之進氏が昭和二十四年ロサンゼルスの全米水泳選手権大会で、自由形三種目すべてに、世界記録で優勝したとき、阿川氏は「日本も捨てたものでない」と思ったというのだ。これは近著の「葭の髄から」（文藝春秋）にもそのまま収録されているから、訂正する気は無いらしい。「捨てたものでない」とは、広辞苑によれば「まだ役に立つ、まだ使い道がある。かなりの取柄がある」の意となっている。氏の言辞は、祖国をあがめ、深い思い入れをもつ者の言葉ではない。

阿川氏は広瀬中佐の歌を「あまり好きでない」と書いたが、好きでなかったとは、書かなかった。そこで少年時代にはこの歌をうたっていたのではないかという疑問が持たれる。同じところで「私の少年時代、父は赤い罫紙にしたためた従軍日誌を読みながら、よく日露戦争の話をしてくれた」とある。こういう父君が、阿川氏のような軍神ぎらいであったとは、考え難いことである。私と同じ大正九年生まれの氏は、私と同じころに、この歌をうたっていたのではないだろうか。そのころから「あまり好きで」なかったとしたら、氏の少年時代は、少し変わった小学生だったということになるだろう。金田一氏の前掲書にも、「曲は勇壮で、ことに楽譜の第三行は悲壮感をたたえ、少年の間で好んで愛唱された」とあるからだ。

満洲事変の勃発は私が小学五年の秋で、軍歌が流行し、小学校の音楽会にも「日本陸軍の歌」を六年生がうたった。翌年の第一次上海事変では、爆弾三勇士の歌が学校の内外でよくうたわれた。ラジオでもそうだった。阿川氏の周囲でも、さかんだったと思われる。それでも氏は軍歌を歌わなかったのだろうか。それともうたいすぎて、きらいになったのか。

「とどろくつつおと」は軍歌としても、立派に通用していた。阿川氏はいつから、あまり好きでなくなったのだろうか。中学時代には支那事変がはじまって、軍歌はますます流行していた。旧制高校に入ってからか、大学でか、予備士官になってからなのか。私の想像では、志賀直哉の感化が一番大きい力を及ぼしたのではないかと思われる。

学習院長をつとめた乃木大将は、明治天皇御大葬の日に殉死した。その翌日、学習院出身の志賀は日記に乃木のことを「馬鹿な奴だ」と書いた。これは後章「乃木大将か山本元帥か」でとりあげる。彼は敗戦直後の日本で、これからは国語をフランス語にかえたら良い、といってのけた男である。その志賀に弟子入りしたことを常に誇りとし、崇拝していて、その名を出すときはオマージュを惜しまぬ阿川氏が、軍神ぎらいになるのは当然だったと、私は思う。他人様の好みをあげつらいたくはないが、本当はどうであったのか。司馬遼太郎流にいえば、たしかめて見たい気がしないでもない。

「広瀬は軍神に仕立てられ銅像になったけれども、傾く艦内、焔をおかして部下を助けに行ったまま自分も還って来なかったというような事例は、今次大戦中私の身近なところにたくさん存在していた」「むしろ銅像や軍人の肖像画を俗中の俗なるものとしてきらっていた山本五十六提督や、『如何に偉功を樹てた武人といえども、これを神格化するなどは以ての外のこと』と言った井上成美提督の方が、私にはずっと興味がある」と阿川氏は書く。

私はこの「軍神に仕立てられ銅像になった」という侮辱的な言辞に、腹の底から憤りをおぼえる。広辞苑によれば「仕立てる」とは「故意に作り上げる」の意で、用例としては「犯人に仕立てる」が出ている。阿川氏の言は、軍神として適切でないものを軍神にしたとも、軍神そのものがあるべきでないのに、軍神広瀬というものを作ったとも解し得る。阿川氏の真意は後者のように思われるが、いずれにせよ、広瀬中佐を軍神にすることは反対ということだ。

何かというと「神がかり」という語を持ち出して、神国思想や国体論などを攻撃する阿川氏のことだから、別段不思議とは思わないが、軍神広瀬に異をとなえるのならば、「軍神に仕立てられ銅像になったけれども」と揶揄するのではなく、どうして正面から堂堂と反対論を展開しないのか。古来日本人は尊敬する人物を神格化する習慣があった。神話時代から現代まで、それは続いているのである。氏は井上成美の言を借りて、それに反対の意思表示をしたつもりかもしれないが、陰湿で卑怯な態度だ。

傾く艦内で部下を助けに行ったまま、還って来なかった事例が「たくさん」あったというのが、広瀬軍神に対する反対の一つの根拠のようであるが、たくさんあったのが事実なら、何故それをたくさん書かないのか。書いた上で反対すべきではないか。だがむしろ私はそういう人たちの一人一人をも、軍神とすべきであったと思う。そういう意味で軍神を肯定するのだ。

現に「偉功を樹てた武人」でなくても、戦死した多くの同胞が、靖国神社に奉祀されている。その中には私の肉親も友人もいるのだ。軍神という名をつけられた人も、そうでない人も、神として祀られている。阿川氏はそういう神格化にも反対するのか。靖国参拝にも反対なのか。それならそうと、はっきり言って、お得意の神がかり論を闡明していただきたい。土俗的な信仰をも含めて、神とか仏とか、心の中の聖域にふれる発言には、慎重さが必要だと思う。聖域に土足でふみこむような非礼はつつしんでいただきたい。それは発言者の品性を疑わせることだ。

阿川氏は広瀬中佐よりも、銅像などを「俗中の俗なるものとしてきらっていた」山本五十六に

「ずっと興味がある」といわれるが、俗中の俗なる愚将山本五十六を、銅像以上の偶像に仕立て上げたのは、夫子自身ではなかったか。若き日の山本には、海戦で負傷した戦歴があった。しかし軍人官僚としては、日独伊三国同盟に反対したことが唯一の功績で、軍人としては落第だった。いかに女好きの博奕打ちであろうと、戦功があれば、英雄色を好むと黙過して、敬意を表するにやぶさかではない。しかし後章で論ずるように、彼は徹底して愚戦をつづけ、ミスをかくし、敗戦のいとぐちをつけて去ってしまった。阿川氏の名著とされる「山本五十六」（新潮社）の粉飾された偶像よりも、毒気をふくんだ彼の筆による「荒城の月」の広瀬武夫伝の方が、まだしも軍神としてふさわしいのは、皮肉なことである。それは広瀬中佐の人徳というものであろう。

　正面から軍神反対論をかかげるかわりに、阿川氏はここで、広瀬中佐の軍国美談の書きなおしを提案するかのようだ。「ある時柴田先輩（柴田錬三郎）が私に広瀬を書けとすすめるのを傍で聞いていた吉行淳之介が、『そうだ広瀬を書け』、要するに広瀬中佐と杉野兵曹長との間はホモ・セクシュアルだったのだろうという意味のことを言ったことがある。こういういやがらせをパッと口にすることにかけては、吉行という友人は天才的なところがあって、『そんな馬鹿な』とさからってみても『じゃあなぜあんなにしつこく杉野をさがしまわったんだ？　二人がそうでなかったという証拠があるのか？』と取合わない。必ずしも百《パーセント》いやがらせとは言い切れないので、これがこの友人の基本的発想法だから仕方がないし、事実男ばかりの艦内生活では同僚や部下との間に戦友愛以上の感情が芽生えることは往々にしてあって、広瀬と杉野の二人にそれが無かったと証明することは、少なくとも私には不可能である。

　そこに焦点をあてて自由に空想をまじえながら書けば、義経ジンギス汗説のたぐいとしても、奇想天外の面白い『小説』が生れるかも知れないが、これも私には手にあまる仕事であった」と書いている。

口さがない仲間うちの冗談話を、面白おかしくだらだらと書いて、読者にサービスしたつもりかもしれないが、一読不愉快なばかりで、ちっとも面白くなかった。「証明することは、少くとも私には不可能」とは、いうまでもないことで、たといフロイト先生であっても不可能だ。だいたいその証明自体に意味は無い。阿川氏もそれを承知の上で、面白そうに書いているだけである。こんなことに「焦点をあてて」書いたところで、「奇想天外」な小説が生まれるとは、いかに程度の低い読者でも思わないだろう。しかしこの大袈裟な表現が、読者を楽しませることを期待した悪文の目的は唯一つ、軍国美談を嘲笑する以外には考えられない。どうして、こうまでして軍神広瀬中佐をおとしめる必要があるのだろうか。あくまで軍国美談に盾つきたい阿川氏の執念というものなのか。

氏自身はっきりと「いやがらせ」と言っているが、それに共鳴する作家同士の品性のいやらしさには、反吐をもよおしそうになって来る。この場合、ホモ・セクシュアルな要素があったとしても、軍国美談にかわりはないではないか。いやがらせという下賤な才能を、一方は「天才的」と評価する。だが御両所のいやがらせ談義は、天につばきして、おのれにかえるものであった。巧まずして内面の姿がさらけ出されているからである。

「勇敢なる水兵」「水兵の母」「広瀬中佐」これらの教材に示される士官と下士官兵との交情、その一体感が、国定教科書に掲載されていたことは、少くともそれを見習いたいという世間の諒解があったということだろう。明治十五年（一八八二）の軍人勅諭にも「上級の者は下級の者に向い聊《いささ》かも軽侮驕傲の振舞あるべからず。公務の為に威厳を主とする時は格別なれども其外は務めて懇に取扱ひ慈愛を専一と心掛け上下一致して王事に勤労せよ」とあった。

しかし手本と現実のくいちがいは、どのあたりから甚しくなったのか。昭和の戦争では全く様相がかわってしまったかの感がある。月日は忘れたが、昭和十九年の或る日、東京駅で神戸へ向かう夜行列車に乗りこんだとき、隣の席に海軍下士官の服装の軍人が、後から来て坐った。士官は二等ときまっていた時代だから、三等車の私と一緒になったのだった。私が大学生の制服制帽をつけていたので、彼の方から気さくに話しかけて来た。前年の学徒出陣で、十二月に入隊した予備学生だった。話しているうちに、心を許して下さったらしい。思いがけない言葉が出て来た。「海軍には、下士官兵は士官の楯という言葉があるんですよ」といわれたのだ。「下士官兵は人間と思うな、人間あつかいをするな」と、教官がくりかえし、われわれ予備学生に言った。あまりの事に反抗する気になって、「同じ人間、同じ日本人に対して、そんな事は出来ません」と言ったら、「将校になる資格無し」といわれた。「いいです」といったら、この通り下士官の身分だと話された。もっと強硬に反対論を唱えた友人が一人いたという。「下士にもせんぞ」「ああいいです」ということで、その男は今水兵になっている、とも言われた。

戦後の昭和四十四年に渡辺清著「海の城」(朝日新聞社)を読んだら、もっとひどい話がいくつも出ていた。著者は大正十四年(一九二五)の生まれで、高小卒業後海軍少年兵を志願し、マリアナ沖海戦に参加、レイテ沖海戦では、撃沈された戦艦武蔵に乗組んでいた。氏は次のように書いている。

「当時のおれは、軍艦というものを、またそこでの生活を、自分で勝手に理想化して、それこそ有頂天になっていたのだ。それ以外のことは、ほとんど考えていなかったといってよい。そうして志願資格の最低年齢に達した十六の年、遠足にでも出かけるような、はしゃいだ気持で、おれはあこがれの海兵団の団門をくぐったのである。

けれどもそんなはずんだ気持も、ちょうど団門の鉄格子のところまでしかもたなかった」

「不動の姿勢、敬礼、整列、かけ足、罵倒、殴打、それにうぐいすの谷渡り、食卓のおみこし、ミンミン蝉、電気風呂など、卑劣きわまる罰直だ。ところが、これがまたおれたちから娑婆っ気をぬくのに、おおいに役立ったのである」

「入団して一週間もたたないうちに、おれたちの頭の中はすっかりからっぽになってしまった。たまに、うちへ書く手紙の簡単な漢字さえ、ど忘れして思い出せないという始末だった。そればかりじゃない。娑婆にいたときの自分が本当なのか、ここへ来てからの自分が本当なのか、自分でも自分の見分けがつかないくらいぼけてしまった」

「なかにはこういう仕打ちに絶望して、自殺したり逃亡したりするものも何人かいたが、逃亡者のほうは、いずれも途中で憲兵か、巡邏兵の手につかまって、軍法会議にまわされてしまった」

「おれたちは海軍にはいってたいていのことには馴れてしまったが、ただ甲板整列だけは別だった。これだけはどうしても馴れることはできなかった。下士官、兵長たちに言わせると、『太鼓は叩けば叩くほどよく鳴る。兵隊は殴れば殴るほど強くなる』というが、殴られるおれたちにしてみれば、この整列ほど、兵隊であることのみじめさを感ずることはない。牛だって棒をふりあげられれば首をふって逃げようとする。ところがおれたちは、ちゃんと殴られることがわかっていながら、そこを一センチも動くことができない。それどころか、わざわざ『お願いします』と頭を下げて、進んで自分の尻を棍棒の前にもっていかなくちゃならないのだ」

「いつもその最初の一撃で、木っ葉のように吹っ飛ぶのだった。そしてそのまま甲板にぶっ倒れたなり、息がつまって、しばらくは腰がたたないのだ。すると、きまってうしろから、『こらっ、起て、たばけるな』と、『気つけぐすり』の海水をぶっかけられる。おれは首っ玉をつかまれて引きおこされ、そこでさらに悲愴な声をしぼりださなくちゃならない。『一つ軍人は忠節を尽すを本分とすべし』『元気がない、もう一度』……『声が小さい、貴様、殴られるのがそんなにおそろしいか、こんなものがおっそろしくて、よくものこのこ志願なんかしてきやがったな、それ、もう一度』

「このままひと思いに海にとびこんで、死んでしまいたいとさえ思う。前方にひろがる暗い海への誘惑と、うしろにかまえられた太い樫の棍棒。おれはこの両方に呑まれて、心の中では夢中に母の名を呼びつづけた」

「それがやっとすんだとき、肛門からはじたじたと生ぬるい血がたれてくる。腰から下はしびれて全く感じがない。足もひきつれて思うように歩けない。…………けれども、うわべだけは泰然としていなくちゃならない。ちょっとでも尻なんかおさえてふらふらしようものなら、その場でまたたっぷりおまけをつけられるからである。おれたちは陰で歌った。

菊花輝く軍艦は　艦底一枚下地獄
艦底一枚上地獄　どちらもみじめな生地獄
こんなこととはつゆ知らず　志願したのが運のつき
ビンタ、バッタの雨が降る　天皇陛下に見せたいな

そして渡辺氏は甲板整列の時、酔っていた兵長の手許が狂って、殴り殺された戦友のことを書く。

尻にあてるつもりが左脇腹を打って、心臓の部位だったので、ショックによる即死と、軍医が診断した。ひどい内出血の色がみられた。軍刑法では一応私的制裁が禁じられているので、軍法会議にかけて司令部にきこえると面倒だからというので、艦長が戦病死のあつかいにして一階級進級させ、加害者の処分も表沙汰にならぬよう、訓戒処分ですませた。

　翌日の夕方、屍体は毛布にくるんで軍艦旗をかぶせ、ロープでくくり、頭部に十五センチ演習弾のおもりがつけられた。艦尾からランチにおろされた戦友は、渡辺氏ら五人の手で泊地の沖に水葬された。自ら志願して海軍に入ってから半年の彼は、今でも近所の子供らとコマまわしや、凧あげをしていても、おかしくない感じの年ごろの少年であったと、渡辺氏は回想する。死んだ戦友にとって上官とのかかわりは、ビンタとバッタの下士以外には唯一度、水葬のときランチに同乗した五人の中の責任者、分隊士の少尉ひとりだけであった。こういう事は武蔵にかぎらず、多かれ少なかれ、どこの艦でもあったと、渡辺氏は書いている。

　国定教科書にのせられた、上官と部下のむすびつき、一体感は、昭和になって何処へ行ったのだろうか。後章で述べるように、阿川氏は綺麗ごとの阿川海軍を讃美するが、神津正次氏の書く神津海軍では、おなじ海軍士官であっても、海軍兵学校出の士官と、予備学生出身の士官との間には一体感がなかった。海兵出は予備学生を消耗品とののしり、ビンタバッタを加えたのだった。もはや軍国美談の入りこむ余地はなくなっていた。阿川氏の軍神談義も、おそらくその延長線上にあるのだろう。

捕虜になる覚悟で出撃した旅順閉塞隊と戦陣訓

旅順閉塞隊の出撃が三度行われたことについては、前章にしるした。第二回出撃の前日、連合艦隊の参謀秋山真之中佐は、参加する四隻の船を歴訪して、指揮官に会った。この作戦の主唱者であった、天津丸の有馬良橘中佐との会談の内容は明らかでない。そのあと福井丸の広瀬武夫少佐、弥彦丸の齋藤七五郎大尉、米山丸の正木義夫大尉の順であったという。二十年後に話の内容が表に出たことを、長谷川伸が「日本捕虜志」（時事通信社）に書いている。この時両大尉は中将に昇進していた。大正十五年の夏、齋藤の葬儀が行われ、正木が弔辞を読んだ。その中に秋山参謀が正木のところを訪れた時の会話が出て来る。秋山は「今度の閉塞ははやらずにやれ、捕虜にされる決心でやれ」と言った。「言葉の裏にあるものは、捕虜になれである。敵の手に生けどりされるくらいでなくては成功は難しいというのである。齋藤大尉はああいう人物だから、国の為なら自分の不名誉などは敢然として忍ぶだろうと思ったので、正木大尉は『捕虜になりましょう』と返答した。すると秋山参謀が『齋藤は捕虜になるといった。君も承知してくれたので、安心した』といったが、『広瀬も』とはいわなかった。広瀬武夫少佐は一死報国の手本をみせれば、これにならうものが続々と必ず出てくると考えている人だったから、捕虜にはならぬと答えたのだろう。いや確かにそういって頑張ったのだ。この秋山、広瀬の問答は、広瀬少佐の乗った報国丸（第一回に広瀬が乗った船――三村注）の栗田富太郎大機関士（後に少将）が知っている筈だ、という」。

しかし栗田少将の回顧談では、秋山が「この前のように敵の砲火が激しくては容易であるまいから、今度もそうだったら、むしろ退いて、再挙をはかる方が万全の策かもしれぬといったところ、広瀬少佐はこれを否定し、何がどうであろうと既に決した以上、断じて行えば鬼神も避く、成功の秘訣は勇往邁進のみ、あに他あらんやと応酬したとだけである。勿論この話も出ただろうが、捕虜になれという話も出ただろう。だが捕虜を嫌うその頃の日本人の感情としては、栗田少将でなくても腹の中に呑みこんでおいて、後日になってもいわないであろう」と長谷川は書く。二十年の間に捕虜に対する軍の内部、そして世間の観念もかわって来て、こういう言葉を出すのがはばかられる世の中になって来たのではないかと思われる。

日露戦争中、日本政府は捕虜となった者の氏名を逐次公表し、在露捕虜あてに書信の出し方、金品の贈り方の注意書を、官報に発表した。これに応じて、学生や主婦など市井の人々が、慰問状、慰問品を送り、捕虜たちを喜ばせ、力づけた。乃木大将が旅順の降将ステッセルを厚遇したことは、「水師営の会見」の歌とともに、有名である。「名誉の捕虜の思想はかつての日本にはあったのである」と直木孝次郎氏は書く（後出）。

山中峯太郎の「敵中横断三百里」（講談社）で有名になった建川挺身斥候隊は、建川美次騎兵中尉を隊長とし、豊吉新三郎軍曹、野田晋作上等兵、神田卯治郎上等兵、大竹久上等兵、沼田与吉一等卒の五名が従った。一行は旅順陥落直後の明治三十八年一月九日沙河を出発し、対峙する敵軍の背後に深く潜入迂回して偵察し、龍王廟の日本陣地に到着した。中尉の報告書は一月二十八日豊吉軍曹によって、遼陽の総司令部に届けられた。これが奉天決戦の軍略に大きい根拠を与え、賞讃された。しかし途中敵の包囲網を突破する時、沼田一等卒は脇腹を突かれて落馬し、帰還することが出来なかった。奉天会戦前に第二軍司令官奥保鞏大将は、戦死したとされる沼田一等卒をふくめ、六人に感状を与え、表彰した。

ところが、沼田は刺されて人事不省になったまま、ロシア軍の総司令部へ送られたのだった。敵の諸将は沼田をあっぱれの勇士として、首都のセントペテルスブルグへおくり、鄭重に処遇した。戦後彼が送還されたとき、その功績によって功七級金鵄勲章が贈られた。すでに他の五人も叙勲され、中尉には功四級、軍曹と上等兵には功六級であったから、捕虜というハンディキャップは、全く顧慮されていない。

昭和の戦争では、昭和十九年十月二十一日神風特別攻撃隊朝日隊で出撃した磯川質男一飛曹が帰還せず、戦死、二階級特進と発表された。ところが実は不時着していて、苦心のすえ一か月後基地にたどりつくことが出来た。しかし公式には死んだことになっているため、司令の玉井浅一中佐から「貴様は特攻で死んでもらわねばならない」と皆の前で申し渡され連戦のあと戦死する。磯川に対する玉井の処遇を、同期の甲種予科練十期生は、自分たち全体に対する処遇と受け取り、指揮官に対し、またひいては特攻そのものに対して、強い不信感をもつにいたったといわれている。戦後に出た猪口力平、中島正共著『神風特別攻撃隊の記録』（雪華社）の特攻隊員名簿には、朝日隊から磯川の名は除かれている。何のための建て前であったのか。

それでも昭和六年（一九三一）の満洲事変では、日露戦争時代の捕虜観が残っていたふしがある。事変の初期、斥候中に中国軍の捕虜となった山田一等兵は、救出された後、むしろ奮戦の末の名誉の捕虜として、美談とされた。しかし翌年の第一次上海事変になると、事態は一変して、陰惨な歴史の幕開けとなるのだ。

昭和七年一月十八日の上海で、寒行中の日蓮宗日本山妙法寺の僧侶二人と信者三人が、中国人暴徒におそわれ、死傷者が出た。田中隆吉少佐の戦後証言では、関東軍の謀略とされているが、これが第一次上海事変の発端となった。

中国の排日行動が高まるとともに、日本は艦艇を増派し、それがまた排日行動を刺戦した。日本人居留民も対抗する組織をつくった。一月二十八日に日本軍艦は二十四隻に達し、海軍陸戦隊は四倍の一千八百三十三人に増強されていた。それは三個大隊に編成され、午後十一時四十分に出動した。むかえる第十九路軍は、ほぼ同数の兵力を配置していたが、経験の乏しい陸戦隊に比して、共産軍に対する歴戦の軍隊であった。彼等は民家を利用し、せまい道路に土嚢と鉄条網で陣地をつくり、待ちかまえていたので、陸戦隊は思わぬ苦戦を強いられることになった。

海軍大臣大角岑生大将の要請で、陸軍は第九師団（師団長植田謙吉中将）と、第十二師団の混成第二十四旅団が上海に派遣され、二月十三日から十六日にかけて上陸した。日本軍の総兵力は約三万人になった。対する中国軍は第十九路軍に第五軍を加えた約四万人となっていた。植田は鎧袖一触でこれを撃破するつもりであった。ところがたちまち数多くのクリーク（運河）に難渋することになる。巾は十《メートル》から百《メートル》、水面まで三《メートル》、水深は二《メートル》以上、底の泥は深い。徒渉はできず、戦車装甲車の近代装備はもとより、騎兵の活動も封じられたところに、敵はソ連式、ドイツ式の陣地を構築していた。二月二十日朝植田師団長は攻撃前進を下令したが、苦戦の連続となってしまった。その象徴が二十二日の爆弾三勇士である。

児島襄氏の「日中戦争」（文藝春秋）によれば、第九師団第七連隊は、この時江湾鎮攻略の命令を受けて進発していた。空閑《くが》昇少佐は第二大隊長として、右翼を担当した。連隊は敵の猛烈な砲火にはばまれた上、友軍の三一式連射山砲の射撃がまずく、しばしば味方をおびやかし、発射中止を余儀なくされるなどの混乱があり、連隊長林大八大佐が意見具申し、旅団長の承認を得て、第二大隊は現在地にとどまり、日没とともに後退せよと命令した。ところがこの命令は空閑の許へは届かず、正反対の旅団長命令なるものが伝達されている。おまけに電話回線の故障が指揮系統の混乱をまねいた。その結果日没で友軍が撤退を開始したのに、空閑の大隊はとりのこされたのみならず、空閑は決死の覚悟で夜襲を試みようと、前進命令を出してしまった。当然孤立状態の彼等に砲火は集中し、ついに前進不可能となる。やむなく鉄兜や銃剣で壕を掘り、たてこもることにした。壕は三十《メートル》の間隔で二つ、一方に大隊本部と機関銃中隊が、他方には第六、七中隊が入った。これが後に錯誤をもたらすことになる。

　夜半すぎ第六旅団司令部に伝令のもたらした空閑大隊長の報告には、陣地構築中で、機を見て突撃する所存となっていたが、援軍は要請していない。しかしその苦境を察した旅団長前原宏行少将は、第三十五連隊長徳野外治郎大佐に空閑大隊の救援を命じ、それまで頑張れという旨の命令書を、さきの伝令に託した、しかし伝令は方向を失って、もどって来た。第三十五連隊も夜道に迷い、二月二十一日早朝になって、漸く空閑大隊から四百《メートル》の地点まで到達した。しかし壕中の大隊を発見することは出来なかった。空閑少佐の方も、地図の不正確もあって、自らの到達点を誤認していたといわれる。空閑大隊のふる日章旗は、救援隊が敵の謀略と判断したため、相互の連絡はついにとれなかった。

　この混乱の中で、第二大隊に異変が起きた。第七中隊長尾山豊一大尉は、この時胸膜炎の上に風邪で高熱を出していて、突然「大隊長所在不明ナルヲ以テ、爾後大隊ヲ指揮セラレタシ」という大隊副官の声をきいたという。しかしこれは参謀本部戦史に「一種ノ幻覚ニ囚ハレタモノナルベシ」とあるように事実ではなく、大隊長も健在であった。

第六中隊は中隊長小野茂春大尉戦死のため、若林猪之少尉が指揮をとっていた。尾山は若林に、このままでは損害をまねくのみだから、後退すべきだと思うと言うと、若林は直ちに同意した。そこで尾山は空閑少佐の不在を確認するため、壕の端まで行ったが、少佐の姿は無く、「大隊長ハ既ニ砲弾ノ為飛散セルニアラズヤ」と判断して、若林の所にもどった。若林はもう一つの壕のことを知っていた筈と、参謀本部戦史にはあるが、何故か尾山に教えていない。また空閑と同じ壕から連絡に来ていた機関銃中隊長辻井正貫中尉も、空閑少佐の所在を尾山に告げずにもどっている。すべてが悲劇の原因に重なっていった。

第六、七中隊の退却は、その夜きわめて静かに行われたので、三十米《メートル》しか離れていない空閑少佐たちには、全く気づかれなかった。少佐はそれまでに辻井中尉から、尾山大尉らの退却の意図をひそかにきいていたので、この上は自分の壕内にいる部下三十八名だけで、現在地を死守しようと、決意をかためていたのだった。戦闘力の減少をふせぐため、報告の伝令も出さなかった。

「第六、第七中隊の退却は、連絡不十分あるいは『戦場の錯誤』といった要因が作用しているとはいえ、厳密にいえば、『抗命』または『戦場離脱』ともみなし得る。指揮官の側からすれば、『部下に見捨てられた』形にもなる」と児島氏は批判する。しかし後に彼等はとがめられなかった。

翌二十二日の午前九時ごろ、空閑少佐ら三十八名のうしろ四百米《メートル》の所に、救援の第三十五連隊第一大隊がいたが、まだお互いに気づいていなかった。空閑は前方の敵が新しい散兵壕を構築しているのを見て、機銃で妨害射撃を試みた。途端に三方から集中砲火をあびて、少佐は右腋下から背部への貫通銃創に仆れてしまった。そこに手榴弾の爆発があり、彼は戦死したものと思われた。

空閑大隊では、かわって指揮をとった辻井中尉も、副官鈴木章中尉も仆れ、敵が退いたあと兵力は二十人となっていた。午後八時すぎ、敵がまたも接近して来た時、唯一人生き残った将校の機関銃小隊長松本佐一郎少尉は、もはやこれまでと判断し、「全員報告ニ帰還」という名目で退却した。大隊書記松浦曹長は、空閑少佐の軍刀、拳銃、図嚢を遺品として持ち帰った。植田師団長はその遺品に涙したという。

だが少佐は仮死状態のところを、翌二十三日襲来した敵に発見された。日本に留学した士官甘海瀾が彼を助けたといわれる。病院で治療を受けた彼は、三月三日の日中停戦によって、三月十六日送還された。軍務処理ののち、三月二十八日午後二時負傷現場の壕内で、空閑少佐は拳銃自決した。生還後の空閑少佐は、文字通り針のむしろの日々であったといわれている。一旦名誉の戦死とされたものが、捕虜になって生きのびるのは不当であるという意見があからさまに口にされた。好意的な言辞でさえ、自らを処断して美談の主となり、家族郷党の名誉をまもってほしいと、望むものであった。その圧力は大変なものだったらしい。

その希望はかなえられ、空閑少佐の悲劇は美談とされた。新聞雑誌はこぞってとりあげた。浪曲にもなってラジオで放送され、南光明主演の東活映画「嗚呼空閑少佐」も封切られた。この時小学生だった私が、少佐の名を記憶していることは、世間の評判の高かったことを物語るものだろう。

十節からなる軍歌「噫空閑少佐」（今村嘉吉作詞、戸山学校軍楽隊作曲）の一部は、次の通りである。

五　日本男児の名の為に　やがて死すべき身なれども
　戦況つぶさに伝ふべく　吾に残れる責務《つとめ》あり
六　仮の世しばしと我が軍の　手に帰り来し空閑少佐

月影もるる病床に　眠れぬ幾夜過ごしけん

十　ああ皇軍の伝統の　誉を汚す運命に

一死を以て雄々しくも　報いし君の尊さよ

だが空閑少佐の生前その遺品を見て、植田師団長の流した涙がまことならば、彼が生還したと知った時、なぜ「良かった　良かった」と言って、彼を迎えなかったのか。なぜその奮戦をたたえて顕彰しなかったのか。明治三十八年だったら、建川挺身斥候隊の前例からみて、功三級金鵄勲章をもらっても、不思議ではなかった。それがていの良い処刑におわってしまったのだ。空疎な観念にとらわれて、抜群に有能な部下をみすみす喪う行為から、植田には将たるの資格なしと断ぜざるを得ない。その植田は事変のあと、金鵄勲章の功一級か功二級でももらっているのだろう。おなじ軍国美談といわれるものでも、広瀬中佐と空閑少佐とでは、天地のへだたりがあるといってよい。後者は偽善の標本だ。空閑少佐の悲劇が美談として流布されたことによって、悲劇が増幅されてゆく。国のために捧げるべき命を、無駄に断ち切る風潮がはびこり、非人間的な不条理の軍隊が出来上がるのである。「徒花《あだばな》のみのる日もなく淋しくも散りゆく今日ぞあはれなりけり」かん子夫人のもとへ、ひそかに届けられた空閑少佐の辞世であった。

勇者に対するむごい仕打ちがエスカレートした一つの頂点は、昭和十四年（一九三九）のノモンハン事件であった。事実上の関東軍司令官だと、稲田参謀本部作戦課長が評した参謀辻政信少佐が画策し、中央の歯止めもきかなかったこの事件の責任を、命令者は誰一人とらなかった。すべては敵軍が英雄的とたたえた戦闘で全滅した部隊の指揮官、井置栄一中佐のような人たちに、転嫁されたのである。

生出寿著「作戦参謀辻政信」（光人社）によれば、九月十五日モスクワで停戦協定が成立し、九月二十七日から捕虜交換が始まって、翌年四月二十七日まで続いた。重傷で捕虜となり、帰還後吉林近くの新站陸軍病院に入院していた将兵のところへ、辻参謀の指示で、将校を長とする特設軍法会議団がやって来て、非公開の裁判が行われた。主として将校たちが被告とされた。裁判終了後、裁判官らは将校被告らに拳銃を与えて去り、憲兵といえども近寄るべからずと厳命した。拳銃の音がひびきわたり、全員の自決という形で、処分は完了した。陸軍刑法には、力尽きて捕虜になった者や、不可抗力で捕虜になった者を罰する項目は無かったのに、あるいは無かったが故に、こういう形がとられたのだった。

ゆきつくところは、昭和十六年一月八日陸軍大臣東條英機中将の示達した戦陣訓であった。本訓其の二第八「名を惜しむ」の項は、「恥を知る者は強し。常に郷黨家門の面目を思ひ、愈《いよいよ》奮励して其の期待に答ふべし。生きて虜囚の辱《はずかしめ》を受けず、死して罪禍の汚名を残すこと勿れ」となっていて、郷黨家門の名誉のため、捕虜になるよりは死ねと指示しているのである。負傷による不可抗力であっても、捕虜になったことを罪悪視する不文律は、すでに確立していた。

京都の第十六師団長石原莞爾中将はこの時、陸軍大臣は政治に参与するもので、全軍に精神教育できる身分ではない、軍人への教訓は明治天皇の軍人勅諭のみで十分だと、はげしく批判し、師団の将兵にはこれを読ませなかった。国家主義傾向の学者評論家からも、軍人勅諭をおろそかにするものという批判があった。しかしマスコミの支持宣伝によって、戦陣訓は一般国民の間にまで浸透してしまうのである。

そのため如何に多くの国民が、無駄な死をまねいたことだろうか。昭和十九年八月オーストラリアのカウラ収容所事件はその代表例である。日本陸海軍の捕虜一千百名が、突撃ラッパを合図に、絶望的な集団暴動を起こして、全員射殺された。集団自殺であった。非戦闘員の集団自殺は、サイパンや沖縄でも見られた。すべて戦陣訓によるマインドコントロールの結果といえよう。自国民の捕虜に対するあつかいが酷薄である以上、敵国の捕虜に対するあつかいに於て、後にBC級戦争犯罪として、追及される事態の生ずることは当然であった。日露戦争では、小隊長クラスが国際法の書物を携行していたといわれるのに比して、文明が進んで文化が衰退したということだろうか。

海軍にはリベラルな雰囲気があって、陸軍のきめた戦陣訓など問題にしなかったと、まことしやかに説く者もあるが、こと捕虜に関しては、全く陸軍とかわる所が無かった。昭和十六年十月十一日、航艦参謀長大西瀧治郎少将は、鹿屋基地で各部隊の幹部たちに、「今度の戦争は長びきそうだから」と前置きして、「敵地に不時着しても自決をいそがず、生き残って戦線へもどるよう、指導してもらいたい」と訓示した。

世界的な撃墜王といわれた坂井三郎の「零戦の真実」（光文社）によれば、その訓示にもとづき、開戦直前の台南航空基地では、中攻隊、戦闘機隊の搭乗者全員に対して、中攻隊総指揮官が訓示し約束した。

「ここで全搭乗員と約束したいことがある。これまでの日華事変では、敵上空で被弾したら自爆することを美徳、快しとして日本海軍は実行してきたが、この考え方は間違いであった」

「もしもこれからの戦いで搭乗機が被弾し帰還不可能と判断しても、絶対に自爆するような愚かなことはするな。………絶対に自爆するなど考えるな！　やられても、やられても、生きぬいて国のために戦うのだ」

「この言葉はわれわれ全搭乗員に大きな希望をもたらした。その時私の心も決まった」と坂井は書く。だがそれはすぐに裏切られた。

開戦劈頭の昭和十六年十二月十二日、台南から出撃して比島クラークフィールド飛行場を空襲した中攻三十六機の一機が、対空砲火で被弾不時着した。乗員七名は自決せずに比島人の家へ行き、捕虜になった。翌年二月マニラを占領した陸軍部隊によって、彼等は救出された。ところが連合艦隊司令部も軍令部も彼等を許さなかった。陸軍に知られたのもまずかったという。一旦戦死と認定されてしまった搭乗員は、台南基地に戻るとすぐ階級章、特技章、善行章を剥奪され、他の隊員からは隔離収容された。軍法会議にかけるよりは、早く死に場所を与えるのが武士の情ということで、特に危険な任務ばかりが与えられたが、被弾しながらも生還した。

山本五十六の連合艦隊司令部は期待していた自爆の報が来ないのに業を煮やし、五月上旬をもって自爆させよとの命令を森玉部長隊に下した。部下をかばいつづけて来た部隊長も、事ここにいたって、やむなく命令を下達した。彼等はポートモレスビーへ向かい、天皇陛下万歳の電報を発信して、消息を断った。

「連合艦隊司令部は、あたら歴戦の有能な搭乗員と貴重な飛行機一機を、抹殺することにしたのだ。何という非情、というより愚かな決定であろう。貴重な兵力が失われることなく生還し、再び第一線の勢力となって戦えるようになったことを喜びもせず、連合艦隊司令部、そして山本長官は、自分の部下を抹殺することを命じたのだ」と坂井は書く。

自爆に向かう中攻機を「断腸の思いで見送った」坂井三郎の考えは、この時から一変したという。

「当然のことと思える第一線の約束も、現場指揮官の指図、命令も、大本営や連合艦隊司令部には通用しないとわかった時、私は自らの二番機、三番機を呼んで決意を話した」

「今後たとえ敵上空で被弾して帰投不可能と判断しても自爆するな。エンジンが停止しても自爆するな。敵地に不時着しろ」

「捕虜になってもかまわない。捕虜になって敵の飯を食い、監視兵をつけられれば、それだけでも敵の兵力を削ぐことになる。生きる見込みがある限り死ぬんじゃないぞ。俺たちは、ただ死ぬために戦地に来たんじゃない。命ある限り敵と戦い、敵を倒すために来たんだぞ！」

「この時から私の列機の目の色が変わった。敵地上空でやられたら自爆するという絶望感から、敵地に不時着しても生き抜け！　この考えに変わった時、人の心には希望が湧くのだ。編成替えとともに列機は次々と変わったが、そのたびに私はこのことを告げた」。そして彼とともに出撃した隊員は、終戦まで戦死者を出さなかった。

坂井はまた敵について「戦闘機も雷撃機も爆撃機もみんな極めて勇敢だった。祖国のためには命をかける気概が、日本人以上に彼らにはあると感じられる戦いもあり、そこには、どんなことがあっても、国家は自分たちを見捨てない、必ず救出に来てくれるという信頼感が、彼らの勇敢さの支えとなっていたことは間違いない」と書いた。こういう正論を吐露する彼は、下士官出身ということもあって海兵出の旧軍人から目の仇にされ、命をねらうかのような脅迫状までが死ぬまで来ていたという。

戦闘中に負傷して捕虜となり、意識が回復してから自決した軍人、自決に失敗して生きのびた軍人の物語は多い。東京裁判の被告となった東條の例も、講和前だったから逮捕は捕虜となるにひとしく、逮捕時に小型拳銃で胸部を撃って自決に失敗したのも、自らの出した戦陣訓に従ったものと、いえるかもしれない。だがそれにしては、不確実な手段をえらんだものであった。

技術将校では、ドイツに派遣されていた技術中佐の友永英夫、庄司元三の例がある。彼等はジェット戦闘機などの機密資料を日本まで届けるため、潜水艦U二三四号に便乗していた。昭和二十年五月七日に、ドイツは連合国に降伏した。大西洋をわたって五月十三日ニューファンドランド島沖まで来た時、艦長は降伏を決断した。両名は機密資料を焼却ののち、自決してしまった。二人の間に議論はなかったのだろうか。ドイツ軍人との間に意見の交換はなかったのだろうか。外国にいたのだから、国内とちがって、もう少しひろい視野で、物事をみることが出来たのではないか。戦後の日本に必要なおしい人たちを亡くして、残念に思われてならない。

ここで終戦間近にあった軍法会議の一例にふれておきたい。私の中学高校の先輩、歴史学者直木孝次郎氏の御教示により、永原慶二、中村政則編「歴史家が語る戦後史と私」（吉川弘文館）に収録された氏の「捕虜の名誉」から、引用をさせていただく。

昭和十九年九月香港に近い珠江の警備に当たっていた特別根拠地隊の警備艇長S上等兵曹は、共産ゲリラに襲われて重傷を負い、部下は全滅した。意識不明のままゲリラの地区司令部にはこばれた彼は、治療をうけて四か月後、歩行可能となるまでに回復した。機をみて脱出し、香港と中国の国境にある深圳の日本陸軍最前線に、やっとたどりつくことが出来た。彼の収集提供したゲリラの情報は、陸軍部隊に高く評価され、鄭重な扱いをうけたという。

しかし陸軍によって海軍基地までおくりとどけられた彼は、昭和二十年五月軍法会議にかけられることになった。昭和十六年東大法学部卒業の海軍主計中尉遊佐上治氏は、香港の第二海軍工作部に勤務し、軍法会議の判士を兼務していて、「俘虜ノ罪」で起訴されたこのS上等兵曹の審理を担当することになった。戦後の昭和四十七年になって、主計科同期生の任官三十周年記念文集の中で、はじめて遊佐氏が公けにしたこの裁判の経過は、次のようなものであった。

捕虜になったという事実は動かせないが、同情すべき点も多く、どう斟酌するかに、判士長のY少佐は苦慮していたという。遊佐氏は審査を極力引きのばして、S上等兵曹の生命を救いたいと考え、意見を具申した。日本の敗戦が目の前にせまっているという判断も、あったのかもしれない。

だがY少佐の結論は、判決を引きのばすより、被告人を自決させるのが軍人の道であろう、被告人もそれを望んでいるにちがいない、ということに落着した。武士の情といって自決をおしつける、しらじらしい偽善の論理であるが、これが戦陣訓時代の優等生軍人官僚というものであった。自決させていただく為に、誰が不自由な体を忍んで脱出するものだろうか。法廷が開かれた日の昼食休憩のあと、Y少佐はふだん身につけない拳銃を帯びて、散歩に出かけた。まもなく発射音が静寂をやぶり、近くの山中にひびいた。判士長Y少佐の頭を悩ませた一件は、これで落着した。

共産ゲリラの厚意にあまえておれば、おそらく中共軍が彼を殺すことはなかっただろう。その厚意を裏切って、脱走の危険をおかした上、友軍に情報を提供することが、日本軍人として正しい道だという、選択からの行動であろう。しかしそれが理不尽な日本の軍隊には通じなかった。日本の軍隊というものに対する、S上等兵曹の誤解であったといってすまされることであろうか。

「どうしてこのような非人道的な——捕虜は不可抗力の場合でも死なねばならぬという——慣例は、いつからどうしてできたのかというのが、私の抱いた疑問であった。捕虜体験をもつ海軍兵学校68期（一九四〇年卒業）の豊田穣は、捕虜になるより死を選べというのが『武家時代以来の不文律』と書いている（「戦争と虜囚のわが半世紀」）が、必ずしもそうではない」と直木氏は書き、古代の例から日露戦争までの例をあげて反論された。

六六三年の白村江の戦いで唐の捕虜となった大伴部博麻《はかま》は、六九〇年帰国したが、捕虜時代の献身的な「愛国の志が評価され、水田四町の他さまざまの物品を賜わり、一族の課役まで免除された」「博麻だけではない。七〇七年（慶雲四）に帰国した捕虜は、特に功があったのでもないのに、朝廷は苦労を憐れんで衣塩穀を賜わった。それが人情というものであろう」と直木氏は書く。さきにふれた日露戦争時代の事実とあわせ考えても、豊田穣の見解は近視眼的で、日本国民の本来の姿を示すものでないことがわかるだろう。

帝国海軍の変容のうち、本章では捕虜観の変還について記して来た。すめらみことへの忠誠において、国を愛する心において、古代人と昭和の日本人に、かわるところは無かった。万葉の歌がいくさに向かう人々の心をうち、それにこたえる秀歌をうみ出して来たのである。その反面、教条化された形式的な精神主義が軍人官僚をむしばみ、昭和の海軍を頽廃させてしまった。捕虜問題に関する頽廃の極致を示す一事件について、最後にふれておきたい。

昭和十九年二月十七、十八日トラック島の基地は、第二の真珠湾といわれた奇襲によって大打撃をうけた。三月三十、三十一日には、内南洋で唯一安全な泊地とされていたパラオ島が空襲された。危険を感じていた連合艦隊司令長官古賀峯一大将は、空襲前日に司令部を戦艦武蔵から陸上へうつし、艦艇を退避させたが、予想以上の損害が出てしまった。敵の積極性からみて、四月一日には上陸して来ると判断した長官は、比島のミンダナオ島ダバオに司令部を移転する決心をした。悪天候下の夜間飛行となるが、事態切迫のためやむをえず、午後十時司令部は二機の飛行艇に分乗して出発した。そして二機とも遭難した。暴風雨にまきこまれた一号艇は、ミンダナオ島の手前で行方不明となり、古賀長官は殉職した。二号艇はセブ島に不時着して、参謀長福留繁少将、作戦参謀山本祐二中佐らはゲリラの捕虜となった。海軍乙事件といわれるものである。この時彼等は最高機密文書「Z作戦計画」が奪われるという、信じがたい失態を犯してしまった。命をまもることに気をとられ、うっかり処分を忘れたのだろうか。心配された敵の上陸作戦は無く、自らまねいた損害だけが残った。

彼等は陸軍に救出され、海軍に帰還することが出来た。従来の例からみて、捕虜の件、機密文書の件、どちらか一方だけでも、ただではすまない筈であった。しかしいずれも不問とされ、軍法会議にかけられることもなかった。それればかりか、二人とも栄転してしまうのである。福留は中将に進級して、第二航空艦隊司令長官に、山本は第二艦隊先任参謀に、それぞれ出世してしまった。前者はその後レイテの戦いで、大西瀧治郎第一航空艦隊司令長官と共に、特攻作戦の指揮をとり、自殺攻撃の命令を出しつづけるのだ。おなじ捕虜でも下士官兵は処刑され、高級将校は出世する。このダブルスタンダードは、帝国海軍のモラルの頽廃を明瞭に示すものではないか。当時の将星たちに、日露戦争の記憶は残っていた筈である。明治のヒューマニズムをすて去って、戦陣訓に迎合した、これが帝国海軍末期の姿であった。敗れるべき軍隊の姿であった。

第三章　阿川海軍と神津海軍

阿川海軍と神津海軍

幼少のころ、帝国海軍は私にとって誇りであった。昭和五年秋、特別大観艦式と銘打って、連合艦隊が神戸沖に集結し、小学四年生だった私は、校舎からそれを遠望することができた。夜には山の中腹にある八幡宮の境内から、イルミネーションをみた。電球で輪郭のはっきりわかる大きな軍艦の、探照燈がぐるぐるとまわり、こちらの方を向くたびに周囲がパッと明るくなって、歓声があがった。

私も友人たちも、連合艦隊諸艦艇の函入りカード型着色写真集を持っていた。艦名艦種、排水量、装備、性能などが記されていて、おおむねそらんじていた。戦後になってから亀井勝一郎の文章に、戦艦の陸奥長門が日本人の誇りであったと書いてあるのをみて、懐かしいおもいがしたことである。

戦中に医学生であった私は、戦況の悪化が明瞭であるのに、空疎な言葉で必勝の信念を呼号する戦争指導者の頽廃をよそに、死地においこまれた将士たちの示す殉国の精神に心をうたれた。帝国海軍はその名に恥じぬたたかいを続けていた。ラバウル航空隊の死闘、玉砕につぐ玉砕、神風特別攻撃隊の献身、ついには戦艦大和までが特攻出撃し、戦争がおわった時、連合艦隊は消滅していた。よくぞここまでたたかったものだと、粛然たるおもいであった。

それから五十年、戦中には知らされなかった事実が明らかとなって来て、昭和の帝国海軍は、明治海軍の若若しい活力をうしなって、機構が硬直し、人材の用もその所を得ず、老朽化によって自滅したことを知った。日本海軍よりも歴史のふるいアメリカ海軍の方が、ずっと合理的で弾力性ある機構の運営がなされていたのだった。それに加えて内部では非人間的な不条理が横行していたことも、多くの手記からわかって来た。

昭和の海軍を語るとき、何よりも先ずその反省がなされねばならないにもかかわらず、いまだに手放しで讃美する声が絶えない。これでは将来の日本海軍再建の目標が、昭和海軍の復活になってしまうのではないかと、危惧されるのだ。先の章で批判したが、いいわけばかりで「真実の太平洋戦争」（ＰＨＰ文庫）を綴り、海軍は終戦より継戦の方がたやすいので、絶望的な戦争をつづけたという旧高級軍人の奥宮正武氏が、戦後日本の自衛隊の高官に出世しているのを見れば、危機意識をもたざるを得ないのである。

前にもとりあげたが、阿川弘之氏は「高松宮と海軍」（中央公論社）の中で「海軍は、明治以後の日本人が作り上げた最大の文化遺産ではないか」という司馬遼太郎の言葉を引用する。また米内光政や野村吉三郎らを個人的に知る小泉信三の日記から「洒脱謙譲最も気持のよい人間の集りであった海軍が、日本から失はれたのを悲しまずにはゐられなかった」も引用している。そのあと昭和十年前後の日本に「世界の檜舞台へ出して真実ひけを取らぬものはせいぜい三つと言はれてをりました。一つが三井の貿易。二つ目は水上日本。三番目が帝国海軍です」「日本海軍の質の高さ、これは当時世界中が認めざるを得ないことだった」「ものの考へ方のきはめてリベラルな集団だった」「自由にものの言へる雰囲気があった」「その気風があったからこそ、英米と比肩し得る世界第一流の海軍に成長した」とたたえる。

私は昭和海軍を論ずるにあたって、商売やスポーツと同列に扱う気はないのだが、阿川氏にとって、スポーツは甚だ重要なもので、帝国海軍と共に国威を示すほどのものらしい。昭和二十四年古橋広之進選手がロサンゼルスの全米水上選手権大会で世界新記録を出した時、「日本も捨てたものではない、此の国の将来に希望が持てそうだと、嬉しくて、涙が出さうで、はしゃぎ気味だった」それはそのころ「日本人みんな三流国民なんだ。仕方が無いぢゃないか」と思っていたからだという。そして「経済面では一流国の仲間入りした日本に、いつか又翳りが射し始め」不満だったが、古橋氏の著書で、氏が当時アメリカでもてはやされたという懐古談を読み、感動した。「吾が胸中に三等敗戦国の復員兵気分が未だ残っているのか、単なる老化現象か、よく分らないけれど、此処まで読んで、又涙腺が変になり出した」(「文藝春秋」平成九年七月号)。

私は阿川氏と同じ大正九年生まれだが、マックという名のアメリカ兵の隊長が日本にやって来た時、敗れたりとはいえ、自らを三等国民と思ったことはなく、勝ったアメリカは、当時武力経済力で一等国ではあったが、国の文化伝統において一等国とは思わなかった。一七七六年独立したアメリカの浅い歴史は、逆立ちしても祖国二千年の歴史に比肩すべきものではなく、国定教科書に墨をぬらせて、日本の歴史を抹殺しようとする占領軍の試みは、彼等の劣等感をむき出しにした行為と解した。マッカーサーが東京の焼野原をながめて、「もはやこの地には銃一挺の製造能力も無い」といったという新聞記事を読んで、カルタゴの滅亡を目撃した小スキピオの言を想起した。「アッシリアほろび、ペルシャ、マケドニアまたしかり、カルタゴいま火中にあり、次に来たるはローマの日か」——彼はローマ帝国滅亡の日を予見していた。思い上がったマッカーサーに対して、私は「この次はお前さんの番だよ」といってやりたかった。

戦禍で日本はどん底の経済状態ではあったが、腰抜けインテリゲンチアは別として、国民の精神は生きていた。身なりは貧しく、ひもじくとも、国歌のうたえぬ小学生など、一人もいなかった。

今や国旗に対する礼節もわきまえず、国歌の歌詞を暗記していませんと公言する選手でも、オリンピックで金メダルをとってくれたら、やはり日本も捨てたものではなかったといって、阿川氏は涙を流すのだろうか。私には亡国のきざしとしか思えないのだが。戦前から現在まで、祖国を心のよりどころと考え、礼拝の対象として来た私にとって、「日本も捨てたものではない」という言辞を用いるインテリゲンチアの傲慢は黙過し難い。

阿川氏も「世界の檜舞台」とやらに出してよいと、水上スポーツ並みの折紙をつけて、昭和海軍をたたえるに当たって、多少の留保はつけている。

「海軍の最高責任者たちは、戦が始まる前、陛下に嘘をついてゐます。戦が始まってからも嘘をつきます。陛下に御心配かけるのは畏れ多いからといふのが、嶋田大将の弁明ですが、それなら天子さまの誤判断を導き出すのは畏れ多くなかったのか」

「とにかく開戦に関し、海軍の責任といふのは陸軍より重いと考へなくてはならない。………陸軍だけでいくら逸ってみたって、対米戦争はやれないんですから」といっておきながら、

「その海軍の功罪を語らうとすると、常にアイロニカルな話になるんでしてね。日本人の作った優秀な組織、面白い伝統、面白い気風を持った男たちの集団、それが国に仇を成した。しかし、興亡の瀬戸際に立たされた時、その組織の中から日本を救ふ人たちが出たのです」

と最後のページでしめくくる（「高松宮と海軍」）。土壇場で日本を救ったのが海軍だというのだ。だがちょっと待ってくれ。前にも書いたが、世間ではこういうのをマッチポンプというのではないのか。海軍が始めて海軍がやめさせた。感謝せよといいたいのか。だがその間に三百十万人の日本人が死んでいるのだ。

さきに阿川氏は「リベラルな集団」「自由にものの言へる雰囲気」と書いたが、戦中には通用しない言葉であった。連合艦隊司令部では、宇垣纏参謀長は棚上げされ、山本五十六司令長官と黒島亀人先任参謀の意見に、くちばしを容れることは許されなかった。

昭和十四年漢口の航空隊基地で、大西瀧治郎司令長官は、反対意見の具申をおさえ、戦闘機なしで中攻機の白昼成都爆撃を強行し、多大の損害を出した。さらに三日後蘭州爆撃を決行しようとしたので、武田八郎大尉が火力増強するまで待ってほしいといったら、いきなり鈴鹿航空隊へ飛ばされてしまった。

戦闘機無用論を唱えていた大西は、柴田武雄大尉がそれを批判する論文を発表したのに腹を立て、昭和十一年四月料亭でいきなり彼を殴った。昭和十三年五月航空本部内の研究会席上で、柴田が発言しようとして、「各種戦闘機の空戦性能比較表」を黒板に貼ったら、とたんに「そんなものは机上の空論だ」と大西がどなって、発言を中止させ、その夜の宴会で彼に辞職しろといった（生出寿「特攻長官大西瀧治郎」徳間書店）。

阿川氏は前書で「勤務上のことで上官といかに意見が違っても、打々発止侃々諤々やり合って『生意気なことを言ふから、あいつ左遷させてやる』なんてことは、原則として一切なかったですね。もしさういふ措置を取る上官がゐたら、その人の方が人事局の審査にかかって問題視される慣例があったやうです」と綺麗事を書くが、しらじらしい限りだ。

その大西が中将になり、一航艦司令長官としてマニラに来て特攻が始まった。昭和十九年十月二十六日夕刻クラーク基地で、百五十名のパイロットを前にして、大西は「全部隊を特別攻撃隊に指定する。これに反対するものは、おれが叩っ斬る。これ以上、批判はゆるさん。おわり」と叫んだ。

しらけたパイロットの間に動揺の色がながれた。暴将のおどし文句に口を出すものは一人もいなかった。リベラルな海軍のなれの果ての姿かもしれないが、今ごろ「自由にものの言へる雰囲気」といった世迷い言をいい出す人の気が知れない。

戦車兵としてひどい目にあった司馬遼太郎は、となりの芝生が綺麗に見えたのか、「最大の文化遺産」とまでいって、阿川氏をして「海軍の飯を食った人間として、少々面はゆいほどの讃められ方ですがね」といわしめるほど、海軍をほめたたえ、陸軍に対しては口を極めて攻撃してやまない。阿川氏も陸軍に対しては、「海の荒鷲、陸の鶏」といって「陸軍の航空を馬鹿にしてましたけど、実際立ち上り一発勝負の段階はともかく、四つに組んだあと、これだけ近代装備の遅れてゐる陸軍と協同で、ガダルカナルのやうな島の制空権争奪戦、基地攻防戦をやって、アメリカに対し多少の勝目でも見出せると思ってたんだらうか」とののしる。

だが攻勢終末点をこえたガダルカナルに、無謀な飛行場建設をはじめた連合艦隊司令部の重大な失策、その奪回作戦に於ける海軍の失態については、旧陸軍軍人の佐藤晃氏の批判（「帝国海軍の誤算と欺瞞」戦史刊行会）のみならず、旧海軍軍人のするどい批判もあるのだ。

阿川氏は歩兵銃のキャップ一つ紛失しても、陸軍では大さわぎになって、新兵の自殺さわぎまであるが、海軍では出入りの靴修理の商人の店で、二十銭で売っていた。アッツ島玉砕のあとのキスカ島撤退の時、小銃を持ち帰りたいという陸軍の申し出を、海軍は拒否したが、東京へ生還した陸軍の最高指揮官は、陸軍次官の富永恭次中将から、「菊の御紋章のついた銃を捨てて帰るなど、以ての外」とひどい叱責を受けた。などと陸軍の瑣末的な形式主義を攻撃する。だが長谷川慶太郎氏のように、海軍の形式主義が戦闘力を損なったと、痛烈に批判する人もいるのだ（「連合艦隊の蹉趺」プレジデント社）。

そういう巷間のうわさ、批判を知ってか、知らでか、阿川氏の海軍礼讃は、海軍の教育からはじめて、氏のいわゆるリベラル軍人のすばらしさを、実松譲氏の「海軍人造り教育」（光人社）そこのけのような綺麗事の羅列でほめたたえ、尽きるところを知らない。その揚句が「日本を救ふ人たちが出たのです」であった。

阿川氏が郷愁をこめて回想し、たたえてやまぬ昭和の帝国海軍を、名付けて阿川海軍というならば、それと対照的なのは、神津海軍であろう。予備学生だった元海軍中尉神津正次氏の「人間魚雷回天」（図書出版社）によれば、氏は東大在学中学徒出陣で昭和十八年十二月入隊、翌年十月神奈川県久里浜の対潜学校で教育を受けていた時、「戦局を一気に挽回する特殊兵器」「とにかく特に危険な兵器だ」「みんなのような元気溌剌な者が適任だ」という募集があり、「われわれはその期待に答えるべく、ほとんど全員が志願した」。

彼等が九州大村湾の川棚臨時魚雷艇訓練所に到着すると、回天隊の札がかかっていた。特に危険な兵器とは、必死兵器の人間魚雷だったのだ。この書には、予期せぬ事態に直面した若者たちの心の中の葛藤が、特攻隊員としての決意に収斂してゆく過程が記されていて、胸にせまって来るものがある。それだけならば、目的を達して敵艦とさしちがえて死んだとしても、本望であったかもしれない。ところが海軍少尉に任官して、十二月二十五日夜山口県光基地に移動した時が「地獄の沙汰」のはじまりであった。隊に到着し、広い営庭を何周も走らされたあと、整列して先任将校D大尉の訓示が始まった途端「なんじゃっ！　今足を動かしたやつ！　でてこいっ！」とどなった。その声で二、三人がかけより、その男を引きずり出した。D大尉は壇をおりて「めちゃくちゃにぶん殴る。その男はついにバッタリ倒れた」「先任将校の訓示をなんと心得る。不作法者はたたっ殺すぞ！………今日から貴様たちの根性をたたき直すっ」これが最初の訓示とリンチであった。海軍ではリンチを修正といった。「ポカンポカンの連続だ。あんまり殴られるので、生死のことを考えるひまもなかった。それを計算して殴ったか」と神津氏は書く。

「貴様たちはなにしに海軍にやってきた」

「わが輩は海兵四年、候補生半年、少尉一年、中尉一年半、ようやく大尉になったんじゃー。それを一年で少尉になりおって。貴様たちの襟の桜はルーズベルトに貰ったものじゃ。今からチューシャをしてやる。カカレ！」

「ほしくて貰った桜じゃねえや」などと「考えているひまに足を開いて歯を喰いしばらなくては、海兵出の少尉さんたちが一〇人以上もかかってきやがる。今日は一人六〇発はやられるな」

「当隊は軍紀厳正なること大和武蔵以上！　これも四〇発修正の前口上である。べつに、われわれが軍紀違反をしたわけではない。上官サマの虫の居どころの問題だ。きっと大和でも武蔵でも、さんざん新兵いじめをしたんだろう。だから武蔵はあっさり沈み、大和は使いみちもなく呉軍港で寝てるんだ。味方を殴るひまがあったら、ちったあ敵をやっつける工夫でもしたらどうだい。こんなこと本当に口にだしたら、戦死する前に殴り殺されていただろう」。

　海兵出身者の予備学生に対するリンチは、明日出撃する特攻隊員に対しても、容赦がない。「宿舎から一歩外にでれば真の闇だった。その闇に踏みだした私の耳に聞こえてくる、怒号と鈍い打撃音。続いてのズシンという、なにかが倒れる重苦しい響きは、そこで激しい修正がおこなわれていることを示している。……明日の日にも魚雷と化して死んでゆく男たちが、なんであんなに残酷なリンチにあって苦しまねばならないのか」。

別の書で回天の体験者が出撃の時、やっとこれで修正のない所へ行けると、すっとした気分になったと書いているのを読んだが、殴る方はそこまで読んでいたかもしれないとは、城山三郎氏の「一歩の距離」(文藝春秋)からも考えられるところである。だがインテリゲンチアとして、このような不条理なリンチを直前まで受けながら、回天特攻に命をささげる気持は何としてもいたましいとしかいい様がない。東大生亥角泰彦少尉は神津氏と回天同期で、昭和二十年四月三日回天出撃散華した。母君への遺書が「はるかなる山河に」(東大協同組合出版部)に収載されている。海軍の形式主義を批判したところもあるが、「私が何時何処で、いかなる死様をしたかといふことは先づ永久に家の方々に告げられる事はあるまいと思います、それは私としては望む処でもあります。然し万一その故に皆さんが私の心持に就いて、又死様について思ひをめぐらされるやうなことがあってはと存じ、私は最後迄生を楽しみ、安らかな気持でポッとこの世から消えてゆくものなることを長々と述べた次第であります」とある。

ところが神津氏はたまたま手に入れた友人あての彼の手紙を紹介している。「内藤よ、唯頼む　貴様の道を真直に進め　昔話をするのは俺達若い者の柄ではない。併し　共に投げ跳んだ時の楽しさは　実に忘れられぬ。俺は今　あの時　其儘或はそれ以上の気持で征く。俺は心静かに死ぬ事は望まぬ。我が願ふ所は　妄執？　に歯ぎしりのする悪鬼羅刹たるにある。再び乞ふ、幸い苦衷を察し一路驀進せられん事を。出撃の夜　亥角泰彦　拝」　この遺書を引用筆写しつつ、私にはその悪鬼羅刹がのりうつったような気がしている。鎮魂のおもいをこめてこの文を綴った。

「海軍には徹底的な肉体的制裁だけが、強い兵隊をつくる唯一の方法なのだ、という迷信がはびこっていた」と神津氏は批判し、その結果を次のように書く。「だが制裁を受けた私の心の中はどうか。第一に『帝国海軍』なるものを骨の髄から嫌いになった。海兵、海機出身者を心の底から憎むようになった。その次に考えたことは『畜生！　実力で見返してやる』だった。……しかし、これこそ彼らの思うツボだったのではないか」

それでも氏は海兵出身者の中に、不法なリンチをおしとどめようとしたため、仲間からなぐり倒された久住宏中尉のような人格者のいたことを、忘れずに書きとどめた。彼は昭和十九年十二月三十日パラオ島付近で、イ五三潜水艦から発進した回天に搭乗していた。ところが艦を離れて間もなく、回天は気筒爆破をおこし、静止浮上するという事故が起こった。だが久住艇はハッチを開け、艇内に海水を入れて海底深く沈んでしまった。「このまま浮上すれば、敵に潜水艦の所在を教えることになる。自沈するほかない」という久住中尉の判断による行為とされている。「自爆してひとおもいに死ぬことすら許されず、生きながら沈んでいった久住中尉の死は、彼の崇高な精神を物語るものとして、永く記録にとどめておきたい」と神津氏は書いた。

久住中尉の遺書には「……願わくば君が代守る無名の防人として、南溟の海深く安らかに眠り度く存じ居り候。

命よりなほ断ち難きますらをの名をも水泡《みなわ》と今は捨てゆく」

とあった。大君の辺にこそ死なめ、わだつみの底を「大君の辺」と思いかしこみ、祈りつつ逝った古代日本人そのままのような若人がいたことを、われら忘れてよいものだろうか。

予備学生が光基地で海兵出の職業軍人から受けたような仕打ちは、随所でみられた。神風特別攻撃隊員たちが、消耗品だの、スペアだのとののしられ、殴られた記録は枚挙にいとまがない。そればかりか、海軍上層部には特攻隊員そのものを徹底的におとしめる冷ややかな目があった。草柳大蔵氏の「特攻の思想」（文藝春秋）によれば「ある高官は声をひそめて、君、特攻は大西君の〝猿マス〟だったんだよ、とさえいった。猿に自慰を覚えさせると、精力をつかい果たすまで続ける、それに似たようなものだというのである」。これが特攻隊員の「忠烈万世に燦たり」と豊田副武連合艦隊司令長官が全軍に布告し、比島の第一航空軍司令長官大西瀧治郎中将が、出撃前の隊員に「皆はすでに神である」とまでいった海軍のもう一つの顔であった。

水兵に対するリンチのすさまじさは、例えばレイテ沖海戦で沈んだ戦艦武蔵の乗組員だった渡辺清氏が「海の城」（朝日選書）に書いているように、海軍に伝わる標語「太鼓は叩けば叩くほどよく鳴る。兵隊は殴れば殴るほど強くなる」が示している。「下士官兵は士官の楯」という海軍の標語を、私は戦中に夜行列車で隣り合わせになった学徒出身の下士官からきいた。戦後まもなくのころ、医師として私が診察した青年の臀筋に、筋肉内注射をしようとしたところ、筋肉が石のようにかたくなっていて、針が入らず難渋した。きいてみたら、海軍で軍人精神注入棒と墨書した木のバットで、連日のように殴られ続けた結果だと判明した。

神津氏が「骨の髄から嫌になった」帝国海軍を、私はここで神津海軍とよぶことにしよう。「高松宮と海軍」の阿川海軍は、概括的で表面的な綺麗事が多いのに対して、神津海軍は神津氏自身が実際に体験した事実である。どちらが本当かということはない。どちらも事実が書かれているのだろう。ただ阿川氏の著書であまりにも美化された阿川海軍は、マタイ伝の「白く塗りたる墓」を連想させる。「外は美しく見ゆれども、内は死人の骨とさまざまのけがれとにて満つ」だ。端的にいえば、阿川海軍を一皮むけば神津海軍ということになるか。

阿川海軍と神津海軍は互いにかけはなれたように見えるが、両者に接点はないのか。換言すれば阿川氏と神津氏に接点はないのか。神津氏の書が平成元年に出た後、阿川氏の書は平成八年に出ている。ともに海軍を論じてはいるが、後者は前者を無視しているし、両氏が海軍について意見を交わした様子もないようだ。一方が他方を論じた文章も私は見ていないので、接点は無いように思われた。ところが思いがけない事で、その接点にふれることが出来た。

平成九年十一月に「回天特攻学徒隊員の記録」（光文社）という書が出た。著者の武田五郎氏は早稲田大学在学中に学徒出陣、神津氏と同じ第四期兵科予備学生となった。そして同じ回天隊の体験をするので、記録には両者共通するところが多い。表現のちがいは多少あるものの、神津海軍の実情を詳細に伝えている。先ず、武田氏が脱出装置のない回天の実物をはじめて見た時の印象は「巨大な鉄の棺桶」という以外の何物でもなかった。

不条理なリンチのあけくれを「階級だけがものをいう組織というものは手がつけられない。狂気という以外に表現のしようがない。だが狂気といって許されることか」と書き、「一体帝国海軍はいつ頃から、教育訓練の歯車を狂わせてしまったのであろうか。軍隊に入る前の徴兵検査で海軍を志望した我々の気持ちを、みごとに踏みにじってくれた」。そのあげく「こんな海軍のために死ぬのはご免だ」という気になってしまう。丁度そのころ神津氏は「帝国海軍なるものを骨の髄から嫌いに」なっていたのだった。

阿川氏の「高松宮と海軍」には回天基地のこのような事実が全くとりあげられていないが、阿川氏はそういう事実、あるいは神津氏の著書を知らなかったのだろうか。それとも知っていて避けたのだろうか。いずれにせよ武田氏の回天記録が出版されるに際して、版元が帯の紹介文を阿川氏に委嘱したため、はからずも阿川海軍の立場から、神津海軍をいかにみるかが、阿川氏の筆によって明らかにされることになったのだ。

帯には「阿川弘之氏絶賛」の大活字の見出しの下に、次の文章が横書きで印刷されている。

「著者が五十年間の沈黙を破って明かす『回天』特攻基地の実情は、鬼気迫るものがある。リベラルで評判のよかった海軍に、滅亡寸前、狂気と不合理の瀰漫して来る模様が、ありありと描かれてゐて、戦争の悲惨さのみならず、人間のみにくい業といふものの一般について、深く考へさせられる貴重な労作だと思ふ」（全文）。

さすがに阿川氏も、武田氏が自らの体験を綴った神津海軍の「実情」を否定するわけには、ゆかなかったようだ。しかしそれによって阿川海軍を傷つけたくはない。自らの説く阿川海軍とこれを、いかに整合させるかが問題となってくるわけだ。氏はその難問をこの帯で巧妙に解決したつもりのようである。未練がましくここでも、うたい文句の「リベラル」が出て来るが、その評判のよかった阿川海軍といえども、「滅亡寸前」という、建軍以来はじめての異常事態のゆえに、突発したこれは一時的な現象であって、阿川海軍本然の姿ではない。一時的な「狂気と不合理の瀰漫」をもって、光輝ある阿川海軍をあげつらうなかれ、といいたいらしい。さらに阿川氏の好きなネイビーブルーの軍服を着けてはいるが、中味は暴力団のチンピラとかわるところのない連中のリンチ三昧を、「戦争の悲惨さ」「人間のみにくい業といふもの一般」に、すりかえてしまった。これは詭弁に近いレトリックである。修正という名の神津海軍の不条理なすさまじいリンチは、「人間の業」などという程の大それたものではない。あくまで誤った兵学校教育の結果であり、その時そこにいた海兵出の士官が、品性下劣であったというだけにすぎなかったのだ。その証拠に、リンチに反対した前述の久住中尉のような人格者がいたのである。武田氏が「一体、帝国海軍はいつ頃から、教育訓練の歯車を狂わせてしまったのであろうか」と書いているのを、阿川氏は読まなかったのか。阿川海軍かわいさのあまりとはいえ、このすりかえは、いささか牽強付会というものだ。

テレビで特攻に関する番組のとき、きまって最後のしめくくりで、アナウンサーが「戦争の悲劇」とか「平和の尊さ」を口にする。阿川氏までがこのきまり文句を使用されるとは思わなかった。氏は「戦争の悲惨さ」と書いたが、神津海軍の悲惨は、戦争の悲惨ではない。むろん戦争が無かったら、あり得なかったわけだが、戦争だからといって「狂気と不条理の」リンチがなければならなかったわけではない。あくまで神津海軍の海兵出の士官の質が悪かったために生じた悲惨であった。あるいは回天特攻を「戦争の悲惨」というか。しかし特攻も戦争ゆえの悲惨ではない。これはあくまで特攻作戦を強行した昭和海軍首脳部の犯した犯罪である。その証拠に、外道提督のいない敵国海軍の戦争には、特攻の悲惨がなかった。

「滅亡寸前」とはよくもいってくれた。「狂気と不合理の瀰漫して来る模様」は、武田氏が昭和十九年十一月二十六日光基地に着任したその日にはじまり、翌年八月十五日帝国海軍「滅亡」の日までつづくのである。八か月と二十日の間だ。阿川氏が走り読みで紹介の筆をとったにしても、時間的経過を誤ることは考えられない。今の若い人ならいざ知らず、著者と同じころ、同じ海軍にいた阿川氏は、私もそうだが、その頃の年代や日付については敏感な筈だ。それをあえて「寸前」としたのは何故か。「高松宮と海軍」で阿川海軍に最大の讃辞を献呈した以上、阿川氏にとって「狂気と不合理」があくまで一時的な現象でないと都合がわるいということは理解できる。武田氏のこの本を読む人は、これを帝国海軍の真の姿と思わないでほしいという、願望の気持もあっただろう。

「寸前」と帯に書いておけば、その先入観をもって読んでくれるだろう、という期待あるいは計算があったかもしれない。だがそれにしても、八か月と二十日を「寸前」といってのける芸当は、普通人にはできることではない。

しかしこれは阿川氏の場合、驚くに足るほどのことでもない。阿川海軍の目玉の中でも、氏がピカ一と推賞する米内光政大将は、氏によれば、土壇場で日本を救ったというのだが、その讃美のしかたがすさまじい。前書に高木惣吉少将の試算とやらを引用して、本土決戦になっていたら「日本が真に立ち直るまで約二千年を要する」ところだったという。「文藝春秋」平成九年六月号にも、二千年を持ち出して、米内を有難がっている。これについては米内の章で論じた。「大きな嘘ほど人をだましやすい」とはナチスドイツの宣伝相ゲッベルスの言であるが、阿川氏もそのつもりなのだろうか。だまされてか、だまされたふりをしてか、とにかく一流出版社の本に、阿川氏の二千年がのせられているのだ。二千年の大法螺にくらべたら、八か月と二十日の鯖読みなど、物の数ではないと、氏は高をくくっているのではないか。

神津氏は「特に危険な兵器」というふれこみの募集に応じて、行ってみたら「自殺兵器」であった、という海軍の背信行為が肚にすえかねて、戦後に追及した。そして入手経路は伏せているが、昭和十九年八月二十日付海軍省人事局文書を前書に引用した。その中に回天志願者募集マニュアルとして、説明のしかたを教える次の文言がある。「右特殊兵器は挺身肉薄一撃必殺を期するものにして、その性能上特に危険を伴ふものなるが故に、諸子の如き元気溌剌且攻撃精神特に旺盛なるものたるを要す」。昭和十九年八月二十七日には、滋賀航空隊の予科練甲飛十三期生に対し、司令森本少将がこれをそのまま読みあげたという記録がある。

右文書には海軍大臣米内光政大将、次官井上成美中将、軍令部総長及川古志郎大将、次長伊藤整一中将の捺印があった。これについて神津氏は次のように論じた。

「米内光政、井上成美の名前は平和主義者として知られており、当時の頑迷な軍人とちがって、すぐれた人といわれている。それは正当な評価なのであろう。だが、回天搭乗員募集にあたり、若者に『その性能上特に危険を伴ふが、元気溌剌なら志願しろ』という、無類の名文句で応募者を募ったのは、まさに彼等の責任である。純真な若者を『甘言を弄して釣った』と言っては、いいすぎだろうか」。

米内、井上両大将は、阿川氏の最も賞讃する人たちである。だがその正体は、こういうペテン師であった。下品なたとえだが、まともな仕事を世話するといって女をだまし、娼婦にしてしまう手口よりもひどい。だました上に命までとってしまうのだから。

特攻は阿川氏にいわせれば「戦争の悲惨」のうちだろうが、そういってしまっていいのか。そういう事に還元してすませていいものだろうか。神風特別攻撃隊の壮烈な最期が報道せられた時の衝撃を、私は今も忘れることが出来ない。後につづく者を信じ、靖国の神となって国を護ろうとした人たちの志も空しく、戦いは敗れた。敗れたあとに、日本国民の精神的敗北はとめどなく進行した。経済大国を謳歌する頽廃が、どういう日本の姿を招いて来たかは、既に見られる通りである。私自身想像も出来なかった現在の事態を、戦死した人たちは、夢にも思わなかったにちがいない。彼等に対して会わす顔がないという気持から、私はつねに逃れることができないのだ。同じ言葉を数年前テレビで、神津直次氏の口から聞いたことがある。この拙文を草するのも、その気持からである。

昭和二十年四月四日夜、宇佐空の士官室の黒板に「明朝〇七〇〇　島少尉出撃」の文字が書かれ、慶大生島澄夫君は桜の小枝を胸にさして、機上の人となった。彼は中学の同級生で、一年の時私の左となりの席にいた。同じ宇佐航空隊の特攻要員で中学も同窓の早大生辻井弘少尉が、発進直前の九九式艦爆の翼にかけ上り、島君と最後の言葉を交わした時、彼の眼から涙があふれおちるのを見た。彼は「日本男児の本懐」にはじまり、孝養をつくせぬ両親への思いのあと、「神州不滅」と書いた遺書を残していた。

昭和二十年四月二十日頃、宮崎県赤江基地の海軍施設部で製図を担当しておられた二十才の安田郁子さんは、事務所の庭に、にわか造りの三角兵舎が出来たのを見て、「来た、いよいよ」という気持がした。入舎したのは十七歳の特攻隊員たちで「ほんとうにあどけない表情をしておりました」という。

「出撃するらしい」といううわさの流れた朝は、「みんな仕事に手がつきません」。少年兵たちは白いマフラーを巻き、飛行服の姿でバレーボールに興じて、若々しい声がきこえていた。それも束の間、ピーッと笛がなって、隊員は一斉に部屋に入った、「身のすくむ思い」がしたという。そのあとを安田氏の手記から引用する。

「『見て、見て』という友人の声に窓の外を見ると、一人だけが部屋に入らずに、左手にある小川の岸に向かって走って行きます。その津和田川の右手は薮になっていて誰もいないところです。外からは暗い室内にいる私たちは見えないのです。小川の面に急に夕立のような波紋がいくつもいくつもできました。滂沱と流れ落ちる涙が輪をつくっていました。あとは私も見ませんでした。見てはいけないと思いました。小川で顔を洗ったのか、色白のふっくらした頬が赤くはれているようでした。本当にまだ少年でした」(「モスグリーンの青春」ジャププラン社)。

少年は駆け足で皆のところへ行った。彼女はせめてものはなむけにと思い、自転車でおそ咲きの桜のある所までかけつけ、小枝を折って帰途についたとき、海に向かう編隊が見えた。人気のない道にくずおれた彼女は、声をあげて泣いた。三角兵舎にもどると、すでに祭壇が作られ、白木の箱が並んでいた。桜をお供えすることが精一杯であった。

阿川氏はこれらも「戦争の悲惨」に還元するのであろうか。戦争のもたらした悲惨にはちがいないが、戦争であっても、あるべきでない悲惨とは思わないのだろうか。

命令された特攻出撃とはいえ、彼等は祖国のためにいのちをささげることに、誇りと使命を感じていた。細川首相や司馬遼太郎がいう「侵略戦争」にいのちをささげたものではない。両氏が攻撃非難する戦争と、彼等がいのちをささげた戦争とは、別のものであった。日本人は侵略戦争のために死ねるものではない。

阿川氏は海軍の「滅亡」という語を用いた。滅亡にいたるまでの昭和海軍の栄光は、氏がたたえる大将たち、米内光政、井上成美、野村吉三郎らによって保たれたものではない。彼らはむしろ栄光をけがしたのである。米内井上は大西をつかい捨てた特攻殺人犯である。野村はその愚鈍と怠惰のゆえに、祖国に卑劣なだましうちの汚名をきせた国賊だ。

日本政府の最後通牒をワシントン時間十二月七日午後一時に手交せよ、という東郷外相の指令にもかかわらず、奥村勝蔵書記官以外にタイプが打てる者がいないため、書類作成がおくれると判断した野村大使は、ハル国務長官に電話して、すでに申し込んでいた手交時間を三十分繰り下げて、一時三十分にしてもらった。だが作成はそれにも間に合わず、野村が来栖三郎大使と共に、国務省でハル長官に英文タイプの書類を手交できたのは二時二十分であった。同じワシントン時間の一時十九分に、真珠湾ではもう日本軍の奇襲攻撃が始まっていた。日本大使館よりも暗号解読能力のすぐれていたアメリカ側は、すでにその文書の内容も、一時に手交せよという指令までも知っていた。

それでいてハルは「私の五十年の公職生活を通して、これほど恥知らずな、虚偽と歪曲にみちた文書を見たことがない。こんな大がかりな嘘とこじつけを言いだす国がこの世界にあろうとは、いまのいままで夢想だにしなかった」と言って、両大使とその祖国を侮辱した。野村が弁解しようとしたのを、ハルは手で制し、出てゆけとばかりに、あごでドアを指した。

最も重大な局面におけるこの大失態は、世界外交史上にも稀有といっていいほどのものであろう。しかもその最高責任者が、阿川海軍では目玉の海軍大将なのだ。すでに十二月一日、日本政府はワシントンはじめ世界各地の在外公館に、暗号書の破棄を指令している。大将でなくて一士官一水兵であっても、その意味はわかっていただろう。文官の外交官もとより然りだ。ところが大使館に緊迫した空気が全くなかったのは、どういうわけか。

半藤一利氏の「山本五十六の無念」(恒文社)によれば、対米覚書十三部は六日の昼前から入電しはじめたのに、一等書記寺崎英成の送別パーティのため、外交官は夕刻一せいに退庁し、残りの電信課員六名も夕食に出かけ、午後九時半ごろから解読作業をはじめて、終了したのは十一時すぎであった。しかしタイプする者はいないので、一晩中放置された。一方ルーズヴェルト大統領が、傍受解読された暗号の報告をうけとったのは、午後九時半だったという。傍受班は徹宵待機していた。ルーズヴェルトはそれを一読して「これは戦争を意味する」と言った。ところが日本大使館の外交官は、誰ひとりそれを知る由もなかったのである。

翌七日最後の第十四部が午前七時から入電したが、配達された電報は、電信課長が出てくるまで、大使館の郵便受けにつめこまれたままであった。午前十時から解読作業がはじまり、終了した時は午後〇時三十分になっていた。同じ文書の解読報告が、ルーズヴェルトの許には午前十時前に届いているのだから、まるであべこべのような話だ。米政府の緊張と日本大使館の紀律のたるみは、あまりにも対照的であった。

それでも野村が日本政府の指示どおり、ワシントン時間の午後一時にハルと会っておれば、ハワイ空襲がその十九分後だったから、かろうじて無通告攻撃の汚名は免かれ、両大使もあれほどまで罵倒されることもなかった。だが野村はそれをしなかった。海軍大将たる野村の軍人としての資質が、根本的に問われる行動ではないか。

阿川氏は海軍兵学校の教育で、時間厳守が重視されていたことを、「海戦は時計で闘うもの」という海軍士官のモットーまで紹介して、前書に強調した。平時でも乗艦の出航におくれた「後発航期の罪」は理由の如何を問わず重罪に処せられたという。ところが最も大切な開戦時の野村の大チョンボは、何のおとがめも受けず、帰国後は優遇され、戦後の社会では出世し、天寿を全うした後、現代では阿川海軍の目玉に列せられた。右のモットーが戦中の肝腎なときに空文であったことは、ミッドウェー海戦やレイテ沖海戦などの示すところである。

海軍士官の前記モットー五十条のうち、第二十一条に「言訳するな」がある。ところが前にも論じたように、奥宮正武元中佐は、ミッドウェー海戦では、わが方に運がなかったために敗れたと、戦後の現在でもいいわけをする。同様に元中尉豊田穣は「悲運の大使野村吉三郎」（講談社）で、野村の大チョンボを「悲運」でいいのがれようとする。仲間うちのかばいあいは、美徳ともなり得るが、国の大事にかかわる事では、順逆の大義を誤るものとなるだろう。彼はまずパーティで大使館員が不在であったことを、悲運の第一とする。何のことはない。パーティなどにうつつをぬかす事態ではないと、トップが一喝すれば足りるところだったと思われるが、そうはいかなかったらしいのを、代弁者の豊田は運命悲劇にしてしまった。

豊田が悲運の第二にあげるのは、タイプの出来るのが奥村書記官だけだったということである。そして五日に死去した陸軍武官補佐官新庄健吉の葬儀に手をとられたのも悲運の一つとする。そして「不運というものは幾重にも重なるものである」となげき悲しむのだ。こんな泣きごとが、海軍兵学校出の士官だった者の口から洩れようとは、読んでいて、にわかに信じがたい気さえしたものだ。だがおどろくのは早かった。泣き言につづけて、彼は「さらに野村や来栖に不運であったことは、この『対米通告』のハル国務長官への手交時間が定められていたことである」としるす。命令をまもらなかった怠慢を責めないでくれ、命令が悪いのだ、命令が野村の悲運だといって、かばったつもりかもしれないが、これは帝国海軍軍人たるものの紀律を疑わせることになった。物理的に不可能な時刻の指定ならば、命令の方が悪いということになるだろう。しかし別に無理な指定ではなかった。野村にしても、豊田にしても、海軍の作戦命令が時間の指定なしではあり得ないことは、百も承知であろう。指定のあったことを「不運」とする論理あるいはその発想が、旧海軍士官たる者の、いったい何処から出て来たものか、彼が御存命ならば、問いただしたいところであった。

東郷外相の指示に「機密文書につき、一般のタイピストは使用すべからず」とあったことも「最大の泣きどころであったと思われる」と豊田は書く。「タイピストを疎外した場合、どの程度の遅延を生じるのか？　ということについて外務省ではいかなる認識があったのか？　時間の余裕に関する配慮が不足していたといわれても致し方あるまい」。くどくどと、劣等生のいいわけじみて、いささかあわれっぽい印象を受ける文章だ。要するに大使館員がそれほどまでに無能であるとは、外務省も思っていなかった、という事実に対する抗議文である。劣等生には劣等生なりの、課題を与えてほしかったという甘えである。

ところで野村とその弁護人豊田に、意外な味方があらわれた。当時新人の外交官補として書記官室に勤務していた藤山楢一氏は、今でも右と同一の見解を主張して、大使館員の責任を回避しようと努めている。「一青年外交官の太平洋戦争」（新潮社）に、これまでのノンフィクションでは「記述者はこの重大な時に大使館員がたるんでいたことにすべての責任があると言いたいらしい」と前置きしておいて、そうではない「通告文の手交が遅れることになった原因は、一に『最高機密文書にタイピストを使用してはならない』との訓令にある」と豊田以上に明言するのだ。奥村書記官しかタイプが打てないのに、「何故解読できた分からタイプを打ち始めなかったか」と設問し、「ハルノートに対する日本政府の回答文は、歴史に残る最重要の公文書である。結論も分からずに出たとこ勝負でタイプしたものでは、ハル長官に手交する公文書としていかにもお粗末である」と弁明する。氏はこれでいいわけが出来たつもりのようだ。提出期限にはおくれたが、優等生の作文は立派に出来上がっていたのだから、いいではないかといいたいらしい。

形式主義もここまで来れば、救い様がない。タイプが大事か、指定時間が大事か、という判断が、海軍大将の野村大使から一年生外交官の藤山氏にいたるまで、見事に欠落していたのだ。下手なタイプが間に合わないなら、手書きでやれと、なぜ野村が言わなかったのか。それでも間に合わないなら、出て行って口頭で伝えれば足りる。書類はタイプであろうと、手書きであろうと、あとで届けるといえばすむことだった。この程度の判断の出来ない軍人が、実戦で物の役に立ったとは思えない。あまりにもお粗末な海軍大将である。どういう気で阿川氏は、今でも野村を目玉あつかいにするのだろう。

藤山氏にも多少の反省はあるらしく、前書に次のような文言が付け加えられている。「今にしてふりかえれば、何としても指定時刻に間に合せる方法はあったかもしれない。クリーン・コピーを作らずに、ペンや鉛筆で加筆訂正した体裁の悪い汚い文書をそのまま提出する方法もあった」。下司の後智恵の典型である。今ごろアッケラカンとこんな事が書けるのは、通告おくれというミスの重大性を、あまり考えていないからではないか。

半藤一利氏の前書によれば、大使館員の士気の低下、綱紀のみだれは、開戦直前のみのことではなかったという。昭和十六年二月十一日ワシントンに到着して以来開戦まで、野村はついに大使館員を掌握することが出来なかった。大使と大使館員とは疎隔し、大使館員相互に連帯はなく、キャリアとノンキャリアの対立がそれに輪をかけた。「野村大使がハルとの会談を終えて大使館にもどってきたとき、ただちにかけつける大使館員はひとりもいなかった」。「会談の結果を聞き、その対策を研究し、大使に示唆を与え、さらには外務省への報告電を起案するような奇特な館員のいるはずもなかった」。野村は「隻眼の不自由さを忍んでみずから報告電を書いていた」。火急の事態に大使館が即応できなかったのは当然である。

まさに想像を絶する無統制な日本大使館の姿であるが、野村に軍人としての統率力があったなら、すべて解決していたことではなかったか。第三艦隊司令長官をつとめた海軍大将でも、三十人の横着大使館員を統率することが出来なかったということか、それとも三十人の大使館員を統率できない人間でも、第三艦隊司令長官ならつとまったということなのだろうか。

おどろいたことに、豊田の前書によれば、野村は昭和十七年八月二十日、交換船で横浜に入港帰国したとき、出迎えた長男野村忠主計中尉に向かってただ一言「郵便配達夫みたいなもんだったよ」ともらした。豊田はこれに「その一言には無量の思いがこめられていたとみるべきだろう」と詠嘆じみたコメントをつける。だが国の大事に際して、陛下から駐米大使という大任を授けられた高官の言辞としては、あまりにも畏れ慎しむ心のない、軽口にすぎるのではないか。それに迎合阿諛する幇間役の豊田も、同じ穴のむじなである。忠実な郵便配達夫は、指定された時間にきっちり配達するものだ。野村は郵便配達夫としても落第であった。

豊田によれば、野村はパーティで酒をのんだのではなさそうだが、退庁してワシントン時間午後十時には、大使公邸の寝室に入っている。「明日は忙しくなるぞ……そういう想いが胸にのしかかって急には眠れそうもない」「いよいよ戦争だぞ……野村はベッドの中で天井を仰いでいた」「十か月近くの緊張した時間の堆積が深刻な思い出となって、彼の安眠を妨げていた」などとまるで見て来たような書き振りであるが、「いよいよ戦争だぞ」にしては呑気すぎた。忙しいのは明日ではなくて、今夜なのだという状況判断ができなかったため、開戦前夜という日本の歴史上にも稀な重大な時に進退を誤り、千載に悔いを残してしまったのである。

「旗艦先頭単縦陣」は海軍士官のモットー第四十八条だが、野村は率先徹宵して、暗号解読を督励すべきであった。駄馬にむち打ってでも、命令に従わせるべき局面であった。この時をのぞいていつの日かという覚悟がほしかった。彼にはこの時そこが自分の戦場だという自覚が全く無かったとしか思えないのだ。誰の命令によるものか、米側解読斑は徹宵して成果をあげている。これでは戦う前から勝敗がきまっていたようなものだ。阿川氏は小泉信三とともに、野村が「洒脱謙譲最も気持のよい人間」だったといいたいらしいが、愚鈍大将、無能大使であっても、人付き合いはよかったのだろう。

野村以下大使館員の失態は、世界中に大日本帝国の威信を失墜させ、陸海軍将士の犠牲を無にするものであった。ルーズヴェルトの宣伝のために失われた名誉は、五十年後の今日でも回復されていない。小室直樹氏は日下公人氏との対談で、ミスした「当の外交官は全員銃殺されて当然ですよ」と言った（「太平洋戦争こうすれば勝てた」講談社）。明治の外交官だったら、大使館員は切腹しただろうと渡部昇一氏はいう。彼等がこの時、おくれた事情をかくさずに打明け「ずらり並んで切腹して、天皇と日本国民に詫びるということでもやっていたら……そのニュースは世界中を駆け巡り、真珠湾奇襲についての悪評は消えていたはずである」「今からでも遅くないから、彼らの名誉を外務省は公式に褫奪《ちだつ》すべきだと思っている。そして彼らが、なぜそのような処分を受けたかを、全世界に発表すべきだとも思っている」と主張する。

渡部氏はまた野村らが責任をとって、事情を明らかにしておれば、戦争は「もっと早期に終わったかもしれない」という元外交官岡崎久彦氏の意見を引用し、もともとアメリカも原爆投下にいたるまで、対日戦争に深入りする気はなかったはずだ。「もしこの戦争が〝スニーク・アタック〟で始まっていなければ、彼らだって岡崎氏の言うごとく『早く手を打とう』と考えただろう」「この戦争が真珠湾攻撃で始まったことは、アメリカの選択肢をも狭めたのである」と説く（「かくて昭和史は甦る」クレスト社）。この見解は前に紹介した「もしミッドウェー海戦で戦争をやめていたら」の保阪正康氏とともに、あの戦争に根本的な反省をせまる重大な歴史のイフである。

帝国海軍最後の栄光は阿川海軍の目玉とされる外道大将や愚鈍提督ら「洒脱謙譲最も気持のよい

人間」どもによって保たれたものではなかった。それは自ら志願して、或は命令によって特攻散華した若者たち、敵影を見ない暗黒の海で、レーダー射撃をうけて沈んだ無名の戦士たち、大本営からは見捨てられ、孤島にとりのこされて玉砕した兵士たちによるものであった。ほとんどが名も知られず、五十年後の今は、おもいを寄せる国民もわずかになってしまった。首相になった途端、靖国もうでをとりやめると言い出す男も出て来た。阿川海軍の目玉は忘れられてもよい。最後の栄光を保った人たちのことは、忘れられずにありたいものである。

　昭和二十年一月六日比島リンガエン湾で、アメリカ巡洋艦ルイスビルに特攻機彗星が命中して大損害を与えた。水兵だったジョン・ダフィ氏は、その時ひろいあげた一枚の破片を故国へ持ち帰った。六十四センチ×四十センチのジュラルミン片に、大小無数の弾痕があった。その事を知った日本テレビの局員が、平成七年に彼をたずねた時、ダフィ氏は「このパイロットはすごかった。是非さがしてほしいんだ。司令塔の真下に突込んで来た、司令官も入れて三十二人がやられ、百二十五人がけがをした」と言った。防衛庁でしらべた結果、乗員は京大生吹野匡中尉と神戸高工生三宅精策少尉と判明した。こういう特定は限りなくゼロに近い確率だといわれる。破片は操縦席のすぐ近くの脚のカバーで、おそらく乗員は蜂の巣のようにやられていた筈だった。人間の能力の限界をこえた壮烈な最期が米兵を感動させたのである。この記録は日本テレビから同年十二月八日放映された。日野多香子著「つばさのかけら」（講談社）に、くわしく紹介されている。

　特攻隊の直掩機をした体験をもつ角田和男氏は、戦後の手記に昭和十九年十月三十日スルアン島海域で散華した爆装零戦六機の葉桜隊のことを書いた。高度千五百メートルで対空砲火にやられた四番機は火の玉となって一条の黒煙の尾を引きながら、そのまま真直ぐ急降下を続け、見事敵空母の甲板に命中したのだ。果たして、同機の搭乗員は体当たりの直前まで生きていたのであろうか。そうだとすれば、「実に人間とは思えない凄まじい気力である。……この時始めて真実に精神力の物凄さを見せられた」。その夜セブ島基地の山中宿舎で、命令者中島正少佐がビール乾盃の音頭をとり、戦果の祝杯があげられた。末席の角田は「何か一同にとけ込めない心のわだかまりを持っていた。昼間のあの光景が未だ眼底に焼き付いていて、笑う気にも成れなかった」（森本忠夫「特攻」文芸春秋）。

一九七〇年ごろワシントン大学にいた西鋭夫氏は、アメリカ海軍水兵の回顧録をよんで、神風特別攻撃隊の記述に涙がとまらなかったという。十機ほどが突っ込んで来るのに対して、「気が狂いそうな恐怖に震えながら、水兵たちは機関銃を撃つ。ほとんど三十分ぐらいで撃ち落とす。だが時折一機だけがいくら機関銃弾を浴びせても落ちない。銃弾の波の間をくぐり、近づいてきては逃げ、そしてまた突込んでくる。国のために死を覚悟し、体当たりせんとし、横殴りの雨のような機関銃の弾をみごとな操縦技術で避け、航空母艦を撃沈しようとする恐るべき敵に、水兵たちは深い凍りつくような畏敬と恐怖とが入り交じったような複雑な感情を持つ。死闘が続く。そして、とうとうその神風を撃ち落とす。その瞬間、どっと大歓声が湧き上がる。その直後、甲板上がシーンとした静寂に覆われる。水兵たちはそのすばらしい敵日本人パイロットに、戦士として畏敬の念を感じるとともに、『なぜ落ちたのだ⁉』『これだけみごとに戦ったのだから、引き分けにし、基地へ飛んで帰ってくれればよかったのに‼』と言う」（西鋭夫「富国弱民ニッポン」広池出版）。

戦中に私も新聞記事で、アメリカの若いパイロットが顔のはっきりわかるまでに、弾丸の中を突っ込んで来るのを艦上からみて、敵ながら天晴れと感動した話を読み、敵にして不足のない相手だと、感じたことがある。「鬼畜米英」と敵をののしる高級軍人の頽廃とは反対に、戦場では敵味方の間にこういう武人としての共感が存在したのだった。

昭和十九年十月二十五日未明レイテ湾に向かっていた戦艦二隻を中心とする七隻の西村祥治中将の艦隊は、スリガオ海峡でキンケード中将の戦艦六隻（その五隻は開戦劈頭日本軍が真珠湾で沈めたものだった）を中心とした艦隊の攻撃を受けて全滅する。レーダーで発射する砲弾と魚雷に対して、日本海軍の得意とした夜戦は肉眼が武器であったため、太刀討ちが出来なかった。西村艦隊の受けた砲弾は、四十センチ砲と三十六センチ砲が三百発、二十センチ砲と十五センチ砲が四千発であったという。この時ミンダナオ島のスリガオに、警備の福山第四十一連隊の陸兵がいて、その海戦を目撃した。真っ赤に炎上する軍艦から、次々と大砲が発射され、ものすごい勢いで火線がしきりに飛び出して行った。「海軍魂とはこういうものなのか」と感銘をうけたという（御田重宝「特攻」講談社）。

帝国海軍最後の栄光を書きとどめておきたいと考えて、ここまで筆をとって来たが、当然のことながら、私の力ですべてを尽くすことは出来ない。ただ私の乞い願うところは、こういった知られざる無数の人たちのことを、われら国民がつねに忘れず、遺された志を生かしてゆきたいということである。戦後の五十年ほど日本人が国防に怠惰であった時代はないと私は思う。自衛隊を国軍と明記し、独立国として近隣諸国と対等の体制をもつことはいまだならず、防衛庁の省への昇格さえままならぬ現状は、慨嘆に堪えない。前にも述べたが、海軍の再建は阿川海軍の再建であってはならない。そのために阿川海軍の批判と神津海軍の反省が不可欠である。

戦争という国民体験は、人間の最も崇高な姿と、最も醜悪な姿をさらけ出した。神津海軍にみられた品性下劣な海軍士官は、どうして出来上がったのか。阿川氏のほめる兵学校教育に、日本人としての精神教育が欠如していたからだと私は考える。そのため軍人以外の日本人に対する、鼻持ちならぬ優越感が育成された。エリート意識といっても、阿川氏が高松宮を手本とするノーブレス・オブリージュとは似ても似つかぬものである。

回天隊員を志望した予備学生の心境は、たとえていえば、万葉集巻二十の防人歌にみられるようなものであった。

大君のみことかしこみ磯にふり海原わたる父母をおきて

あられふり鹿島の神をいのりつつすめらみくさにわれは来にしを

これに対して、先輩たる職業軍人ならば、同じ巻二十の大伴家持の次のうたの心で、こたえるべきであっただろう。

つるぎ太刀いよよとぐべしいにしへゆさやけく負ひて来にしその名ぞ

予備学生は娑婆からやって来たヨソ者であったかもしれない。だが国家危急存亡の秋にあたって、戦列に加わり、ともに剣をとって敵にまみえようとしているのだ。戦友として、日本人として、皇国民として、連帯感をもつのが当然ではなかったか。その上で殴ろうと何をしようと、教育指導のすべてがはじまるのだ。それが皇軍、天皇の軍隊のあるべき姿ではなかったか。

皇国日本では一君万民といわれた。上御一人の前に、国民はすべて身分の上下をはなれ、社会的な地位を度外視して天皇に直結し、忠誠をつくすのが皇国民の道であった。位階勲等はもとより、身分や地位をすてさり、はだかの人間、名も無き民の一人として、ひたすら忠誠の念で天皇に対したてまつる。これを草莽の志といった。そういう人びとの、おもいのめざす対象を神といったのである。

封建道徳では君の馬前で討死するのを名誉とした。一つの生命体である日本の国を象徴する天皇への忠誠、天皇陛下万歳といって死ぬことが、国を護って来た。その純粋なものが恋闕の情である。大君のおん為に死ぬ、という言葉すらも言挙げとしてしりぞけ、ひたすら大君の辺にこそ死なめと念じた。ジャングルの中で息絶えても、わだつみ深くしずむとも、大空に散ろうとも、その場所を大君の辺とかしこみ、命をささげる道統があったのだ。

聖書と讃美歌をたずさえ「私は讃美歌をうたいながら敵艦につっこみます」と母君たちへの遺書に書いて、昭和二十年四月十二日鹿屋から特攻出撃、沖縄に散華した京大生林市造少尉の日記から、同年三月十九日の一部を引用する。

「私は二、三月を出ずして死ぬ。私は死、これが壮烈なる戦死を喜んで征く。だが同時に私の後に続く者の存在を疑うて歎かざるを得ない。世にもてはやさるる軍人も、政治家も、何と薄っぺらな思慮なきものの多きことか。誠の道に適えば道が分るはず。まさに暗愚なる者共が後にのこりてゆくを思えば断腸の思いがする。

大君の辺に死ぬことは古来我々の祖先の願望であった。忠なる人とは大君の辺に死ぬことをこい願った人のことである。身を草莽の軽きにおかず、勿体なくも、大君のために自分が死ぬと云う。私は勿論、大君のためと云うた人々すべてが、自分の国に対する力を過大に評価して居たとはいわぬ。だがかかる人の何と多きことか。宛然国中国を確立する軍人に於て、かかるものの最も多きことは、痛憤にたえないところである。……枢要の地位にたつものは、殊に軍人は、その置かれたる位置に乗じて、許しがたき罪、赤子であること、民であることを忘れるという罪をおかしてはいないのか」(『日なり楯なり』櫂歌書房)。

私はこれを読んで、生前の彼に出会うことが出来ていたら、どんなによかっただろうかと、歎かずにはいられなかった。

阿川氏も若いころは阿川海軍の心酔者ではなかった。むしろ神津海軍を見すえる眼をもっていた。「雲の墓標」（新潮社）には、予備学生に対する特攻志願の強制、理不尽ないいがかりをつけての修正（リンチ）、燃料の差別（予備学生にはアルコール入りの事故の多い燃料を使わせる）、任務の差別（百里空の犬吠岬東方哨戒で、敵戦闘機の侵入針路とクロスする可能性のある哨戒線には「かならず予備学生出身士官が割りあてられ、海兵出身の者はけっして出ない」）などが、はっきりと書かれている。これらは神津海軍の実相である。

主人公の日記には、次のような批判も出て来る。

「帝国海軍、海軍兵学校の教育、其の滅私奉公（の筈）の精神、これが後世如何に書かれ、如何に評価されるか自分は知らない。だが、『上官ノ命ハタダチニ朕ガ命ト心得』という、其の教えのかげで、どんなに屢々都合のよい身勝手が公然とおこなわれているか、ひとり百里空や海軍航空隊だけの問題ではあるまいとおもうが、如何」。

この書が世に出てから四十年、阿川氏はこの実相を「滅亡寸前」の「狂気と不合理」にかこいこんでしまった。その上で、司馬遼太郎のほめことばが「海軍の飯を食った人間として少々面はゆい」といいながら、昭和海軍をたたえてやまぬのは何故か。まさか一宿一飯の恩義——海軍の飯とはいっても、国民の税金を食っていたのだが——だけで、ここまで見当はずれのほめ方をするわけでもあるまい。

「高松宮と海軍」という一書にしぼれば、そのわけははっきりとする。高松宮を「ノーブレス・

オブリージュをしっかり弁へ、西園寺公が驚くほどの識見を備へた親王士官」「日本海軍の良き伝統をいちばんしっかり身に着けてゐたオフィサー」「もしかするといちばん素晴らしい海軍士官のひとりだつたんぢやないか」「良き時代のネイビーの良き伝統は、此の皇族士官の中に生きてゐた観がある」とくりかへしたたへる為には、宮が掃き溜めに鶴の存在であってはならなかった。キング・オブ・キングズとまではゆかなくとも、群峯の中にひときわすぐれた秀峯でなければならなかったのだ。

四十年のキャリアが阿川氏の感性をかえ、文章をかえた。「作家は自己の処女作に向かって成長する」とは亀井勝一郎の言葉だが、長命の作家には、しばしば初期の秀作をついに超えることのなかった人がみられる。みずみずしい予備学生の感性はいつしか失われ、ポツダム大尉を自称する阿川氏は、世評の高い有名提督に共鳴しつつ、自己を同一化するような心理にとらわれ、「良き時代の良きネイビーの良き伝統」の中に、どっぷりとつかってしまったかのような観がある。

司馬遼太郎のあとをうけて「文藝春秋」巻頭に連載する小文の筆勢はたるみ、自らいう「単なる老化現象か、よく分らないけれど、此処まで読んで、又涙腺が変になり出した」ような気配がしばしば読みとられる。「いやしくも名将は特攻隊の力は借りないであろう。特攻隊はまったく生還を期さない一種の自殺戦術である。こうした戦術でなければ、戦勢が挽回できなくなったということは明らかに敗けである」という鈴木貫太郎大将の言を引用しながら、別の号の同じコラムで特攻作戦を当初から終戦まで強行した外道大将の米内光政に最大の讃辞を呈する論理的矛盾も平気だ。処世術としての八方美人というよりは、思考上の欠陥からではないかと思われる。

阿川氏の俗物根性は、三井と水上スポーツとならべて、帝国海軍を世界一流にすることにも露呈されているが、くりかえし彼のたたえるリベラルな海軍、「自由にものの言へる雰囲気」の正体がそれだった。「海軍は、私の経験に則するかぎり、今を時めく学者評論家が言い立てているほど狂信の支配する非合理な社会ではなかった。世間で禁制の英語を口にするのは全くの自由だったし、陛下のことを私どもは平気で『天ちゃん』と呼んでいた」（『井上成美』新潮社）と書いている。

英語の自由、不敬の自由が、海軍の狂信と非合理でない証拠だというわけだ。だがこの二つを以て、神津海軍の狂信と非合理を否定することは不可能だろう。英語の国を相手に戦争するのに、英語が必要なことはわかりきった話だ。それ以上に、英米海軍を手本にした日本の海軍は、英語ぬきで平常の業務も戦闘もできなかった。文書のGFをいちいち連合艦隊と書いていたのでは、戦争にならない。英語の自由は必要にせまられたもので、自慢にはならない。

予備学生で海軍を志願した阿川氏が、自称ポツダム大尉となるまで、他の海軍の連中と一緒になって、「平気で天ちゃんと」口にしていたなどと、臆面もなく書くとはどういうことか。その口ぶりからすれば、異和感をもつどころか、「天ちゃん」と口にできる雰囲気を楽しんでいたかのようだ。申すまでもなく、そのリベラルな海軍から一歩外へ出れば、「天ちゃん」の発言は認められなかった。むかし私が上京して高校の寮にいたとき、同室の者から、東京の中学生には「天ちゃん」と口にするワルガキがいるという話をきいて、ショックを受けたことを思い出した。地方都市の神戸では、そんなワルガキなど考えられないことであった。阿川海軍は東京の中学生のワルガキのような自由を、リベラルとたたえ、謳歌していたらしい。こういう連中に草莽の志がわかる筈がない。海兵出の久住宏中尉や京大生林市造少尉の志を解せず、彼等を疎外したのも、むべなるかなといわざるを得ない。

このワルガキが高官に出世したとき、開戦前にも開戦後にも、昭和天皇に嘘をついたと、阿川氏が非難する事態になるのは当然ではないか。偽りの数字を平気で上奏して、「メイキング」と称することに、何のうしろめたさも感じなかったわけだ。これを阿川氏は「天子さまの誤判断を導き出すのは畏れ多くなかったのか」と批判する。しかし「天ちゃん」と口にする調子で嘘をついた高官を、同じ様に「天ちゃん」といっていた阿川氏が、「天子さま」に畏れ多いと叱るのは、目糞が鼻糞を嗤うたぐいに過ぎない。五十年の間に阿川氏は「天ちゃん」から「天子さま」にかわっているのだが——。氏は高松宮日記編纂の仕事で、宮家に出入りしたというが、「むかし私は平気で天ちゃんと口にいたしておりました」と妃殿下に申し上げただろうか。おそらく出来なかっただろう。うしろめたい気持もなかったのだろうか。

阿川氏の「天ちゃん」程度のものは、不敬ムードとして、戦前知識人の間に珍しいものではなかった。八紘為宇はもとより、神国日本、神州不滅といった言葉を、かげでは「神がかり」といってのけるのが、知識人の資格であるかのような風潮さえあった。国粋派とされる日本浪曼派の流れをくむ橋川文三にして、その傾向があった。阿川氏と同世代の彼は「戦争前一時保田与重郎にいかれた覚えのある私」と書き、「『イロニイとしての日本』ということは、『イロニイとしての天皇制』ということと等価であり、それは明らかに機関説に数等懸絶する『不敬』な観念でなければならなかった。事実、私たちのまわりの少年ロマン派の仲間たちは、『天皇』にたいしては文字どおりイロニカルな、適度に不逞な嘲弄感をいだいていたし、しかも保田の著書などを愛誦しながらそうであったのである」と書いた(『日本浪曼派批判序説』未来社)。今でも「神がかり」の語を好んで用いる阿川氏も、リベラルな海軍で不逞な嘲弄感をいだいていたのだろうか。

昭和四十一年十月九日号の「サンデー毎日」に、第十四期海軍飛行予備学生遺稿集「あヽ同期の桜」を読んだ阿川氏の感想文が出ている。引用された多くの神風特別攻撃隊員たちの手記と、それに寄せる氏の熱いおもい、彼等の短かった生をしのび、死をいたむ気持があふれた文章で、涙なくして読めないところもあった。氏はここで特攻出撃の強制を「神にそむくもの」と否定し、「許せない」とはっきり書いているのだ。その言やよし。されど三十年後の今いずこにありやの感慨がふかい。

「雲の墓標」の予備学生は、神風特別攻撃隊員として出撃する前に、次のことばではじまる友への遺書を書いた。

雲こそ吾が墓標
落暉《らっき》よ碑銘をかざれ

まさに阿川文学の白眉だと私は思う。いくたび読みかえしたかしれない。氏の文章から、この詩情、深いおもい、そして緊張感が失われて、すでに久しい。そのきざしは昭和四十二年の「中央公論」二月号に発表したソロモン紀行の標題「山本元帥！　阿川大尉が参りました」ですでに感じられていた。亀井勝一郎の言葉ではないが、阿川氏が阿川海軍から脱皮して、「雲の墓標」の世界に回帰せられんことを願ってやまない。

第四章　愚将山本五十六なぜ死んだ

山本神話の製造人たち

山本五十六海軍大将は、その最期から悲劇の名将といわれる。たしかに悲劇にはちがいないが、名将と呼ぶにはあまりにも疑問が多い。むしろ愚将とするのが穏当な評価であろう。それも並の愚将ではない。その判断の誤り、失敗の重大性から天下の愚将という名に恥じない軍人であった。例えばミッドウェー海戦で、山本は空母八（三百七十二機）、戦艦十一、重巡十七、軽巡十一、駆逐艦七十四、総計三百五十三隻、世界最強の連合艦隊を率いて出撃した。ニミッツはハワイで指揮してこれを邀撃した。空母三（二百二十一機）、戦艦ゼロ、重巡七、軽巡一、駆逐艦二十一、総計五十七隻の太平洋艦隊である。普通の陣形で戦えば勝つのが当然という圧倒的な勢力差である。ニミッツは「あれほど航空優位を主張していた山本が、自分の指揮する艦隊を最も妥当な形に編成し運用できなかったとは信じられないくらいだ」とする（「ニミッツの太平洋戦史」恒文社）。この海戦に敗れた山本を愚将と呼ばずして、何と言っていいのだろうか。しかしその欠陥を逆手にとってまで彼をたたえ、粉飾して名将に仕立てる幇間的作家評論家たちはこれまで数知れず、今ものさばっている。旧軍人の中でも彼を正当に評価する者は少なく、彼をたたえる事によって、国運を傾けた拙劣な戦争指導を糊塗することが多いのである。

「プレジデント」平成十二年三月号（プレジデント社）に「海軍の名将、名参謀かく戦い、かく敗れたり」と題する千早正隆（元連合艦隊参謀）、半藤一利（作家）、池井優三（慶大教授）三氏の鼎談が出ている。「千早　開戦当時は山本の威光が光っていましてね。まだ勝てると思ってました」「半藤　威光があまねく海軍に行き渡っていたわけですね。海軍としてはとっておきの人物が連合艦隊司令長官を務めてると思ってたんでしょうね」「千早　ええそうです」にはじまり、最後の「海軍の名将一位、二位は誰か」の項で終わる。

「池井　山本五十六はどのへんのランクになりますか」「千早　ミッドウェーで負けてからいけないようですね。何だか気力も失せてます。日本にはスプルアンスのような、穏やかだけれども芯が強いという軍人は残念ながらいませんでした」。そして半藤氏が南雲忠一、栗田健男、豊田副武、井上成美、木村昌福、田中頼造、西村祥治の名をあげたあと、「池井　となると、やはりカリスマ性の強さで山本五十六。水雷屋でありながら航空主兵時代を見通した小澤治三郎あたりが、海軍の一位、二位ということになりますね」で終わる。旧海軍軍人の中では最も鋭い批判をする千早氏がいたにもかかわらず、ありきたりの結論でがっかりした。

「歴史と旅」平成十一年九月号に元防衛大学教授平間洋一氏「真珠湾名将の光と影」という文章がある。中国の「外国海軍名将伝」に、山本は東南アジアの戦犯だが、ハワイ攻撃で「世界震撼」させた「日本海軍航空兵的創始者」で、世界近代海戦史上の「最出名的海軍将領」であるとされ、イギリスのネルソンとジェリコ、アメリカのニミッツ、ドイツのデーニッツらの名「とともに名将の称号を与えられているので、山本が世界的に偉大な名将であることは、イズムを越えて認知されているといえよう」とある。

平間氏は真珠湾攻撃が「世界の海軍史上に一大変革をもたらした。この点だけを取り上げても、山本は海軍戦略の一大創設者であり、名将といえるであろう」と今でも賞讃して、それを「光の部分」とし、失敗を「優しさ故に批判を受けている影の部分」として弁護する。真珠湾攻撃成功の報が連合艦隊司令部に入った時、第二撃の命令を進言した幕僚に「ここは現場にまかせよう」「やる者はいわれなくてもやるさ、しかし、南雲（司令官）はやらないだろう」と答えたのも、優しさと平間氏はいうのだ。

「信賞必罰は軍事指揮官の必須不可欠な要素であるが、優しさから常に山本の処置は甘かった」ミッドウェー海戦に敗れて帰還した機動部隊の参謀長草鹿龍之助が「大失策を演じおめおめ生きて帰れる身にあらざるも、どうか復讐できるよう取り計らっていただきたい」と言ったら、山本は「承知した」と「力強く答えたという」そして「突っつけば穴だらけであるし、皆が充分反省していることでもあり、その非を十分認めているので、今さら突っついて屍にむち打つ必要はない」といって、「ミッドウェー海戦の敗因を探究する研究会は開かず、南雲と草鹿の責任も追求せず、再編された第三艦隊（空母機動部隊）の指導を再び引継がせた」「この情の深さや優しさが山本のリーダーシップに影を与えているが、山本一人を責めることはできない。日本では協調性や『和』『思いやり』などを重んじなければ、リーダーシップは成り立たないし、情に訴えなければ部下はついてこない」と弁護する。失敗を反省することなく、さらに失敗をかさねてゆく愚将の標本が、日本軍人の本来の姿だから、責めないでというのだ。それでは日本の軍隊はまともな軍隊ではなかったということで、負けるのが当然な、低能集団だったということになるのではないか。

生出寿氏は「凡将山本五十六」（徳間書店）で、なぜ山本が南雲司令長官以下、草鹿参謀長、大石先任参謀、源田航空参謀らの責任を追及しなかったかについて、「いちばんうなずけるのは、彼らの責任を追求していけば、いきおい山本自身の責任にも至るからだということである。そのために山本は、部下たちの責任も追求しないかわりに、自分も逆に問われないという道をえらんだように思われる」と書く。自分をふくめての理非を明らかにすることになるので、「通例行なわれていた作戦戦訓研究会は、ミッドウェー海戦に関しては、ついに開かれなかった」「山本が愚直な人物であったならば、敢えて研究会を開かせ、自分をふくめての理非を明らかにしたという気がする」とも書いている。これでは責任者の処分も、作戦の検討もきびしい米海軍に勝てる筈が無かった。

平間氏は山本が「優しい」というが、下の者にはそうでなかった。ミッドウェーから生還した赤城艦長青木泰二郎大佐は予備役に追われた。下級士官や下士官兵たちは、口封じのためとじこめられた上、遠くへとばされた。傷病者は隔離され、これではまるで捕虜だと憤慨したのだった。

南雲艦隊のインド洋作戦は昭和十七年三月二十六日セレベスを出てから、四月二十二日の内地帰投まで続いた。将兵には当然休息を与えねばならないのに、山本はすぐミッドウェー出撃を命令した。死傷者の補充とともに、新搭乗者の訓練も必要なので、二航戦の山口多聞司令官はじめ一航艦の源田実航空参謀が、司令部に一か月延期してほしいと、強硬に主張したが山本は聞く耳をもたなかった。捕虜から生還した中攻機乗員たちを死なせたことは前に書いた。「優しい」山本とは虚像である。自分に優しかっただけだ。

「アメリカとは長期戦を戦うことはできないため、山本にはアメリカの動員体制完了前に、戦争目的を達成する『速戦速決』の連続決戦戦法しかなかったのではないか。十分な戦力も与えられず、日時の経過とともに戦力が格段に相違する日米の国力差を熟知する山本に、どのような戦い方ができたであろうかを考える時、戦後育ちの一介の学者が単に紙上の史実から、裁判官的に山本の作戦指導を論ずるのは気が重い」と平間氏は情念を吐露する。一介の学者といわれたが、元防衛大学教授が、名将山本を批判するのは、畏れ多いきわみと恐縮して居られるかのようだ。しかしこれだけ御自分から山本の愚将たる所以をかかげておいて、結局彼を名将のままで稿を擱える筆者の、矛盾した態度は疑問だ。あからさまには書かれていないが、連合艦隊司令長官は山本にとって、荷が重すぎた。それにもかかわらず何故その地位にとどまり続けたかは、これから明らかにしてゆこうと思う。

聖将の反英雄的叙述

山本讃美の極め付きは阿川弘之著「山本五十六」(新潮社)であろう。巻末解説に評論家村松剛は書いた。「戦争という巨大な劇は、その栄光と悲惨のなかからさまざまな英雄《ヒーロー》を生み出す。第二次世界大戦も、参戦国の双方に数々の英雄《ヒーロー》を生んだ。しかし日本についていえば、山本五十六ほどその名にふさわしい存在はほかになかったのではないか」とほめたたえ、「時代の新兵器を戦略にいちはやく採りいれ、これを機敏に活用した人びとが、史上名将といわれてきた人物だった。アレクサンダー大王のむかしから、ナポレオン、グーデリアンまで、例外はたぶんない。山本五十六も、航空母艦中心の機動戦略を最初に立案、実行したひととして、その系列にはいる」とも書いている。

「戦争という叙事詩の英雄をえがくのに、著者はおよそ英雄らしからぬ側面に目を注ぐ。この伝記作品から浮かんでくるのは、何よりもまず『海軍やめたら、モナコへ行ってばくち打ちになるんだ』といったり、連合艦隊旗艦の司令長官室で芸者に恋文を書いたりする、おそろしく人間的な士官の姿である」

山本の博奕好きは有名で、ひまさえあれば賭け将棋、囲碁、マージャン、トランプ、花札、ルーレットをした。モナコではカジノで大当りしたという伝説もある。村松は「人間的」というが、いささかこれは低級な人間的ではないか。司令長官室の東郷元帥に比すべくもない。別の人生に想いをはせるにしても、幕末国事に殉じた平野國臣が詠んだ「君が代の安けかりせばかねてより身は花守りとなりけむものを」の足許にも及ばない。しかし村松はこれを逆手に取って、ヒーロー説に肉づけしつつ、阿川氏の書をほめたたえるのだ。

「戦略的争点を中心に、ないしは政治的視野から、ひとりの武将の像を組みあげてゆくみちも、むろん伝記作家としてはありえた筈である」。だがそれはこの書の「主軸」ではなく、「印象に鮮やかに残るのは、むしろ芸者をおぶって駆け出したり、佐世保の町をチャプリンの真似をして歩いたりする茶目っ気の多い人間像の方である。英雄をえがくのに、反英雄的《アンチヒーロー》な叙述方法をもってしたことになる。そのことは『聖将』の人間像を明らかにふくみのある、豊かなものにした」「どのような英雄も、私生活の奥まで立ちいって見れば、所詮はただの男にすぎない。人間山本五十六をみつめようとする氏の方法は、すでに述べてきたように本来ならば英雄像破壊の方に向いている。その反《アンチ》英雄的《ヒーロー》な方法をもって、氏は英雄の像をえがいた。逆説的作業を可能にしたのは、全篇をつらぬく深い愛情である」「自由主義者で泥臭いことが嫌いで、博奕がむやみに好きな提督像に、著者自身の姿の投影を見出すことは、たしかに容易である。そしてまさにそのことが、この作品を単なる伝記以上のものにしている」と書いて、村松はこの書が一面的な記述ではなく、平間氏の言葉をかりれば、光の部分にも影の部分にも触れた「名作であり、伝記文学として一級の作品である」と絶讃する。

乃木大将か山本元帥か

「山本五十六」の初版が出たのは昭和四十年であるが、阿川氏の山本讃美は今なおおとろえぬばかりか、その表現も度をこえる事すらあるようだ。「文藝春秋」平成十年八月号の巻頭随筆に、氏は時間つぶしにたまたま入った乃木神社で発見した歌碑のことを書いた。「武士《もののふ》は玉も黄金もなにかせむいのちにかへて名こそをしけれ　希典」秀歌とは思えないが、述志あるいは自戒ととるのが、すなおな見方だろう。

「歌碑を眺めて私は、はしなくも此の将軍の少々俗な一面を見せつけられた気がした。清廉潔白な人物を評する時、『名利を求めず』といふ言葉がよく使はれるけれど、乃木さんの場合、『名』は求めたのだ。命を捨てても、自分の名前だけは後世へ立派に伝へ残したい、歌で察するかぎり、さういふことではないか。一般論、常識論としては、それでいいのだらう。一つの事を成し遂げた人に、死後の『名』も望むなと言っては、多分酷の度が過ぎる」

サカサ読みとはこういうものではないか。乃木はこの歌で、阿川氏の勘ぐる俗物根性を真向から否定しているのだ。乃木が命を賭けてまもろうとした名とは、あくまで武人としての名誉であった。名利とは辞書に「名声と利得」とある。阿川氏は名利のうちの利得をのぞいた名声の方を、乃木が「後世へ立派に伝へ残したい」と思っていたと「歌で察する」かのようだ。だが武人が名を惜しむというときの名は名声ではない。名誉をまもるということなのだ。まちがった事をして名をけがし、後の世に醜名をさらすことをおそれ、自戒する言葉である。名を名前とすりかえた上、「惜しむ」を「伝え残したい」といいかえるのは、あまりに牽強付会というものではないか。

阿川氏は明治の「鉄道唱歌」の四十七士を讃えた「雪は消えても消えのこる　名は千載の後までも」をあげて、「近代国家の軍職に在る者は、立場が、昔の武士とも、政治家や普通の官僚とも少しちがふのであって、自己に課せられたdutyを忠実に果たすつもりなら名前の潔さは認めないと、覚悟の上、死地へ出て行った山本五十六のやうな人も、明治以降三代の陸海軍将兵の中にゐる。私はそちらの方に親しみを感じる」という。偏見に近い独断である。近代国家の軍人は立場が「少しちがふ」といっても、人間としての本質がかわるわけではない。時代によって価値基準がかわっても、時代を超えてかわらないものもあるのだ。それが文化的伝統というものである。昭和の軍人にも万葉時代の防人に心の通うものがあったのだ。

阿川氏の文章の混乱は、「名」とか「名を惜しむ」とかが、いろいろな意味に用いられていることにもよると思われる。万葉集巻十二の「磯の上に生ふる小松の名を惜しみ人に知られず恋ひ渡るかも」（柿本人麻呂）、巻二十の「つるぎ太刀いよよ磨ぐべしいにしへゆさやけく負ひて来にしその名ぞ」（大伴家持）、千載集の「春の夜の夢ばかりなる手枕にかひなくたたん名こそ惜しけれ」（周防内侍）から、西郷南洲遺訓の「命もいらず、名もいらず、官位も金もいらぬ人は、始末に困るもの也。此の始末に困る人ならでは、艱難を共にして国家の大業は成し得られぬなり」、与謝野鉄幹「人を恋ふるの歌」の「恋のいのちをたずぬれば　名を惜しむかな男の子ゆえ　友の情をたずぬれば　義のあるところ火をも踏む」そして戦陣訓の「生きて虜囚の辱めをうけず、死して罪禍の汚名を残すこと勿れ」まで、名を尊んで来たわれわれの祖先は、いろいろなニュアンスでこの語を用いて来た。文化の重みというものだろう。乃木の「名」を売名の名と混同する阿川氏は、異常なのではないか。

この異常感覚の出どころは、どうやら志賀直哉の遺言にあるらしい。この随筆の後半にはこうある。「我が師志賀直哉が、亡くなる三年前、『名を残す事は望まず』と遺言を書いた」。遺言の「第二項が、『名を残す事は望まず、作品が多くの人に正しく接する事、一番望ましい。記念碑の類は一切断る事、名は残す要なし、作品の小さな断片でも後人の間に残ってくれれば嬉しい』となっている」「芸術家はある意味で大変恵まれた境遇で、水準以上のものを創り出して置くと、名が消えてしまったあとにも作品が残る。ものによっては三百年五百年の後まで残る。例へばプッチーニも知っていた日本の歌曲、作詞者不明の『さくらさくら』のやうに——。私どもはその無形の特典に感謝して、自分の名誉欲をその線で止めるべきではなからうか。実情はしかし、存外多くの芸術家が名を後世に残すことを望むらしい。芸術家の中でも特に文士、文学記念館や文学碑を建てるのが流行の風俗となったせいもあるだらうが、軍人政治家に負けぬほどの熱意を見せる人もゐる。志賀直哉はそれを嫌った。今年で没後二十七年だが、ご本人の素志にしたがって、記念館も新たな文学碑も造らなかったし、申出があればその都度断って来た」と阿川氏は付け加える。

だが「読み人しらず」の歌や、作者不詳の物語の時代とちがって、志賀直哉の作品が残って作者の名が無くなることはあり得ない。没後三十年のいまも「志賀直哉全集」なるものが、有名出版社から出ているのだ。彼が昭和二十一年末「国語問題」という文章に、日本語をフランス語にしてはどうかと書いて以来、私にとって目障りな彼の名であるが、八十五歳の志賀が文学碑を嫌ったとしても、それによって名を残すことにならないと思ったとしたら、とんだ思いちがいであった。名という言葉の世上に用いられる悪しき面に対する異常なこだわりがあったのだろう。そしてそれは「直哉末弟子の私は、先生の遺向に倣ひたいと思ふ」という阿川氏に、相伝されたのである。志賀直哉は大正元年九月十三日（一九一二）明治天皇御大葬の日、日記に書いた。「乃木さんが自殺したときいたとき、馬鹿な奴だと言ふ気が、ちょうど下女かなにかが無考へに何かしたときに感じる心持と同じ感じ方で感じられた」。その志賀の直弟子であることを誇りとし、今なお彼を崇拝する阿川氏が、口をきわめて乃木をおとしめるのは当然だろう。

氏はこの随筆で乃木と名とを否定した。その上で、乃木を反転したような山本像を賛美する。「対米英開戦の先頭に立たざるを得なくなった時、ひそかにしたためた『述志』と題する遺書がある。『此戦は未曾有の大戦にしていろいろ曲折もあるべく、名を惜しみ己を潔くせむの私心ありては、とても此大任は成し遂げ得まじとよくよく覚悟せり』名を惜しむ思ひを、はっきり『私心』と書き遺したのが昭和十六年十二月八日、その日日本は戦争突入」と書き、「らちもない空想だが、あの世へ行って、黄泉のくにで乃木山本のどちらかと交りを結べと言はれたら、真珠湾騙し討ちの汚名を背負うて死んだ山本さんを私は選ぶ。乃木大将とお近づきになるのは遠慮したい」とむすぶ。阿川氏の人柄がしのばれる文章である。

私心なき山本五十六の私心

私心ありては駄目だと書いた時点では、山本自身私心がないつもりであったかもしれない。だがそれ以降の彼の言動そのものは、必ずしもそうでなかった。

「名を惜しむ」を私心と解釈する時、その名は名声、功名の名であり、むしろ売名の名でもある。「己を潔くせむ」というのを私心として否定するのは、己の潔い状態に自己満足する偽善の否定ならば意味もあるが、神道の、穢れをはらい清めることへの反撥ならば、筋が通らない。いずれにせよ私心を否定することは、軍人として当然の心構えであろう。だが開戦前の昭和十六年四月十四日付の郷里長岡の友人、梛野《なぎの》透あて山本の手紙に「本年中の万一日米開戦の場合には『流石五十六サダテガニ（五十六だけのことはある）』といわるる丈の事はして御覧に入れ度きものと覚悟致居候」とあるのは、むきだしの私心というものではなかったか。

生出氏の前掲書によれば、ミッドウェー攻撃のため南雲機動部隊が出撃した昭和十七年五月二十七日に、山本は芸者梅龍こと河合千代子あてに手紙を書いた。彼女は山本より二十歳若く、財界人をパトロンにしていた。「私の厄を皆ひきうけて戦ってくれている千代子に対しても、私は国家のため、最後の御奉公に精魂を傾けます。その上は万事を放擲して世の中から逃れてたった二人きりになりたいと思います。二十九日にはこちらも早朝出撃して、三週間ばかり洋上に全軍を指揮します。多分あまり面白いことはないと思いますが、今日は記念日だから、これから峠だよ。アバよ。くれぐれもお大事にね。うつし絵に口づけしつつ幾たびか千代子と呼びてけふも暮しつ」。生出氏は「これで戦運が山本につくのであれば、世の中こんなけっこうなことはないと思われるような内容であった」とコメントした上、「これは、ミッドウェー作戦に成功して錦を飾り、連合艦隊司令長官も海軍大将も御役御免になって、好きなお前とただ二人で暮らしたいということのようにも思われる」と書く。もしも山本夫人が知ったら衝撃をうけられたことだろう。阿川氏はこれでも山本の私心に目をつぶるのだろうか。これから出撃という時、自らの戦闘後の生活にまで想いを馳せ、私心を手紙に託して、心は上の空、勝てるいくさではなかった。

ミッドウェーに敗れたあと、米軍の反攻に苦戦を続けていたガダルカナル撤収前の昭和十八年一月、山本は司令部から新橋の茶屋の女将あてに手紙を出して、河合千代子に「来て貰って朝から晩までパパイヤばかりたべて暮らそうかしらむ」と書いた。私心ありては云々などと、よくいえたものである。生出氏も開戦直前の山本の訓辞「全艦隊の将兵は本職と生死を共にせよ」とこの手紙とは「どうも合わないような気がする」と書いた。

それでも阿川氏はあくまで私心なき山本五十六を信じているらしい。だから「真珠湾騙し討ちの汚名を背負って死んだ山本さんを私は選ぶ」とまでいうのだ。山本は名を惜しむことがなかったから、汚名を背負って死んだ。私心の無かった証拠だと、いいたいらしい。だがこの論理には、二つの欠陥がある。山本の私心については既に論じた。次に彼が「汚名を背負って死んだ」というのは真っ赤なウソだ。真珠湾騙し討ちが汚名とされたのは、戦後のことである。ミッドウェー惨敗の汚名は戦後まで秘密にされたのみならず、連合艦隊の戦果は彼の手柄として報道された。山本五十六は真珠湾大戦果以来の栄光のまま死んで行ったのである。その上戦死の発表後まもなく、彼には元帥の称号がおくられ、大勲位、功一級、正三位に叙せられ、国葬が与えられた。海軍省は男爵を望んだが、さすがにこれはかなえられなかった。それにしても昭和軍人の戦功に対しては、空前絶後の待遇であった。論理の辻褄を合わせるためとはいえ、「汚名を負うて死んだ」とは、全くよく言うよといいたい。ただ表には出なかったが、国葬反対を東條首相に進言した佐藤賢了陸軍中将のいたことを付け加えておく。東條は海軍に遠慮して、それを容れなかったのだった。

「騙し討ち」とは敵国の使った言葉である。戦中の日本では用いられなかった。ルーズヴェルト大統領が開戦直後から唱え出して、国の内外に宣伝普及させ、「リメンバー・パールハーバー」の合い言葉が米国民を奮起させた。開戦から一ト月ほど後のこと、東京の省線電車内で、通勤帰りのサラリーマンらしい二人が、吊革を持って話す言葉を小耳にはさんだ。

「真珠湾の攻撃は国交断絶の前だったことが問題になってるらしいぜ」

「そうらしいね。でも勝ってしまえば文句は無いさ」

声は小さかったが、憲兵らしい者もいなかったので何ともなかった。大学生の私が聞いていて奇異に感じなかったのは、すでに風評があったからだと思う。

日露戦争では明治三十七年二月十日（一九〇四）の宣戦布告の前、二月八日に東郷の連合艦隊は旅順港外のロシア艦隊を奇襲し、戦果をあげた。しかし二月六日に国交断絶をしていたので、国際法上問題とされなかった。真珠湾攻撃の前になすべき国交断絶の通告がおくれた事は、大日本帝国の威信を傷つけるものであった。これが戦争を長引かせる一つの原因ともなり、日本の敗戦を決定したといっていい程の影響を及ぼした。

海軍大将野村吉三郎大使をはじめ、大使館員の怠慢と無能は勿論だが、後述のように、奇襲の効果をあげることのみに腐心して、充分な手をうたなかった山本の責任は重い。敵国のかぶせた汚名だから、阿川氏は気にしないかもしれないが、山本ひとり泥をかぶって他を生かしたというわけではない。汚名は山本個人にかぶせられたものでなく、大日本帝国にかぶせられたのだ。連合艦隊司令長官として許されることではない。彼は自らの祖国をおとしめたという汚名を、免れることは出来ない。まして名声でなく、汚名を得たのだから、私心が無かったのだと、たたえる根拠とはなり得ない。もし本当に山本に私心が無かったのなら、彼はミッドウェーはじめすべてのウソを告白懺悔してから死んでいた筈だ。しかし彼はそれをせず、連戦連勝の提督として、恰好をつけたまま死んでしまった。今なおその虚像がまことしやかにのさばり、山本神話とまでいわれる所以である。

阿川氏のこの随筆が発表された時、私はそのあまりに非常識なのに驚いて、当然批判がなされるものと思った。しかし高名な作家に弓を引く者は無く、寡聞のゆえか、ひとり「月曜評論」平成十年八月五日号（月曜評論社）のコラムに見出したのみであった。

この文章は氏の近著「葭の髄から」（文藝春秋）にも収録された。それには原文のあとに、付記として次の文章がでている。「此の一文発表後、乃木大将の歌の解釈について、大分反論と叱責とが寄せられた。乃木さんは自分個人の名誉欲から名前を後世に残したいと言ってゐるのではない。『名こそおしけれ』の真意は、武門のほまれを守ること、けがさないことにある。貴君の解釈は間違っていると、大部分がさういう内容のものであった。傾聴すべき異見と思ふが、それを紹介するにとどめて、本文は発表時のままとした」

どうやらあばたもえくぼ、汚名と心中してもいいほど、「骨の髄」まで山本ファンの、というよりは、山本と自己同一化してしまった阿川氏には、まともな言葉が異見としてしか、耳に入らぬようだ。前記村松氏の解説によれば、三島由紀夫がこの書を評して、「あれは阿川五十六だよ」「あいつ、自分のことを書いているんだ」と言ったという。

東郷平八郎と山本五十六

連合艦隊司令長官東郷平八郎は日本海海戦の勝利を「天佑ト神助ニ由リ」と「戦闘詳報」の冒頭に書いた。ミッドウェー海戦では、それに匹敵するほどの幸運が、敵軍に与えられて敗れた。前に論じたように、それはわが方の度重なるミスの招いたものであるが、山本に天佑の与えられなかったことで、別の見方をする人がある。生出氏の前掲書によれば、山本が海軍次官の時副官だった横山一郎元海軍少将は、戦後両者のちがいを次のように語った。

「山本さんは神を信仰する人ではなかった。だから自分にできないことが可能になるような祈りを持っていなかった。自分にできる範囲で一生懸命やったが、やはり力がおよばなかった。東郷さんは神への信仰が篤かった。たとえば、日露戦争のとき、出征後最初に『天佑を確信して連合艦隊の大成功を遂げよ』という命令を出している。また、日本海海戦の詳報でも、冒頭に『天佑と神助により』と書き、末尾に『御稜威の致す所にして固より人為の能くすべきにあらず。特に我が軍の損失致傷の僅少なりしは歴代神霊の加護による』と記している。僕はそこが大事なところだと思う。天命を信じ、天命を行えるようなことをやらなければ、ものごとは成就しない。それが戦争の場合には戦運というものになるのだが、東郷さんにはそれがあった。バルチック艦隊が対馬海峡に来たのは、東郷さんに戦運があったからだ。秋山さんは合理主義のかたまりみたいにいわれているが、そのうえに信仰があった。だからやはり、秋山さんにも戦運があったと思う」「山本さんは、最初はうまくいったが、あとは天命がマイナスに働くようになり、うまくいかなくなった。山本さんには信仰がなく、そのために戦運もなかったのだと思う」。生出氏はこのあと雑誌「東郷」昭和五十八年八月号に筑土龍男元海軍少佐が発表した「東郷元帥の信仰」という文章から、「東郷は正しい意味における信仰の英雄というべきで……」を引用する。

そして両者の人物のちがいを示すエピソードの一つとして、ミッドウェー開戦直前に、病床の芸者梅龍こと河合千代子を、呉まで呼びよせた話を書く。「いってみれば千代子は山本が悩みでも弱みでもなんでもさらけ出せる、心安らぎの弁天みたいな女であったようだ。いまの山本の目の前には、ミッドウェーはじめ困難が山積みで、心身は凝り固まっている。それを解きほぐしてくれるのは、千代子以外にない、と山本は思ったのではなかろうか。苦しいときの神だのみというが、山本の場合は苦しいときの千代だのみであった。神といえば、山本には信仰というものがなかったようだ」そして「しかし千代から戦運を引き出すことは無理であった」と書く。

信仰は無くても博奕好き

緒戦の昭和十六年十二月十日イギリス東洋艦隊の戦艦プリンス・オヴ・ウエールズとレパルスを攻撃するため、わが中攻機八十四機が南部仏印基地を飛び立って、南支那海にむかった。攻撃開始まで三時間以上かかると思われた。旗艦長門の作戦室では、戦果予想の談笑が続いた。この時山本は航空参謀三和義勇中佐とビールの賭けをはじめた。山本はわざと一隻撃沈一隻大破というと、三和はむきになって、二隻撃沈に賭け、長官が負けたら十《ダース》、参謀が負けたら一《ダース》ということにした。レパルスの撃沈は早くわかったが、新型のもう一隻の撃沈は二時間してやっとわかった。参謀が「長官、さあ十《ダース》いただきますよ」というと、山本は「ああ十《ダース》でも五十《ダース》でも出すよ、副官、よろしくやっといてくれ」と嬉しそうに言った（高木惣吉「山本五十六と米内光政」文藝春秋）。英艦隊司令長官フィリップス中将は艦とともに沈み、中攻機三機が撃墜された。敵味方とも死闘をつづけているさなか、祈りなき提督は、博奕をしていたのだった。

ミッドウェーの時はそれが将棋だった。山本が戦務参謀渡辺安治中佐と将棋を指しはじめたのは、敵陸上機の空襲にはじまり、艦上雷撃機など多数の攻撃を受けながら、一向に味方攻撃機発進の報が来ないことに対する、焦慮と不安に堪えられなかったからだろうか。しかしやっと届いた報告は、敵に先手を打たれたというものであった。主力の空母加賀、赤城、蒼龍がつぎつぎと攻撃され、炎上との電文を、通信長が持って来ても、山本は「ホウ、またやられたか」というだけで、将棋の手をゆるめなかった。通信長の顔は青ざめていたという。作戦室の中は衝撃で言葉を発する者なく、みな長官を見守るばかりであった。山本も将棋をやめるにやめられなかったらしい。こんな事なら将棋などするのではなかったと、思っていたかもしれない。生出氏はこちらがやられる前に攻撃機発進の報告が来ておれば、「こんどは渡辺相手にビールを賭けようと思っていたかもしれない」と書く。長官室に去る時、山本は脂汗を浮かべながら腹痛をこらえている様子で、軍医長は蛔虫のせいだったと、幕僚たちに知らせた。急に蛔虫があばれたのではなく、「ショックが強くダウンしたのがどうやら真相らしい」とは、生出氏の見解である。山本は敗戦後数日間長官室に引きこもったまま、外に姿を現わさなかった。得意の絶頂にあった栄光の座は、一朝にして虚構の座とかわってしまった。こちらは主力空母四隻全部を喪い、敵空母三隻中の一隻を沈めたのみであったのに、六月十日の大本営発表は、敵二隻撃沈、当方一隻喪失一隻大破という、まるで勝ったようなものであったので、山本は敗戦の責をとることも出来ず、もはや勝ち目の無いことは百も承知でおりながら、泰然として指揮を続けてゆかねばならなかった。人に見せない心の中はニヒルのみ。ニヒルの戦いをつづけ、失敗を重ねていったのである。

「もし、ミッドウェー海戦の真相が公表されたならば、世紀の英雄は、たちまち世紀の阿呆に転落したにちがいない。そして、敗軍の将という惨めな姿で退陣を余儀なくされたかもしれない。しかしそうなると、栄光の帝国海軍の威信もガタ落ちとなり、国民に愛想をつかされたにちがいない。

それではおしまいである。というような事情のために、長野軍令部総長も嶋田海軍大臣も、真相を糊塗することにしたものと思われる」と生出氏は書いている。

その平和主義は本物だったか

山本五十六は米内光政、井上成美とともに、平和主義三大将と今でもいわれている。果たしてそれは、どの程度まで本当であったのか。昭和十二年から十四年へかけて、林、近衛、平沼と三代の内閣で海軍大臣をつとめた米内の下で、山本は次官の職にあった。井上は近衛内閣から平沼内閣まで、その下で軍務局長だった。三人そろった時に日独伊三国同盟問題が浮上し、協力してそれに反対したことは事実であり、三人の卓見であった。昭和十四年八月二十三日の独ソ不可侵協定締結によって、同盟は御破算となり、平沼内閣は瓦解して、米内も海相をしりぞくが、山本は右翼のテロを配慮した米内の好意によって、この年八月三十日連合艦隊司令長官に転出する。山本自身は、次の阿部内閣で海相となった吉田善吾の下で次官を続け、あくまで同盟に反対したい意向であったが、情に流れた米内の失敗人事であったといわれている。

山本神話と反対に、生出氏の評価はきびしい。「山本は軍政にかけては第一級のプロであったが、作戦にかけては岡目八目のアマチュアにすぎず、とうてい第一級のプロとはいえなかった。まして対米戦についてはテンから自信がなく、開戦となるとどんな戦をするか分からない人物であった」と書く。

たしかに陸軍は勿論、海軍内部でも、昭和十一年十月二十五日に結成された、ローマ、ベルリン枢軸に参加すべしという気運の高まりつつあった時に、断乎として反対意見を表明した見識と信念はすぐれたもので、敬服に値するものであった。もし三国同盟が結ばれなかったら、日米開戦はあり得なかっただろうというイフは、信憑性が高いのである。次官在任中でも、海軍省に右翼がのりこんで来てわめいたり、自決せよと短刀が送りつけられたりしていたから、留任していたら、どうなっていたかは知れない。井上も内閣がかわって二か月たらずで転出しているから、おそらく山本の反対は困難であったと思われる。

連合艦隊司令長官に転出してからでも、山本が対米戦争反対の信念をつらぬいておれば、彼は今でも名将とされ、平和主義大将の名を冠しても、差支えないであろう。しかし旗艦長門に坐乗して、艨艟を従えているうちに、米内海相の下ではおさえられていた博徒の血が、さわぎ出して来たらしい。前にも記したが、昭和十五年と十六年の九月、近衛首相から対米戦の見通しを聞かれて、「ぜひやれといわれれば半年や一年は（二度目は一年や一年半）ずいぶん暴れてごらんにいれます。しかし二年、三年となっては、まったく確信はもてません」と答えている。その真意は、好意的に解釈すれば、戦争回避に努力してほしいという答えのつもりであったといわれている。

だが井上成美は戦後に「山本さんはなぜあんなことを言ったのか。軍事に素人で優柔不断の近衛さんがあれを聞けば、とにかく一年半ぐらいは持つらしいと、曖昧な気持ちになるのはきまりきっていた。海軍は対米戦争はやれません。やればかならず負けます。それで連合艦隊司令長官の資格がないといわれるのなら、私は辞めますと、なぜはっきりいわなかったか。アメリカ相手に戦って勝つんだといって自分が鍛えた航空部隊にたいして、対米戦はやれないといいきることは苦しかったと思うが、敢えてはっきりいうべきであった」と批判した。

山本がはっきりとそういわなかったことは、絶対反対の意見をつらぬく気持の無かったことを示すものである。こういったら近衛はどう出るか。丁か半かのサイコロを彼はふってみたのだった。不戦と出たら出たでよし、開戦と出たらしばらく暴れて「流石五十六サダテガニ」といわれるだけの事はしてみせよう。あとの始末は適当にやってくれ。最後の勝利は保証しないということである。どちらにころんでも自分の責任ではない。きめるのは賽の目だった。

事と次第によっては一と泡ふかせてやろうという山っ気は、昭和十六年一月二十四日付笹川良一あての手紙に、誇張されて出ている。「日米開戦に至らば己が目ざすところ素よりグァム比律賓に非ず、将又布哇桑港に非ず、実に華府街頭白堊館の盟ならざるべからず。当路の為政果たして此本腰の覚悟と自信ありや」

山本に好意をよせる者は、これは反語で、そんなことが出来るわけがないから、対米戦は避けよという主張であったという。だがその真意とやらは伝わらず、というか、伝えようとしなかったためか、この手紙は国内では戦意昂揚に用いられ、敵側ではニミッツ太平洋艦隊司令長官はじめ、将星たちの敵愾心をあおると共に、嘲弄の材料にもされてしまった。反語ととろうが、大言壮語ととろうが、賽の目しだいという感じである。

反語説の生出氏は「一方でそういいながら、一方では、『流石五十六サダテガニ』といわれるような真珠湾攻撃計画に熱中する。そして対米戦をやるならこれしかないと、あらゆる反対意見に耳をかさず、強引にこの計画をおしすすめていく。これではまるで、『対米戦はやめろ、しかしやるなら俺のいうとおりにやれ』といっているようなものである」と書いた。

もし彼が多少なりとも平和主義的な考え方の持主であり、まともな戦い方ではアメリカに勝てないと知っていたのだったら、ミッドウェー海戦に大敗して、主力空母と優秀搭乗者を喪失した時点で、和平への行動にふみ出すべきであった。全く勝ち目の無い戦争を一日でも早くやめるため、何かの手段をとるべきであった。それが海軍大将たる地位にふさわしい、国家に報いる道であった。しかし彼は全くそういう行動には出なかった。またそういう見解も全く残していない。彼の平和主義は、連合艦隊司令長官に補された時に消滅したのだった。

以上は対米関係のみをとりあげたが、中国に対しては平和主義をとらず、米内、井上と同様戦争拡大に協力している。

山本戦略と戦術の欠陥

戦前に山本五十六が唱えた戦術で、今も賞讃されるのは、戦艦無用論と航空主兵論である。大艦巨砲が制海権をもたらすという考えは、明治以来海軍の主流となっていた。世界最大の戦艦、大和と武蔵の建造は、その究極の姿であった。それを無用の長物とこきおろし、ピラミッドと万里の長城にたとえた源田実は、大西瀧治郎とともに、山本の航空主兵論に共鳴していた。山本は戦艦に対する空軍の優位を確信し、制空権なくして制海権なしとして、航空兵力の増強を主張し、努力を続けた。航空本部長の井上成美も全く同様の考えから、昭和十六年一月に及川古志郎海相あて新軍備計画論を提出し、戦艦不要と海軍の空軍化を主張していた。

真珠湾攻撃が世界に衝撃を与えたのは、航空機の攻撃だけで戦艦を撃沈し得ることが、はじめて実証されたからであった。前記村松氏らはこれを以て、山本をナポレオンに比すべき革命的戦術家とするわけだが、世界列強の持っていた戦術を、一足先きに使っただけで、米軍が先手を打っていたら、そちらに革命的戦術家とやらが、出ていたかもしれない。

戦艦群に対する空軍の威力を見せつけられた米軍は、当然航空兵力の増強に力をそそぐが、機動部隊の編成拡充のために、戦艦群が一時使用不能となって人員に余裕の出来たことが、幸いしたという。しかも航空機に手ひどくやられたとはいえ、戦艦無用論はとらず、むしろ戦艦を増強してゆく。日本は開戦後に大和、武蔵の二隻が新しく就役したのみであったが、アメリカは八隻を新造就役させた。これらは修理改造された沈坐戦艦とともに、反攻作戦に用いられ、日本本土も昭和二十年七月十四日の釜石にはじまる、その砲撃にさらされるにいたったのである。沖縄を防衛した第三十二軍司令官牛島満中将は、昭和二十年四月一日敵が嘉手納に上陸した際の猛烈な艦砲射撃を見て、「戦艦一隻は陸軍三個師団の兵力に匹敵する」と嘆じた。当時の評価で、米戦艦一隻の火力は、空母艦載機一千機に相当するとされていた。

戦艦無用論は右のような戦争の経過からみれば、明らかに誤りであった。ただ空母主兵論を主張するためには、大艦巨砲主義のアンティテーゼとしての意義はあっただろう。山本もそこまでにしておけば良かったのだ。緒戦の戦果で航空兵力の重要性は内外ともに知れわたったのである。無用論は引っこめて、戦艦の使い方に智恵をしぼるべきであった。しかし彼は全くそれをしなかった。ミッドウェー海戦からガダルカナル攻防戦を経て戦死するまで、戦艦を活用することなく、大和は宝の持腐れにしてしまい、他は小出しにして失うのみであった。戦艦無用論は戦艦無知論になっていたのである。

山本の航空主兵論は、緒戦の戦果となって結実した。ところが不思議なことに、彼はそれと併行して、その成果を無にするような、破滅的な戦術の持主であり、その宣布者でもあったのだ。戦闘機無用論である。主唱者の源田実は戦闘機の編隊曲技が得意で、源田サーカスとうたわれていた。ミッドウェー海戦では南雲艦隊の航空参謀をつとめ、源田艦隊の名があった程に、敗北の最大責任者であった。支那事変当初の南京渡洋爆撃いらい、中攻機の甚大な被害消耗を無視して、護衛戦闘機なしの奥地爆撃を続けた大西瀧治郎も、戦闘機無用論を唱えた。それを高所から推進したのが山本であった。

彼は限られた予算の中で航空兵力を増強するためには、敵艦攻撃の主力として、雷撃機爆撃機の整備を優先すべきだと考え、あえて戦闘機無用論という過激な旗印をかかげたのであった。生出氏によれば「山本、大西、源田たちの考えは、一に攻撃機隊、二、三がなくて四に戦闘機隊、なくていいのが戦艦部隊といったものであった」(「特攻長官大西瀧治郎」徳間書房)という。そして論理的に戦闘機の必要を主張する部下を、大西、源田と共に徹底的に断圧した。大西のごとき昭和十一年四月柴田武雄大尉が発言する前に、いきなり殴りつけた。柴田が零戦の採用を強力におしすすめようとした時のことである。

これが通用したのは昭和十七年五月八日の珊瑚海海戦までであった。米海軍が空母搭載機の半数に戦闘機をあてるようになってからは、敵戦闘機に制空権をとられてしまうので、先に敵空母を撃沈するということは不可能となった。その上米海軍は、山本のきらった戦艦部隊に多数の護衛戦闘機をつけ、サイパン、レイテ、硫黄島、沖縄と、着実に上陸作戦を展開した。正反対が昭和十九年十月二十二日からのレイテ沖海戦であった。栗田艦隊は戦艦大和、武蔵以下残存する最後の大艦隊を編成出撃したが、戦闘機の掩護がなくて、目的を達することなく、完敗した。これで事実上連合艦隊は消滅した。昭和二十年四月七日特攻の大和は、二十機の戦闘機がみな引返してしまったあと、空からの攻撃で沈められ、日本軍が真珠湾で証明したことを、敵に実証させるのみの、無意味な人命犠牲となった。自暴自棄の末期帝国海軍は、敵に向ける刃を見境なしに自分に向ける、自虐のいくさをしていたのだ。山本の戦闘機無用論が敗戦を招いたといっても過言ではない。

山本が村松氏のいうような革命的戦術家だったのなら、航空主兵論にもとづく戦いを、真珠湾以後も続けるべきであっただろう。ところが機動部隊を活用して、くりかえし攻撃をしかけたのは、日本海軍ではなくて、米海軍であった。真珠湾から帰投した南雲艦隊が荏苒時を過ごす間に、アメリカ機動部隊はまず昭和十七年二月一日マーシャル諸島に、空母エンタープライズとヨークタウンが空襲をかけ、重巡が艦砲射撃を加えた。この奇襲で第四艦隊司令官八代祐吉少将が戦死した。

二月二十日には空母レキシントンがラバウルを空襲した。戦闘機の護衛なしで邀撃した中攻機十七機のうち、十五機が撃墜された。前年末に我が軍が占領したウェーク島を、二月二十四日にエンタープライズが空襲し、重巡が艦砲射撃をした。三月十日にはレキシントンとヨークタウンが、ニューギニア東岸沖の日本艦隊を空襲した。この執拗な敵に対してこちらは一矢もむくいていない。むしろ山本の戦術革命といわれる程のものは、すでに米軍が自家薬籠中の物にしていた感がふかい。山本連合艦隊の無為無策は、驕りというものであったのか。それとも次の大博奕の前の些事にすぎなかったのであろうか。

山本五十六最大の、あるいは唯一の成功とされる真珠湾攻撃は、同時に彼が愚将たることを決定づけるものであった。戦後明らかになった事だが、米海軍のサミュエル・モリソン少将は、米海軍の予定していた戦略が、日露戦争以後日本海軍の伝統的に想定していた通りであったから、米海軍の進撃に対する邀撃漸減作戦後の艦隊決戦という戦略をすてて、真珠湾攻撃という冒険に出たことは、戦略的に愚の骨頂であったという。そして重油タンクや工廠に手をつけなかったのは戦術の錯誤、だまし討ちで日本憎しと、米国民を奮起させたことは政略的にとり返しのつかない失敗であったとする。ハリウッド映画でも、戦後まもなくの「地上より永遠に」から現在の「パール・ハーバー」まで、日本はくりかえし卑怯者として描かれて来た。これが戦争を長引かせ、日系米人の災厄をまねくことにもなった。帝国海軍砲術の第一人者黛治夫大佐は、開戦前日本艦隊主砲の命中率は、米艦隊の三倍だとの情報をつかんでいて、伝統の艦隊決戦がわれに有利であったと、戦後に証言している。

世界貿易センターとペンタゴンが、航空機を用いたタリバンのテロで空前の大惨事を招いた時、ジョージ・ブッシュ元大統領は講演会で「パールハーバーは第二次大戦への参戦をためらうわが国を目ざめさせた。この空襲も最近の新孤立主義を払拭するだろう」と述べた。その子息ブッシュ大統領のローラ夫人も、トーク番組で「私の母やその世代の女性も、パールハーバー奇襲という似た時代を生きたのです」と発言した。事件の翌日付のウォール・ストリート・ジャーナル紙は、第一面のトップ二段見出しでこのテロを報道し、創業以来真珠湾についで二度目のことだといわれた。ニューヨークの街頭では日本人新聞記者が、星条旗をもった数人の男にかこまれ「リメンバー・パールハーバー」と罵声をあびせられた。外交上の配慮から、真珠湾の話は一週間ほどで公けに出なくなったといわれる。大楠公を詠んだ梁川星巌の七言絶句は「豹は死して皮を留むあに偶然ならんや」にはじまるが、山本死して真珠湾の汚名は今なお生きている。迷惑な話だ。

真珠湾第一撃の成功後、現地では第二撃を主張する山口多聞少将はじめ、渕田美津雄中佐らの意見具申は、南雲艦隊司令部によって斥けられたが、連合艦隊司令部でもその是非で、激論が続けられた。その結果最終的には幕僚のほとんど全員一致で、第二撃の命令書をしたため、山本長官に意見をのべた。しかし山本は「いや待て、むろんそれをやれば満点だが、泥棒だって帰りはこわいんだ。ここは機動部隊指揮官にまかせておこう」「やる者は言われなくったってやるさ、やらない者は遠くから尻を叩いたってやりはしない。南雲はやらないだろう」と言って却下した。まるで他人事のような、傍観的な言辞である。南雲も南雲なら山本も山本だ。この将にしてこの部下あり。「鳴かぬなら鳴かせて見せよう時鳥」ほどの統率力も山本にはなかったのか。それとも戦果をあげた以上、フリート・イン・ビーイングという帝国海軍の保全主義が何よりも優先して、急にこわくなったのか。

ニミッツは「攻撃目標を艦船に集中した日本軍は、機械工場を無視し、修理施設には事実上手をつけなかった。日本軍は湾門の近くにある燃料タンクに貯蔵されていた四百五十万《バレル》の重油を見逃した。長いことかかって蓄積した燃料の貯蔵は、米国の欧州に対する約束から考えた場合、ほとんどかけがえのないものであった。この燃料がなかったならば、艦隊は数カ月にわたって、真珠湾から作戦することは不可能であっただろう」（『ニミッツの太平洋海戦史』恒文社）と書いているが、山本の戦術眼からは、重油タンクやドックは物の数ではなかったらしい。

昭和十六年十二月十八日大本営海軍部発表は、真珠湾攻撃の戦果を「米太平洋艦隊並に布哇方面航空兵力を全滅せしめたること判明せり」としたので、国民は戦争に勝ってしまったかのような幻想を抱いた。しかし撃沈といっても水深十二《メートル》の真珠湾では沈坐というべきもので、被害甚大だったアリゾナとオクラホマをのぞいて、すべて二か月ほどで修理改装され復役する。昭和十九年のレイテ沖海戦で、西村艦隊はキンケード中将の第七艦隊の戦艦六隻から、四十《チセン》砲と三十六《チセン》砲三百発を受けて潰滅したが、六隻中の五隻までが真珠湾の再生艦であった。戦艦を引揚げ修理中というニュースが、一度だけ新聞に出て私は疑問を持ったが、まさかここまでやられるとは思わなかった。むろん山本も第二撃却下が、こういう形になろうとは、夢にも思わなかったにちがいない。

戦争末期に神風特別攻撃隊が創設されたころ、レイテ島タクロバンの桟橋に体当たりを命ぜられた隊員が、いくらなんでも桟橋を目標とするのはいやだ、敵艦船に目標をかえてほしいと懇願したが、飛行長中島正中佐に「文句をいうな」と怒鳴られ、容れられなかったことがある。自暴自棄の特攻作戦では、人の命を一片の爆弾がわりにして、港湾施設突入を命令する海軍が、勝に驕った緒戦では、港湾施設には目もくれず、物の数では無いと無視し去ったのである。

帰りはこわい。「週刊文春」平成十二年七月十二日号に、元少尉前田武氏（80）の体験談が出ていた。空母加賀の九七式艦攻で、戦艦ウェストバージニアを雷撃し、被弾して機体は激しくゆれたが帰路についた。十二機中五機は撃墜されていた。「戻るときの方がこわいんですよ」とは、ナビゲーターとして、空母へ誘導する任にあたった氏の言である。無線封鎖が徹底されていて、艦位のわからなくなった機からの呼びかけに、母艦はこたえてくれず、三機が戻らなかったという。南雲の方もこわかったのだ。

しかし最近公けにされた資料では、南雲艦隊の無線封鎖は、頭かくして尻かくさず。千島列島の択捉島単冠《ヒトカップ》湾を出て東へ向かった昭和十六年十一月二十六日から、十二月四日まで封鎖せずに交信して傍受され、日本艦隊がハワイへ向かっていることがわかっていた。それでも敵をおびきよせるため、手を出すな、北太平洋の警戒を真空状態にしておけという命令が出ていたという。日本に先手をうたせるための謀略であった（ロバート・B・スティネット妹尾訳「真珠湾の真実」文藝春秋）。

真珠湾では蒼龍艦爆の二機がホノルル型軽巡と、駆逐艦に突入自爆した。そのうちの一機が直前、蒼龍あてに「ワレ今ヨリ敵艦ニ突入セントス」と打電した。電文を見た第二航空戦隊司令官山口多聞少将は、艦長柳本柳作大佐に「謝ス、と返電して下さい」と言った。大佐は無線封鎖を破って直ちに打電させた。

ハワイからの帰途、二航戦はウェーク島攻略支援の命をうけ、十二月十六日に本隊と分かれ、二十一日から三日間攻撃して、敵前上陸を成功させた。二十二日に蒼龍の艦爆一機が還らず、夜になってから「戦死ナリヤ」という電報が来た。無線封鎖中だったが、この時も山口は柳本艦長に返電をたのんだ。「名誉アル戦死ナルモ帰艦ニ努力セヨ」と送った。蒼龍は誘導電波を出し、探照灯で上空を照射した。「カタジケナシ」と返電があり、燃料切れのため機は海上に不時着し、駆逐艦が急行して若い下士官二人が救助された。電文の意味をきかれて先任の一人が山口に答えた。「戦死でないと靖国神社に行けないのではないかと、二人とも心配だったのであります。申し訳ありませんでした」。南雲だったらここまでしたかどうかは疑問だ。

帰りはこわい、はいいとして、山本はなぜ泥棒になぞらえたのか。むろん品性下劣のせいからでもあろう。だがそれだけではあるまい。この時点で奇襲が無通告攻撃だったことは知らされていなかった。しかし充分な時間的余裕をもたせたものでなく、さらに最終段階で、通告時間をきりつめたところまで知った上で、山本は東京を去ったのだった。もしかして寝首をかくことになるかもしれないという、うしろめたさが彼にはあった。彼自身がたとえに引いた桶狭間も鵯越も川中島も交戦中の敵に対する奇襲である。しかし自分は開戦予定日の十日も前から有力機動部隊を出撃させ、奇襲攻撃を命じた。無通告攻撃のならず者にされるか否かのきわどい賭けに出ているのだ。心底からの博奕好きではあったが、その賭けがきわどいだけに、うしろめたさはあっただろう。

その上に彼は小心者であった。真珠湾の大戦果が米国民をふるえ上がらせるだろうと予測したのは、自分がふるえ上がるような小心者であったからだ。犯罪者が一刻も早く犯行現場から離れたいという心理を、これらすべてに重ね合わせて泥棒発言がとび出したのではないかと私は考える。思わぬ大戦果に欣喜雀躍のあまり、つい口がすべったとはいえ、あまりにも不謹慎な発言であった。

平成十二年七月十四付読売新聞「にっぽん人の記憶第115回」に、真珠湾生き残りの元中尉藤田怡与蔵氏（82）の証言があった。零戦の中隊長飯田房太大尉（当時27）以下全員九人が、帰艦不能の場合は自爆すると申し合わせ、落下傘とパイロットをつなぐバンドを外して出撃した。帰路につこうと集合した時、飯田機は機体から燃料が尾を引いていた。隊長は藤田氏に手で合図し、東部のカネオへ基地へ、真っ逆さまに突込み、爆煙に消えた。この日喪失機は二十九機、搭乗員の戦死は五十五名であった。湾内に潜入した特殊潜航艇五隻、十名の消息はわかっていない。彼等をいれて作戦参加者すべてを、比喩とはいえ泥棒よばわりすることは許し難い。少なくとも将たる者の言辞ではない。

村松は山本が「航空母艦中心の機動部隊を最初に立案、実行したひと」だから、ナポレオンに比すべき名将だというが、これはウソだ。ミッドウェー海戦で山本は航空母艦を中心とはしなかった。機動部隊の主力空母四隻をまもる輪型陣は、高速戦艦二隻、重巡二隻、軽巡一隻、駆逐艦十二隻のみであった。魚雷装備を主とする駆逐艦の対空砲火は全く期待できなかったから、大事な空母一隻だけの輪型陣ならまだしも、空母四隻を一括して輪型陣を組んでは隙間だらけ、火力不足の変則輪型陣しか組むことができなかった。その弱点をつかれ、奇襲をうけた時、一括してやられてしまったのは当然だ。よほど敵の攻撃力を見くびっていたのだろうか。

　空母部隊に対しては、このように吝嗇な仕打ちをしておきながら、その後方三百カイリを進む山本直率の主力部隊なるものは、戦艦九、重巡十七、軽巡三、駆逐艦三十等の、当時世界一の大艦隊であった。これが戦艦無用論者、航空主兵論者のなれの果ての姿、この頽廃が日本海軍を滅ぼしたのだった。これだけあれば空母一隻ずつの輪型陣も充分に可能であった。ことに大和が先頭に立っておれば、その火力もさることながら、抜群の情報能力によって、機先を制することもあり得た。奇襲をうけても、むざむざ敗れることなく、互角以上のいくさが出来た筈である。ニミッツは日本軍の敗因を兵力の分散にあるとしたが、敵艦隊に数倍する勢力が集中して攻撃しておれば、勝って当然のいくさであった。山本直率の大部隊は何のなすこともなく、敗走するのみに終わった。燃料だけは、真珠湾から帰投する南雲艦隊を小笠原諸島まで出迎えた時の、山本直率の艦隊と同じく、無駄にその数倍も消費している。これでも山本が空母中心の戦術家であったといえるだろうか。

　山本がミッドウェー作戦に固執したのは、本土空襲をおそれたからだといわれている。昭和十七年四月二日連合艦隊戦務参謀渡辺安次中佐が、軍令部ではじめてミッドウェー攻略作戦を申し入れた時も、目的は米機動部隊の日本本土空襲を防止する為だとした。攻勢終末点を明らかにこえる作戦だから猛反対をうけた。真珠湾の時と同様、これがいれられなければ山本は司令長官を辞職するつもりだと、渡辺が策を弄して四月十五日の裁可にこぎつけ、翌日大本営海軍部指示として発令された。ところが四月十八日に本土が空襲をうけた。ドーリットル陸軍中佐ひきいる十六機が京浜、名古屋、阪神地区を爆撃したのである。被害は大きくはなかったが、思わぬ影響をもたらすことになった。

この日大学生だった私は、たまたま東京の帝都線明大前駅近くのアパートから、すごい高速で上空を東から西へ横切る、見なれない形の双発機を見た。あとでノースアメリカンB25という陸上爆撃機であることを知るのだが、一機だけだったので、恐怖よりも物珍しさの方が強かったと思う。戦争なのだから、こんな事はこれからもあって当然と思った。

しかし山本五十六はそうではなかったらしい。米海軍は艦載機の発進できない遠距離の空母ホーネットから、航続力のすぐれた陸軍機をとばすという奇策を用いて、日本海軍の意表に出たのだった。まさかと思われる事態に、山本はいても立ってもいられない心境に陥ったようだ。四月二十二日にインド洋作戦から帰投した南雲艦隊に、いきなりミッドウェー出撃を下命している。休息準備その他万端の事情から、最小限一か月先にしてほしいという多くの要望に、山本は頑として耳を藉さなかった。圧倒的な戦力差がありながら敗れるのは、どんな無理でも融通がきくと思った、大陣営に対する信頼と驕りが、彼をむしばんでいたからではないだろうか。そして奇襲を第一とする策士が、奇襲に敗れることになった。真珠湾で敵に大打撃を与えれば、米国民は戦意を喪失するだろうという思惑が裏目に出てしまったあと、今度は反対にドーリットル空襲の一石が、山本を動転させ、傾国の大博奕にふみ切らせることになった。生出氏は「真珠湾攻撃という大ブラフ（こけおどし）でアメリカをひっかけようとした山本が、逆手をとられてアメリカの小ブラフにひっかけられた感がある」と書いた。

その根源に山本の世論恐怖症があったと、生出氏は解釈する。日露戦争当時、ウラジオ艦隊の軍艦三隻が日本本土に接近したことがあった。新聞に報道されると全国的な騒ぎとなって、第二艦隊司令長官上村彦之丞中将の留守宅には、群衆がおしかけて投石した。山本は自分が石を投げられたようなショックを受けて、爾来彼には世論恐怖症が定着していたというのだ。頼山陽の詩「蒙古来」は、北條時宗を「相模太郎膽甕の如し」と形容している。甕ほどでなくても、司令長官たる者、もう少し肝っ玉のすわった人であってほしかったと思われるのである。

ミッドウェー海戦で、日本海軍の暗号がすべて解読されていたことを、敗因の第一にあげる人がある。大抵は旧海軍軍人のいいわけだ。たしかにそれは大きいハンディキャップではあったが、敗戦の最大原因ではなかった。作戦経過の全体にわたって、度かさなるミスを犯し、自ら勝機を失った結果の敗戦であった。その中でも情報処理のミスは大きい。暗号が解読されていたことは山本の責任ではないが、敵出現の情報を得ておりながら、それを知らぬ南雲艦隊に対して、無線封鎖のため伝えなかった山本の怯懦は、許すことができない。彼の最も重用する先任参謀黒島亀人大佐の反対で、あえて強行しなかったといういいわけで済ますには、あまりにも事が重大であった。

もともと山本には情報の価値というものが、わかっていなかったといわれる。大正十五年二月から一年間、駐米大使館付武官をしていた大佐時代、部下に「成績を上げようと思って、こせこせスパイのような真似をして情報なんか集めんでよろしい」と言ったとか、海軍省から調査命令を受けたあと、報告書を出せとの電報を受け取っても「こんなくだらんこと、ほっとけ、ほっとけ」と言ったなどの逸話が残されている。そして器量が大きい人物とたたえられていたというのだ。

彼が手本とした織田信長は、反対に情報の価値を重視した武将であった。桶狭間では、気象などの僥倖にめぐまれているが、当時にしては異例なほどの情報網をしいていたのである。陽動作戦で今川義元二万五千の兵力を分散させ、本体五千が集結した所を、二千騎で急襲し、勝利を得た。僥倖は多分に彼が招きよせた面が大きい。戦勝後の論功行賞にあたって、当然義元の首級をあげた服部小平太と毛利新助が殊勲第一等とされて然るべきであった。しかし信長は、敵本陣が田楽狭間に祝宴を張っているとの情報を注進した梁田四郎左衛門に、最高の賞を与えたのである。信長は近代型の軍人で、山本はその反対であったということだ。

山本の知性に欠陥のあることは、海軍次官時代の昭和十四年に、水から油がとれるという街の科学者の詐欺にひっかかった事で知られている。航空本部教育部長の大西瀧治郎がとりついで、山本も乗り気になった。酸素と水素の化合物の水から、ガソリンのような炭化水素がとれる筈の無いことは、兵学校の受験生なら誰でも知っている。ばかばかしい話だが、山本がきかないので、海軍省が専門家をよんて、四十八時間連続の実験をさせた。立会人が眠気をもよおす終りごろ、科学者はこっそり、水の入った試験管に何かを数滴入れるのを、見とがめられた。しらべると水の表面に、油がかすかにただよっていた。科学者は恐れ入って退散した。

その三年ほど前のこと、山本が航空本部長のとき、大西が水野義人という若い手相骨相の研究家を紹介した。よく当たるというので、山本は彼を航空本部嘱託とし、霞ヶ浦航空隊員採用試験に立ち会わせた。かなり役立ったといわれているが、重箱の隅をつつく様にこんな話をならべても意味はない。しかしこういう突飛な言動の延長上に、日本の運命をきめた作戦のかずかずがあったという事を、彼の評価の上で見落としてはならないと思われるのである。

以上のべて来たように、愚将たる条件を完璧にそなえた山本五十六であるが、愚将なら愚将らしく、愚直一途をつらぬいてくれておれば良かったのにと思われる。前記昭和十五年の及川海相あての文書に、「小官は本ハワイ作戦の実施にあたりては、航空艦隊司令長官を拝命して、攻撃部隊を直率せしめられんことを切望するものなり」と書いたが、実際にはそうはせずに、凡将中の凡将南雲中将に事を託した。部下に功をゆずる気持があったともいわれているが、ミッドウェーでも同じだった。

しかし彼が同じ年に嶋田海相にあてた手紙に「桶狭間とひよどり越と川中島とを併せ行ふ」と書いたその三つのいくさでは、いずれも主将の織田信長、源義経、上杉謙信が、全軍の先頭を切って進んで行っているのだ。日本海海戦の東郷平八郎もそうだった。結局それが名将と愚将の分れ目であったのかもしれない。危急存亡のとき、山本五十六を連合艦隊司令長官に持った日本国民は不幸であった。

真珠湾の九軍神と回天隊

昭和六年九月十八日に勃発した満洲事変は、第一次上海事変を伴い、翌年五月五日の上海停戦協定で終結した。平和克復と思われたが、その年三月一日建国宣言をした満洲国では、匪賊討伐という名のゲリラ戦が続けられ、その死傷者はもとより、新国家建設の努力が生み出す矛盾摩擦から、日本国民の悲劇は絶えることが無かった。昭和十一年私が中学四年の時、討匪作戦戦死者の遺骨奉迎ということで、教練の時間に執銃帯剣で神戸港埠頭まで行進したことがある。白い布に包まれた四角な箱を、首にかけ胸に抱いた兵たちが、つぎつぎと降り立って通りすぎるのを、捧げ銃の礼で迎えた。あとで配属将校の池田中佐が感想をきいた。指名された足立清太郎君はクリスチャンだった。「悲しくて胸がいっぱいになりました」と答えた。うなずいてから中佐は、英霊にこたえるべき心得を訓示した。非常時の声は、新聞ラジオで強くなってゆく一方であった。

中学五年の夏に支那事変がはじまった。はじめ北支事変といっていた。今度も戦争といわず事変だから、前のように早く片付くだろうと思われた。しかし勇しい戦果の報道の中に示される激戦の連続に、ただならぬ気配が感じられるようになった。夏休みには神戸港を経由する出征兵士の見送りなどで、幾度か招集があった。

それから四年、事変とはいいながら、実態は有史以前の大戦争に、日本ははまりこんでいた。軍歌「討匪行」の冒頭「どこまで続くぬかるみぞ」の歌詞そのままの状態であった。国民の犠牲は増大する一方で、希望の光はどこにも無かった。はっきりと批判の眼をもつ人は無論だが、インテリゲンチアから市井の人士まで、陰鬱な空気が蔓延していた。それを打ち破って、暗雲の裂け目から天日の光を仰ぐ思いをもたらしたのが、対米英宣戦の詔勅であった。

昭和十六年十二月八日ラジオ放送で詔書が公表された時、大本営発表の大戦果と相俟って、国民に大きな感動を与えた。新聞ラジオには連日感激の言葉があふれた。ナショナリストと目される人々は勿論、こんな人までがと、びっくりさせられるほど、自由主義作家評論家から左翼転向者まで、感動の文章を草し、詩歌を公けにした。

岩田豊雄は小説「海軍」でこのくだりを、次のように記した。

「そして十二月八日の朝がきたのである。朝まだきの霹靂は、日本全国民を覚醒した。漠々たる濛気は、悉く吹き払はれ、眦《まなじり》を決した人々に、神々しい初冬の碧落が映った。風なく陽麗かなあの大空を、ああ、誰が忘れ得よう」

これには後日譚があるので後記する。今でこそこの国民感情を倒錯といい切ることはたやすい。支那事変の解決にゆきづまっておりながら、或いはゆきづまっているが故に、二正面作戦に手を出す愚は、自明のことである。煉獄を出て天国の入り口に立ったつもりが、地獄の一丁目であったようなものだ。旧制高校卒業前の私も、この国民的感激を共にしていた。しかしこの時とばかりに氾濫する大袈裟な言辞の空虚さに、反感をもつことも多かった。野口米次郎の詩はその頂点であった。巷には「勝って兜の緒をしめよ」と、わざと金釘流で大書したぶざまなポスターが、目障りなほどあちこちに張られていた。そのいましめが最も必要であったのは、山本五十六とその連合艦隊であったことは、敗戦以後にはじめて明らかにされるのである。

第一高等学校の安倍能成校長の訓辞には、希望的な言葉は無く、開戦で沈鬱な気持になったと感想を伝えるのみであった。きいていて、はがゆい気がした。私が最も尊敬する立澤剛教授は、昭和十七年二月二日の全寮晩餐会で、「どちらが勝つか、正しい方が勝つ」といわれた。精神主義者といわれた教授は、無教会派のキリスト者であった。このあと学園紙「向陵時報」昭和十七年六月七日号に、「勝の哀《かなしみ》」と題する所論を寄せられた。明治三十九年十二月十日同じ「勝の哀」と題する徳冨蘆花の講演が、入学して間もない立澤教授をはじめ、一高生に大きな感動を与えたことをとり上げられた。蘆花はペレスチャギンの描いたナポレオンの像をみた感想を語った。雀が岡からモスクワを俯瞰する勝利者ナポレオンに、勝の哀が無かったという。

「勝の哀とは何であるか。無限を慕う者の有限を知った時の悲哀である。……限りなく向うの岸へ渡らんとするとき、其処に超ゆべからざる溝のあることを悟った時の悲歎である。敗北が悲哀であると同時に、勝利もまた悲哀である。日本はこの悲哀を感じたのである。自分は思う。日本はまだその心のうちに充分なる自覚が足りない」と日露戦争の勝利に酔う日本人に警告した。ナポレオンは「この悲哀、不満――満足の不満の感、それを感ずることなくして我を張らんとせし結果、先へ先へと過ちを重ねて、セントヘレナに最後の息を引取るまで、ついに真の悟りを開き得ずして、永久に逝いてしまった」

立澤教授は蘆花以後現代までの思想史にふれたあと、次の語で結ばれた。

「もともと二日や三日、季節はずれの寒暖はあっても、春夏秋冬の推移を阻む理由なく、五年や十年の非常時はあっても、世界の大道徳の秩序は動くものではない。自然の世界にそれを支配する自然法則がある通りに、歴史の世界には道徳的秩序の支配がある。

目前の利益に捕はれて、過去を顧みて歴史の重んずべきを知らず、前途を望み将来を夢みて、理想に憧るることも知らず、永遠を思慕し無窮を追求し、大局を洞察することを忘れるものは、個人も時代も国民も危いかな、危いかなだ」

先生には一年間ドイツ語を教わった。理想主義者であり、謦咳にふれるたびに何か未知の世界に触れるような、世界観を変えられるような思いがした。おそらく敗戦を予感して居られたのであろう。滔々たる時論に対する頂門の一針であったが、生かされる途は無かった。しかし先生のお言葉は今もなお生きていて、私の胸をうつのだ。

前記の晩餐会は、教官、先輩、学生がこもごも自由に演壇に立つならわしであった。この時大正八年御卒業の大室貞一郎東大学生部長が、左翼運動の激化する以前の学生生活を回顧された。「昔の学生は国家とか社会とかの問題に頭を使うことはしなかった。それよりも自分一個人の上に現われてくる人生というものを静かに見つめ、ほり下げてゆく生活であった」。「時代の流れの中にあっても、それをぬきん出た立場を守らねば、次の時代の日本を進めることが出来ない」

時局にまどわされぬ学生生活のすすめであったが、これをききながら考えた。開戦以来くりひろげられて来た戦闘の勝利は、最前線の活力によるもので、蛸の足のように、八方手をのばしてしまったあと、それと別個の精神生活を送って来た国内との連携がきれて、前線は孤立し敗北するのではないか。国内の無関心層の影響は必ず出るだろうと思われた。日本国内の精神状況の改革なくしては敗戦必至だという考えは、この時から醸成されていったのだった。緒戦の大勝利をたたえる軽佻な美辞麗句を一掃すべしという主張に耳を籍してくれるのは、一とにぎりの仲間だけで、国内の精神状態は悪くなる一方、敗報が続くと、今度は「必勝の信念」というスローガンばかりとなった。外道の戦争となってから、私は黙って死ぬだけという結論にいたった。戦後を生き延びようとは、夢にも思わぬことであった。

大本営海軍部十二月八日の発表に、「戦艦二隻轟沈、同四隻大破」とあって轟沈の語をはじめて知った。一分以内の沈没と解説があった。この語は日露戦争のはじめ、ロシア東洋艦隊旗艦ペテロパプロフスクが触雷沈没した時の報告に用いられたのが最初であるという。最終的な戦果発表は十二月十八日で、「米太平洋艦隊並に布哇方面航空艦隊兵力を全滅せしめたること判明せり」として轟沈戦艦五隻、大破戦艦二隻などが発表されたあと「同海戦に於て特殊潜航艇を以て編成せる我が特別攻撃隊は、警戒厳重を極むる真珠湾に決死突入し、味方航空隊と同時に敵主力を強襲或は単独夜襲を決行し、少くとも前記戦艦アリゾナ型一隻を撃沈したる外、大なる戦果を挙げ敵艦隊を震駭せり」「我が方の損害、飛行機二十九機、未だ帰還せざる特殊潜航艇五隻」とあって、特別攻撃隊の名がはじめて知られることになった。私が大東亜戦争の名をきくと、轟沈と特別攻撃隊を連想するのは、この時の衝撃からである。特別攻撃隊は戦争末期、相貌をはるかに残忍なものに替えて再登場する。その名は大東亜戦争の一つの面を象徴するものであった。

現代の日本で大東亜戦争の名は目の仇にされていて、これを用いると侵略戦争支持者のラベルを貼られる世の中である。だが戦中一億国民といわれた日本人は、すべてが大東亜戦争の名の下に戦ったのである。太平洋戦争の名で戦った者は一人もいない。大東亜戦争という名称が昭和十六年十二月十二日の閣議で決定された時、日清日露の戦争のように、相手をはっきりさせていない曖昧さが、私には気に入らなかった。精神科学研究所の先輩たちも反対したが、相手にされなかった。しかし四年近くをこの名の下に戦って、同世代の人たちを含め、多くの犠牲者を出したのである。彼等にまつわる多くの思い出、心をいためる出来事と幾多の感動、それらの情念をこめずして、私は大東亜戦争の名を用いることが出来ない。まして太平洋戦争などとは、これまで一度も口にしたことも無く、筆にしたことも無い。

占領軍司令官マッカーサーが昭和二十年十二月十五日に出した一片の布告、いわゆる神道指令に、右へならえとばかり、一朝にして大東亜戦争を太平洋戦争といい換えた戦後日本人の品性を、私は疑わざるを得ない。十二月十七日の新聞に発表されたこの布告の条文には「公文書に『大東亜戦争』『八紘一宇』その他その意味が国家神道、帝国主義、超国家主義と密接な関聯を有する語句の使用は禁止される」とあるのに、公式文書のみならず、ジャーナリズム、作家、学者、評論家が、こぞって大東亜戦争を追放し、太平洋戦争を用い出した。驚くとともに、情無くなった。米軍が戦ったのは太平洋戦争かもしれないが、日本軍の戦ったインパールはインド亜大陸の中であって、太平洋ではない。戦争の名称として適当ではない。というよりは、明らかにまちがいである。印度洋作戦もそうだ。帝国軍人たる者は、良かれ悪しかれナショナリズムの要素をもつものと私は考えていたが、旧軍人が平気で太平洋戦争と口にし、文章に用いるのを五十年間見て来て、そのナショナリズムの底の浅さに慨嘆させられるのだ。

特別攻撃隊がどういうものか、明らかにされたのは、昭和十七年三月六日の大本営発表であった。潜航艇の製作から人選、訓練までをくわしく記し、夜襲によるアリゾナ型戦艦撃沈の模様を、まるで見て来たように描写している。同じ日の海軍省発表は、戦死者九名の名とともに、彼等が十二月八日付を以て二階級の進級をうけたことを示した。発表がこれだけおくれたわけは、戦後もう一人の消息が明らかになるまで、一般には知らされなかった。二階級の特進は、後の神風特別攻撃隊でも、すべての戦死者に適用されるのである。

新聞には九軍神として、写真が公開された。JOAKラジオも軍神と伝えた。牛島秀彦氏の調査によれば、陸軍が緒戦時に殊勲甲の戦死者を早手まわしに二階級特進させたので、海軍としてはそれだけでは陸軍の後塵を拝することになるから、軍神扱いはどうだという意見が、大本営海軍報道部の富永謙吾少佐から出たのが、九軍神誕生のきっかけではないかという（『九軍神は語らず』講談社）。この時空襲部隊からは、特別攻撃隊に「アリゾナ轟沈の花まで譲ったのに」彼等は全員二階級特進、われわれは真珠湾上空の戦死者のみが二階級特進か、と不満の声が上がったといわれる。

未帰還五隻なのに九軍神という半端は、国民だれしも不審に思ったが、タブーとされ、公けに口にする者は無かった。大学での或る日学友の松永英君が言った。「九軍神というのは、一人が捕虜になって生きているからだそうだ。そうは思いたくない事だけど」。これを聞いて私はすぐ納得した。その後この事にふれる見聞は無かった。

出撃は二人一組で、次の通りであった。階級は出撃時のものである。岩佐直治大尉と佐々木直吉一曹、横山正治中尉と上田定二曹、古野繁美中尉と横山薫範一曹、広尾彰少尉と片山義雄二曹、酒巻和男少尉（生存）と稲垣清二曹、いずれも二十二歳から二十八歳までの若者たちであった。

特殊潜航艇は甲標的という意味不明の暗号名で昭和七年から開発された。二人乗りで排水量四十四《トン》、水中速力三十《ノット》、九七式酸素魚雷二本を搭載する。潜水艦から発進し、全速で五十分航走、攻撃後は浮上して八時間航走、収容を待つ。洋上作戦用のため、高速に設計されたが、後には司令塔をつくり、潜望鏡を高くしたため、速力は十九《ノット》に下がった。いろいろな型がつくられ、終戦時には四百隻を保有していたという。

訓練は昭和十六年一月から始められた。乗員はすべて海軍大臣からの任命であった。航行艦襲撃、艦底通過などの訓練が続けられたが、開戦が近づくと、航空戦力の進歩によって、艦隊決戦はなくなるのではないかとの疑問が浮上した。議論を重ねたあげく、開戦劈頭に敵の泊湾に潜入攻撃するのが、これを生かす道だということになり、主任搭乗員岩佐大尉が上官を通じて、連合艦隊司令長官に意見具申した。山本長官は、生還の保証が無いという理由で却下した。

そこで甲標的から電波を出し、潜水艦が水中信号で位置を知らせるなどの方法が考えられ、再三意見具申があって山本も承認し、甲標的は真珠湾攻撃に参加することになった。しかし連合艦隊司令部では、有馬主務参謀はじめ、反対が多かった。収容の困難は勿論であるが、洋上作戦のために考案されたものを、泊地攻撃に転用して、果たしてどの程度有効か、潜入は可能かなどが、大きな疑問とされたのである。

真珠湾口の水路は複雑で、迷路のようなところがあり、海底の起伏が多い。その上に魚雷網、防潜網がはられ、艦船が出入りする時は、上下に開閉するようになっていた。果たして金城湯地ともいうべきこの湾内に潜入できたのは、五隻中の一隻のみ、発進時刻や敵側記録から、横山中尉の艇と推定されている。三日間湾内にいたが、魚雷の戦果は無いままに撃沈された。他の四隻のうち三隻は潜入前に撃沈された。酒巻少尉艇は湾口東側の珊瑚礁に座礁したところを駆逐艦から砲撃された後、離礁して再び潜航したが、羅針儀の故障もあって、ベローズビーチ沖合いの珊瑚礁にまたも座礁した。脱出した二人のうち稲垣二曹は行方不明、酒巻少尉は浜辺で人事不省のまま収容されて捕虜第一号となった。それを知った海軍内部では、酒巻に自決を求める声が上がっていたという。その事は後に捕虜となって酒巻に出会った者から本人に伝えられた。

戦後一隻が十五年ぶりに引き揚げられた。魚雷二本が装着されたままで、その火薬は十九年海底にあっても有効なことがわかった。遺体は無かった。他の艇から発射された魚雷で、敵艦に命中したものは無く、敵側記録によれば、ドックや珊瑚礁に当たって爆発している。小艇のため、魚雷を発射すると反動でイルカのようにはね上がり、司令塔が露呈して砲撃された。波にもまれて命中精度も落ちるわけだ。連合艦隊司令部の危惧した通り、九名と五隻全部を喪ない、戦果はゼロであった。

九軍神の名とともに、その人となり、遺書などが、くわしく報道された。牛島秀彦氏の前掲書にもくわしいが、その一人古野繁美中尉は、酔えば必ず白頭山節をうたった。

泣くな嘆くな必ずかへる　桐の小箱に錦着て　あひに来てくれ九段坂

私はこれを古野中尉の作と思って、ずっとうたっていた。彼の出発する時の辞世もある。

君のため何か惜しまん若桜散って甲斐ある命なりせば

いざ行かむ網も機雷も乗り越えて撃ちて真珠の玉と砕けむ
　靖国で会ふ嬉しさや今朝の空
相馬御風の次の短歌は、古野中尉の作にかようものだろう。
　若桜散りてかひある命ぞと散りし命は豈《あに》死なめやも
斎藤茂吉も詠んだ。
　九つの軍《いくさ》の神のおもかげをすめらみことはみそなはします
　そのこころ極まりぬればあな清《さや》け特別攻撃隊の名をぞとどむる
　山本連合艦隊司令長官は、隊員生還の方途が確認されてはじめて、出撃を許可したという通説を、私は長い間信じていた。後の神風特別攻撃隊も、山本が存命だったら承認しなかっただろうとも思っていた。しかし今は綺麗事の通説にすぎないのではないかと、疑いを持っている。最初に発令された隊員二十四名の中で、戦後まで生き残ったのは二人、酒巻中尉と八巻悌次氏（海兵68期）である。八巻氏は牛島氏に語った。「なんとか帰って来いと言われたけど、襲撃後の敵の反撃と、捜索のきびしい状況で、電波を出しながら母潜へ帰還しようとすれば、すぐに母潜が発見されて危うくなるでしょう。搭乗員二人だけのために、母潜を犠牲になんかできっこありません。ですから帰って来いって言われ、われわれは『ハイハイ』と返事はしましたけど、正直言って、本気で帰還しようという気はなかったんです」。攻撃隊指揮官佐々木半九大佐は、岩佐直治大尉から「どうして救助を考える必要があるのですか」と言われたと、戦後に回想している。
　さらに一隻二名の搭乗員は、各自が日本刀と拳銃を携行していた。まさかの時に浮上上陸し、敵陣に斬り込むためであった。山本五十六がこの時この事実を知っていたか否かはさだかでない。しかし魚雷を放って、敵艦を撃沈してもしなくても、そのあと敵のまっただ中に斬り込んで、一人でも二人でも敵兵を仆して死のうというのは、無意味な事ではなかったか。日露戦争の東郷艦隊司令部だったら、秋山真之参謀が、魚雷を使ってしまったら、浮上して捕虜になれと言っただろう。戦陣訓の時代には、望むべくも無いことであった。

九軍神の大本営発表の中にも「帰還することの困難は予想に難からず。万一に備へ自爆の準備を整へたることは、帝国海軍軍人として当然とする処なり」とあるのだ。特殊潜航艇による港湾攻撃は三回行われた。第二回の昭和十七年五月三十一日秋枝三郎中尉らの艇は、マダカスガル島ディエゴ・スワレズ湾で敵艦を襲撃したあと、隊員は上陸して日本刀で斬り込み、戦死した。同じ日に中馬兼四大尉と大森猛一曹の艇は、オーストラリアのシドニー港に潜入しようとした。しかし狭い湾口にはりめぐらされていた防潜網にスクリューがからみつき、進退の自由を失ったため、自らの手で艇とともに爆死した。オーストラリア海軍は乗員を手厚く葬り、鉄の柩に乗って来た勇者たちとたたえた事が、当時の新聞に出ていた。斬り死にや自爆させせよと、山本司令長官は直接命令しなかったかもしれない。しかしこれら報道された事実は、彼も新聞で知り得た筈だ。戦果をあげた後の斬り死にを、山本は無駄な死とは思わなかったのだろうか。優秀な若者にそういう死にざまをさせて、心はいたまなかったのか。その死を天晴れとほめたたえ、二階級特進を与えて足れりとしたのだったのか。

三度目は昭和十七年八月七日から翌年二月七日まで続いたガダルカナル島攻防戦で、島北部のルンガ泊地を攻撃するために行われた。参加者の氏名はもとよりその日時等、私がこの文を草するにあたって、図書館その他でしらべたが、ついにわからなかった。目ぼしい戦史では省略されている。

ただその一隻が昭和十八年五月七日にルンガで、引き揚げられ、米軍が調査したことだけが判明した。第二次三次となるにつれ、報道の扱いは小さくなり、戦後は忘れ去られてしまった。日本の最もすぐれた若者たちが見棄てられることは、まことにいたましい限りである。

単身敵地ふかく潜入するのは、弱者の戦法である。史上有名なのは、秦王の政（後の始皇帝）暗殺未遂事件であろう。BC四世紀から三世紀へかけての戦国時代、列国は覇権をねらう秦の脅威にさらされていた。燕の太子丹は客人荊軻《けいか》の人物を見込んで、秦王暗殺を依頼した。目的を達成しても生還は期待し難い。しかし荊軻は丹の知遇にこたえて、燕の苦境を救うべく、それに応じた。国境の易水のほとりが訣別の場となった。親友の高漸離は喪服で現れ、荊軻のために筑を奏した。荊軻は「風は蕭蕭として易水寒し　壮士一たび去って復た還らず」と吟じて去った。唐代の駱賓王の五言絶句には「この地燕丹に別る　壮士髪冠をつく　昔時人すでに没し　今日水なお寒し」とある。秦の宮廷で荊軻は刃をふるったが、ついに政にはとどかなかった。BC二二七年のことである。荊軻死して高漸離再び筑をうたずという。敵太平洋艦隊最大の基地に潜入しようとした若者たちの心情には、自らの命をかけて、国家の危急存亡を救うのだという気持があふれていたにちがいない。荊軻に寄せられていた期待を、自らに負わせていたと思われるのだ。私と同世代の彼等を今おもうとき、改めて胸せまるものを覚える。

阿川氏の前掲書には甲標的を「山本は『坊や』と称していたが、全艇未帰還の報を聞くと、痛心の様子で、『航空部隊だけでこれだけ成果があると分っていたら、あれはやっぱり、出すんじゃなかったなァ』と言っていたそうである」とある。痛心の様子かしらないが、戦果の打算ばかりだ。はじめから成果が望めないと反対していた参謀たちの、言をとり上げなかった己れの愚に対する反省など、全くみられない。わずかの戦果でも期待していたかのような、いいわけたっぷりの言である。だが思うても見よ。渕田美津雄中佐指揮する百八十三機と、島崎重和少佐の百七十一機、合計三百五十四機が殺到して、爆弾の雨をふらせ、魚雷攻撃をしかけようとしていた。その数からいっても、命中精度からいっても、浪にもまれる小艇五隻の魚雷十本の比ではない。何のためにこのような無意味な用兵をしたのか。まるで気狂い沙汰ではないか。

考えられる第一は、山本の小心である。必敗の信念の持主であった彼は、燕の太子丹が秦に楯つくような心理で、アメリカとのいくさに臨んでいたのだった。当然弱者の発想として、荊軻を必要とした。五隻のもつ十本の魚雷のうち、一つでも当ってくれたら、何かの助けになるという、貧乏根性が若者を無為に死なせる結果となった。

大空襲に十人五隻の特別攻撃隊を加えるというバランス感覚の欠如は、彼の一生を通じてかわらなかった心性に、流れる博徒の血によるものだと私は解釈する。三百五十四機による攻撃が、天候の条件、敵の対応によって、戦果をあげ得ない確率はゼロではない。同様に荊軻が秦王政を仕留めて、その後の歴史を書きかえる確率もゼロではない。賭けのチャンスを見逃すことの出来ないのが、博徒のさがというものであろう。

だがこれが山本の愚将たる所以というものだ。桶狭間の織田信長は二千騎を率いて今川義元の本陣五千を急襲したが、同時に別働隊として五人の刺客を放つような、アンバランスな作戦はとらなかった。大国の今川に対するコンプレックスも無かった。これが信長と山本とのちがいである。

山本はミッドウェー海戦で、空母部隊のうしろ三百浬を進撃していた大艦隊の中に、潜水母艦二隻を伴っていた。これは通常潜水艦への補給、乗務員の休養などを目的とするものである。ところがこの二隻は甲標的十二隻を搭載していた。目的は港湾襲撃でなくて、洋上作戦用である。いったい何処に出る幕があったというのか。敵は空母部隊のさらにずっと先なのだ。山本という人はバランス感覚の欠如もさることながら、よくよく無駄なことの好きな人だったという感じがする。

山本神話の綺麗事とはうらはらの、彼の人命軽視については、不時着して生還した中攻機乗員の扱いをはじめ、くりかえし述べた。これが無駄な特別攻撃隊を下命した大きな原因であるが、全く別な見地からの説を、坂井三郎は「零戦の真実」（講談社）で次のように展開する。周知のように、著者は高名な零戦の操縦者であった。

「開戦劈頭、連合艦隊は空からの攻撃のほかにもう一つ、意味不明の甲標的と呼ばれたほとんど帰還不可能の特殊潜航艇による海からの奇襲を行っている。これから戦争をはじめるというのに、初めから必死の特攻隊を出す作戦がどこにあるか。これは大艦巨砲主義によるものとしか考えられない」

「最初から成功率がゼロに近い特殊潜航艇に甲標的などという奇妙な名前をつけて出撃させたのは、日米開戦の歴史ある初日に亜流である飛行機部隊に先に手柄を上げさせてなるものか、日本海軍の主流水上部隊が飛行機部隊に先がけて第一撃をやったんだという大艦巨砲主義者のはかない意地でしかなかったのではなかったか。これに選ばれた者こそ不運であった。面目を立てるのはいいが、面目の道連れにされる者はたまったものではない」

「九人とも何の戦果をあげることなく行方不明となり、名誉の戦死。つまり最初から『軍神』をつくることに目的があったとしか考えられない」

そして山本司令長官には大艦巨砲主義者に足をひっぱられるところがあったと批判し、

「戦後さまざまな山本像がつくられたが、現実には世間で思われているほど力量は持ち合わせていなかったのかもしれない。私はそう思われてならない」

と控え目に結ぶ。

甲標的の設計者朝雲利美技術中将は、真珠湾攻撃が公表された時「あのような使用法がされるのであったら、あんな艇をつくるのではなかった。あれでは乗員を殺すようなもので可哀想だ。むしろ設計しない方がよかった」と言って涙した。私は司令長官の痛心の様子よりも、技術中将の涙に真実を感じる。

軍神とはいくさの神。昔から洋の東西をとわず武運を守る神があって、いくさに出る武人が祈りをささげた。明治以後の日本では模範とすべき軍人に軍神の名を冠し、個人の神社に祀る風習を生じた。昭和になってからは、神社こそ出来なかったが、軍神は誕生した。中学時代「今事変初の軍神」という新聞の大きな見出しの記事で、西住小次郎戦車隊長が軍神とされたことを知り、現代人が神をつくることに奇異の感をもった。海軍では戦闘機で戦死した南郷茂章少佐が軍神となり、映画でも見た。小学校で教わった広瀬中佐をはじめ、軍神とはすべて一人ずつの軍人であったのに、一度に九人もの軍人が軍神と発表されたことが、衝撃的であった。特別攻撃隊の名のもとに、戦争のただならぬ様相が感じとられた。

牛島氏が指摘したように、軍神にも等級があった。九軍神の名がはじめて新聞に出た時、艇長の士官の写真は大きく、艇付下士官のそれは小さく掲げられていた。岩佐大尉は中佐に進級して正六位勲四等功三級に叙せられ、横山一曹は特務少尉に進級、勲六等功四級に叙せられている。

戦中に多くの人が、最大級の言葉で九軍神をたたえる文章を、新聞雑誌に氾濫させたことが、遺族たちに不自然な生活を強いる圧力となった事は、牛島氏の書にくわしい。横山一曹の長兄鶴美氏は戦後牛島氏に語った。

「母は弟の戦死の公報がはいってからちゅうものは、しょっちゅう泣いとりました。……新聞社の記者なんかは、軍神の母は泣かずなあんてウソばっかり書き立ておった」。「軍神じゃ、軍神じゃと騒がれるのは、他の戦死された方に対して、何かこう悪いような、責めらるるような気がしておりました。同じ国のために、身を捧げたわけですからなあ」。村民そろって十町離れた春日神社に参拝するが、それに参加した事を「毎朝四時に起きて雨の日も嵐の日も、一日も欠かさず日参して、武運長久を祈ったと書いてありましたが、ありゃ大本営発表みたいなもんで」。

敗戦後の日本では、戦中の反動のように、九軍神の遺族に対する白眼視、敵視があらわれた。神風特別攻撃隊最初の関大尉の母君がうけた仕打ちと同様である。心にもない戦中の美辞麗句の地金があらわれ出たということだろうか。小説「海軍」のモデル横山中尉の長兄正蔵氏が、戦後鹿児島へ帰って来て、煙草小売店の許可申請のため、役所へ行った。

「すると、係りン人が、いままでは、そりゃ軍神一家で、何でン特別扱いじゃったろうが、もう時勢が変わったけん、昔のごとはいきませんゾと、ワシが何も言わんうちに、いきなり喧嘩ごしで言われたときゃ、わたしゃいままで何か悪いことばしたのか、弟の正治は時代が変わっただけで、軍神から悪者になったんかと思いました」

と正蔵氏が牛島氏に語ったのは戦後三十五年目のことである。戦中横山家の前を通る人は、家に向かって最敬礼した。町名を横山町にしようとか、横山神社を建立しようとかいう動きまであったのが、戦争直後てのひらを返したような、この有様だったのだ。

ユーモア作家で戦前「悦ちゃん」「沙羅乙女」「胡椒息子」などの長篇連載小説を書いていた売れっ子作家の獅子文六は、九軍神の一人横山正治中尉をモデルにした小説「海軍」を昭和十七年七月一日から年末まで朝日新聞に連載した。はじめの引用にみられるように、開戦の詔勅で「覚醒」させられた国民の一人として、彼は小説の世界よりもロマンチックな現実のすばらしさに感動したと言って、ペンネームを捨て、岩田豊雄の本名で「海軍」を執筆すると宣言した。いうなれば戦前にみられた転向の一種であった。尾崎士郎ならば、その名のままで「海軍」を書いたとしても、違和感は無かったと思うが、獅子文六が「海軍」を書くことは、読者には考え難いことであり、作者本人もばつの悪さを意識したのだろう。そのために本名を名乗って、変身する必要があった。

しかし一年前から変身を予見させるきざしはあったのだ。昭和十六年五月二十二日から開戦直前まで、朝日新聞に連載された「南の風」である。鹿児島出身の男爵家次男宗像六郎太は、西郷隆盛が城山で死なず、南方へ渡り、アンナンで紅大教をひらいて開祖になったと教えられ、その落胤がプノンペンにいるのを、日本に迎え入れる運動に共鳴し奔走する。しかし神戸に着いた人物が偽物とわかった。それでもこりずに、仲間と共に仏印へ行こうとする話である。ユーモア仕立てで、時局にはぴったり適合していた。日独伊三国同盟問題が浮上して以来、北進論、南進論のいずれをとるかの廟堂論議が、北守南進にかたまりつつある時期の連載である。前年の九月二十三日日本軍は北部仏印に進駐していた。連載中の六月二十三日には南部仏印進駐がはじまり、日米開戦の直接原因となった。蘭領東印度（インドネシア）との石油交渉は停滞しながら続けられていた。

ジンギスカンは源義経だったとか、大坂落城の時豊臣秀頼は水路薩摩へのがれ、島津家に身を寄せたとか、歴史奇談は昔からあった。それが与太話である間は良かったが、昭和時代には北進論、南進論を鼓舞し、侵略に利用されたと、長山靖生氏は近著「偽史冒険世界」（ちくま文庫）に書いた。獅子文六もその一翼をかついでいたわけだが、時局の方が先に進んでしまって、ユーモア小説ではとり残される心配を感じたのではないか。九軍神にとびついたのは、皇国民の道を小説にして、それまでの自分でないものを世に示そうとしたのであろう。そのためには本名に立ちかえって、威儀を正さねばならなかった。そしてこの作品が、本名岩田豊雄唯一の作品となった。戦後いちはやく再転向して、獅子文六にもどってしまったからである。最近出版された中公文庫「海軍」も獅子文六の作となっている。

佐賀師範付属国民学校の生徒だった牛場秀彦氏は、毎朝新聞が来るのが待ちきれぬ思いで「海軍」を「熟読」したという。「佐賀は九軍神の一人である広尾彰少尉の出身地であり、私の従兄が彼の出身校の三養基中学時代の柔道教師をしていた。私は岩田豊雄の「海軍」のせいで、すっかり海軍少年だった」と氏は書く（前掲書）。同じようにこの小説で海軍少年となり、海兵や予科練を志願した人たちがいただろう。そういう事に道義的責任を全く感じない、敗戦後の作者であった。

岩田豊雄は「海之日本」昭和十八年一月一日号（海軍協会）に書いた。「大東亜戦争といふものがなかったら、僕はおそらく『海軍』といふ小説を書くこともなかったらうと思ふ。……僕は海軍とは何のゆかりもない素人で、戦争のことは書けないにしても、自分の感激をそのままに放置し難かった」。「主人公が兵学校卒業後、如何なる艦上生活をし、また如何にしてあの立派な戦死を遂げたかといふことに、全然触れなかったのは、一つには素人の想像の及ばざることでもあったからだが、主としては、現在がまだ戦争遂行中であり、機密に触れることを許されなかったからである」「非常に隔靴掻痒の感があるかも知れないが、現在としてはやむを得ぬことである。天がもし僕に寿命を藉せば、戦争終了後に於て、小説の後半を書き足すこともできる」。

しかし戦後の二十四年を生きのびて、歿年に文化勲章をうけた彼は、ついに「海軍」の後半に筆をそめることはなかった。君子豹変すというが、岩田の約束を獅子が反故にする事に、良心の呵責は感じなかったらしい。戦前戦中のすべてを打ち消す風潮の中で、何を好んで敗けた海軍の小説を書く必要があったか。ユーモア小説の獅子にもどった彼は、まさに水を得た魚そのもののように、躊躇することなく、戦後を謳歌する途をえらんだ。傑作といわれた新聞小説「てんやわんや」「自由学校」「やっさもっさ」等が次々に生まれた。進駐軍といわれていた米兵を迎えた屈辱の時代に、それに迎合する上流階級から、米語のスラングと日本語をまざこぜに用いるパンパンという名の娼婦までを網羅し、その屈辱を徹底的にかみしめさせてくれる小説を書きまくって、流行作家の地位をゆるがぬものとした。ついこの間「海軍」に感動した読者の眼からは、これらの作品は許せなかった。

昭和二十五年に中村光夫の「風俗小説論」が出るに及んで、ああこれであったのかと、私は納得した。そういえば「海軍」も彼の風俗小説であったのだ。作者の名前は変えても見る眼は変わっていなかった。だから戦後まもなく角川書店から「現代国民文学全集」の一巻に「海軍」が収録された時、都合の悪いところを修正して出すことが出来た。例えばはじめに引用した開戦の日の感激の文章は、「全国民を覚醒した」を「全国民を驚かした」にかえた。そして「眦を決した人々に、神々しい初冬の碧落が映った」を削除し、「吹き払われ、風なく麗かな」と続けた。こういう小細工で、戦後を生きのびることが出来たのだった。吉川英治も同じようなことをしていた。

しかし世の中にはこの小細工に感心する人もいるのである。評論家安田武は「『海軍』を書いた時においてさえ、岩田豊雄自身は、この作品を熱狂して読んだ当時の読者のように『軍国主義』的ではなかった、ということである。彼は、わずか数行の文字、容易に置き換え可能な言葉のいくらかを、作品の随所に嵌め込むことで、あたかも最も『時局的』な小説であるかの如き作品を書いていた、ということである」(「文学」昭和四十年八月号)と書いた。その上これは「私にとって、どのような文章読本よりすぐれた文筆法に関する教訓でなければならない」「いかに見事に、戦前戦中戦後のそれぞれの時期の状況に対応しているか、むしろ見事に驚嘆するほかない」とまで変身の術をほめそやすのだ。岩田豊雄は世を忍ぶ仮の姿、軍国主義者でなくても軍国主義者を熱狂させるのが、作家のうでの見せどころだったというわけか。乱世を生きた戦中派の安田武が、獅子文六の生きざまを処世の手本としたのは無理からぬことかもしれないが、初期わだつみ会での彼の活動を知る私にとっては鼻白む思いである。左翼史家の羽仁五郎は、戦前戦中に出版した物を、一言一句の修正も無しに出版できる、と戦後に大見得を切った。思想的立場はちがうが、私はこの方に共感をおぼえる。

私の小学校卒業式の日、在校生総代として送別の辞を読んで下さった大段政春君は、中学高校も私と同じで、昭和十六年東大理学部に進学した。卒業後理学部助手として研究実験中、昭和十九年八月十五日爆発事故で殉職した。二十三歳であった。その少し前に大学のキャンパスで、一度だけ彼の姿を見かけた事がある。白の実験衣をつけて煙草をくわえ、考えごとをしている様子だった。私はその時まだ学生だった。殉職の報道は全国をかけめぐった。実験室の事故としては異例のことである。大段君以外に負傷者は無かった。新聞ラジオの扱い方は、まるで九軍神の時の様だった。そして同様に二階級特進と発表された。東大助手から講師をとびこえて助教授に任命され、理学博士の学位が授与されたのである。岩波書店の「近代日本総合年表」社会欄にも「二十三才兵器研究中事故死」とあり、「特進」の文字も出ている。明らかに陸軍情報部あたりを策源とした情報操作であった。

この年はマーシャル諸島のクエゼリン、ルオット両島の玉砕、インパール作戦の開始と撤退、サイパン、テニヤン両島の玉砕と、敗報が続いていた。東條首相は七月十八日に退陣し、二十二日に小磯内閣が成立した。敗色濃厚なことをひたかくしにしたい政府軍部は、国民を感奮興起させるものが、何としてでもほしかった。玉砕は耳新しいものではなくなっていた。神風特別攻撃隊の出現は三か月の先である。たまたま国防科学の第一線で、若いエリートが名誉の戦死のような最期をとげた。指導者がこれを最大限に利用しようとしたのは無理もない。果たせるかな民間人の二階級特進は国民に多大の感銘を与えた。彼につづけの新聞雑誌のよびかけもあり、青少年学徒をふるい立たせるものがあった。彼と同じ自然科学の道を進む私も、危険をかえりみず国民の務めを果たさねばならないと思いさだめた。二階級特進よりも、志をとげずに夭逝した彼がいたましく、その志を受けつぎたいと考えた。

マスコミが大きくとり上げたので、国民の間には、何か起死回生の秘密兵器を研究していたのではないかという噂がひろまった。事故原因は勿論、研究内容など一切秘密にされていたせいもある。噂には尾ひれがついて、戦後には大段君が原爆の研究をしていたらしいと、真顔でいう人までがいた。しかしデマであろうと、戦勢非なる情況の下では、国民の士気を維持するため、むしろ歓迎すべきデマだと、当局者は考えたのではないか。現在明らかにされている事実によれば、陸軍の委託した絶縁体の研究のため、重合体をつくる目的で、触媒の基礎的な実験をしていたのだった。低温をつくるため、安定な液体窒素が必要で、陸軍工廠へもらいに行ったが廻してもらえず、急がされていたため、つい禁忌とされていた液体酸素に手を出して、用いてしまったのが事故原因であった。二階級特進にはこういう事情も配慮されたにちがいない。剖検に立ち会った先輩医師から、肺が破裂していたと聞かされた。

九軍神にとびついた岩田豊雄が、これを黙視するわけはなかった。大段君の母君に、小説にしたいと思うが、彼の生いたち、人となりなど、教えていただけないか、との申し出があった。母君はこの事を、彼の母校神戸一中の旧師真川伊佐雄先生に相談されたところ、言下にきっぱりおことわりする様に、との助言があった。先生は広島文理大の御出身で、私も漢文を教わった。俳文学を研究される孤高の人格者であられた。この事を先生から承ったのは二十年も前で、もう少しくわしくお聞きしておけばよかったのにとくやまれるのである。今思えば先生は岩田にも獅子にも、うさんくさいものを感じとって居られたようだ。大段君をモデルにした小説が生まれなかったことを、残念に思ったこともある。しかしいずれは戦後の進駐軍やパンパンを見る眼で大段君を見ていたことがわかって、興醒めするよりは、ましではなかったかとも思われるのだ。

太平記に出てくる児島高徳のことを詠んだ齋藤監物の詩に「一匕深くさぐる鮫鰐の渕」という句がある。特別攻撃隊はこの句をそのままに、孤独のたたかいの果て、孤独の死をとげた。甲標的は二人乗りであったが、その後に出来た人間魚雷回天は一人乗りになった。脱出装置は無く、突入できてもできなくても、一人だけの死であった。高校の同窓、東大生和田稔少尉は、回天訓練中の事故で海底にとじこめられ、せまい空間で孤独に耐えつつ死を迎えた。舵の故障で沈下がもどらず、逆推進できない構造上の欠陥から、やわらかい海底に頭部を突っ込んだままになってしまったのだった。
甲標的は豆潜水艦といわれたように、まだ艦艇として設計されていた。しかし回天は九三式魚雷そのものを二本切断し、爆薬部ばかり二本分を前後につなぎ、中央の接合部に操縦席をつけたものである。人間はどこまで残酷になれるかという標本のような設計だ。つぎはぎ構造の無理の上に、魚雷の高速が加わって、故障が続出した。訓練開始第二日の昭和十九年九月六日、すでに黒木博司大尉と樋口孝大尉が故障で殉職していた。黒木大尉は回天の開発者であって、脱出装置をつけることに反対した人である。性能を落とさないためという理由だった。国粋派の平泉澄教授の心酔者であったという。戦後の集計で回天戦死者八十名に対して、訓練中の事故死は十六名、九十六名中の十六・六%を数えている。艇というよりは、あまりにも粗末な兵器であった。

昭和十九年十一月二十日未明、第一次回天作戦として、菊水隊五名が二隻の潜水艦から発進し、サイパンとパラオの中間にあるウルシー環礁の敵機動部隊を攻撃した。十二月二日呉で行われた軍令部、連合艦隊、第六艦隊の会合で、正規空母三隻と戦艦二隻を轟沈したという大戦果が報告されたが、翌年一月予定の金剛隊による第二次回天作戦のため、秘密にされた。しかし戦後の敵側資料では、損失はタンカーのミシシネワ二万三千《トン》一隻沈没と六十名死亡のみであった。重油とディーゼル油約十万《バレル》、ガソリン四十万《ガロン》の爆発炎上と、珊瑚礁に当たった二発の魚雷の爆発とが、遠望した潜水艦からは、誤報のような大戦果にみえたらしい。

菊水隊のことは、一月十二日と二十一日の金剛隊二十四名によるウルシー、ホーランジア、グアム、パラオへの攻撃の戦果とともに、昭和二十年三月十五日大戦果として大本営から発表され、神潮特別攻撃隊の名で、人間魚雷の事実が明らかにされた。神風特別攻撃隊とともに、外道作戦のはじまりであったが、わが身を魚雷と一体化して、敵艦に突入する壮烈な行為には、ただならぬ衝撃を覚えた。その感動は今も忘れない。彼等のみたまに対して、生き残って馬齢を重ねた身は、今のような日本になってしまったことを恥じ、詫びるのみである。当時の日記に書き残した短歌をしるして、せめてもの志をとどめておきたい。

黒潮の潮の八百路《やほぢ》をおしわけて玉と砕けしますらをの伴《とも》
大君のみことかしこみ言挙げせずわだつみ深く逝きたまひしか
わだつみの巌もとどろ砕けにし益良武夫《ますらたけを》がいのちかなしも
砕け散るしぶきを染めしくれなゐは永久《とは》につきせぬおもひなりけり

山口多聞少将の最期

対米英戦争の勝敗が決したのがミッドウェー海戦であったことは、多くの史家が認めるところであるが、戦争は廟堂密室の無策によって、それから三年以上も続けられた。「多くの指導者たちにとっては、戦争を続けることの方がそれをやめることよりもやさしかったからであった」と奥宮正武元海軍中佐は書いた（「真実の太平洋戦争」ＰＨＰ研究所）。海軍あって国家なし。戦争のための戦争が無意味に続けられ、そのために多くの犠牲をまねいた真相が、このアッケラカンとした旧軍人の言葉によく示されている。

敗戦の実態を直視して対応することの無かった責任を免れるため、上級軍人ほど敗戦が決定的となった時期をおくらせようとする。山崎重暉海軍中将は「レイテ戦に敗れた昭和十九年十二月ごろには、終戦にすべきであったと思う」と書く（「回想の帝国海軍」図書出版社）。艦艇保有量がアメリカの十七・〇％になった段階で何をいうかと、言いたいところだが、廟堂密室はその後半年以上も手をあげなかったのだから、ひどいものだ。

戦力が逆転した以上、資源力生産力から考えて、攻勢終末点をこえた前線を維持することは不可能であり、頽勢は加速することを思えば、ミッドウェー戦後に終戦への努力をすべきであった。しかしそう判断した者でも、行動に出ることはなかった。東條首相のごとき、平和克復を口にしただけで断圧した。前述のように私の先輩田所広泰氏は投獄され、再起できずに病死する。民間人は勿論、軍人といえども命がけの覚悟が無ければ、出来ることではなかった。だが日本の歴史の転換期は、そういう犠牲によって、切り拓かれて来たのである。先にあげた保阪正康氏ならずとも、もしミッドウェー海戦で戦争をやめていたらの慨嘆に堪えない。

この時点で日本の敗戦を決定的だと判断した人が、日本には少なくとも三人いたと私は思う。山口多聞、山本五十六、米内光政である。山口少将は自決し、山本大将は自決のような殺され方をした。米内大将のみ戦後まで永らえた。戦前の昭和十四年八月平沼内閣の海相として、石渡蔵相から対米戦争の場合の見通しをきかれ「勝てる見込みはありません」とはっきり言ってのけた彼が、ミッドウェー完敗の時点で敗戦必至と判断したことは、理の当然である。彼が戦後アメリカのオフスティ海軍少将にそう判断していたと言ったことは、前にとりあげた。しかしその時点ではみだりに口にできることではなく、彼が終戦工作にのり出すのは戦争の最終段階で、真剣に取り組んだのは、原爆とソ連襲来を招いてしまったあとの話である。そして両者を天佑といってのけたのだった。

ミッドウェー海戦で、空母ヨークタウン撃沈という、わが方唯一の戦果をあげた司令官山口多聞少将が、なぜ死をえらんだのか。よくいわれる理由、多数の部下を失い、戦いに敗れ、陛下のふねを沈めて申し訳けないというのならば、山本や南雲こそ死ぬべきであった。山口は死をいそぎすぎた。再びたたかって、うらみのいくさを果たすべきであった。という批判の生ずる所以である。

沈みゆく飛龍の艦長加来大佐が、自分のみが艦に残ればよいのだからと、退艦をすすめても、彼はことわって、一緒に残るといった。葉隠に「二つ二つの場合にて、早く死ぬかたに片付くばかりなり」とあるが、生死いずれをとるかの場合、死をとるとは、彼のかねての覚悟であったという。それにしても、なぜこの時点で、死の方をとったのか。

当時大本営発表のあと、私は海軍報道部長平出英夫大佐のラジオ放送をきいた。月をながめながら、司令官と艦長が交わす、淡淡とした会話を講談調にものがたっていた。その中に芝居気がかった所があって、気になったのだったが、戦後それが吉川英治の一枚かんだフィクションだったと知った。こういう俗物の雑音をぬきにして、死を前にした明鏡止水の境地は、事実であったと思われる。だがそこまで到達するまでの心境はどうであったか。私は無念の一語に尽きたと思う。

開戦以来彼の積極的で合理的な意見具申は、ことごとく山本五十六連合艦隊司令長官はじめ上司の南雲忠一中将とその幕僚たちに却けられ、重大な局面で陽の目を見ることなく、そのため連合艦隊は失敗をかさねて来た。彼の戦略戦術が生かされないため、勝つべきいくさを失うばかり、ついに彼我の形勢は逆転するにいたったのだ。国力から見てその差はひらくばかりであろう。日本は米海軍を撃破する力を失ったと、彼が認識するのは当然であった。彼は山本、南雲が死なないことを知っていた。これら愚将のいるかぎり、そして日本海軍の硬直した人事序列のあるかぎり、戦争の前途にのぞみは無い。我が事おわれり。そして敗れる祖国に殉ずる気持になったのではないか。

気の弱い者の厭世自殺ではない。彼は連合艦隊随一の闘将であった。敵に加えた攻撃のやいばは、一空母を刺すにとどまった。その攻撃意欲は戦いすんでもとどまらず、自分自身の命を断つことに向けられた。憤死が彼の死の意味であったと私は思う。生きのびた山本も南雲も、口には出さぬが山口の心を感じていたにちがいない。それをプロテストととったか、あてつけと感じたかはわからない。だが山口最後の明鏡止水の心境は、心の中のたたかいを超克した果ての到達点であったのだ。

東郷を抜擢した山本権兵衛のような海軍大臣がいたら、山口多聞連合艦隊司令長官が生まれていただろう。そしてニミッツを二十六番目の順位から太平洋艦隊司令長官に抜擢した米海軍と互角のたたかいが出来ていたにちがいない。もう一人の闘将角田覚治少将は山口の死をきいて、「(海兵一期下の)山口少将を連合艦隊司令長官にしてやりたかった。彼の下でなら喜んで部将として働くのであったのに」とおしんだ(奥宮「前掲書」)。プランゲは「山口のような積極的な有能の将を失ったことは、日本海軍にとって重大な損失であったが、裏を返せば、アメリカは山口が自決したことによって、自らの手を下すことなく、大きなポイントを稼いだことになった」と書いている(「ミッドウェーの奇跡」原書房)。

客観性の乏しい私見であるが、もう一人連合艦隊司令長官になってほしかった人物の名を書きとどめておきたい。中学時代のわが学友、海兵70期の田路嘉鶴次君である。昭和十九年十二月二日夜比島沖でレーダー射撃の十字砲火に沈んだ駆逐艦桑の水雷長、海軍大尉、享年二十四歳だった。彼のことは神風の旧著にも書いた。忘れること出来ない友である。

山本五十六大将の最期

山本連合艦隊司令長官の死を私が知ったのは、昭和十八年五月二十一日のラジオ放送大本営発表であった。動転して、司令長官が戦死したのなら旗艦大和もやられたにちがいない。艦隊が大敗北したのかと思った。よくきいていると、飛行機上の戦死ということで、多少は愁眉をひらいたものの、前途の不吉な予感は去らなかった。二月にはガダルカナル島転進という名目の敗北撤退が報ぜられていた。戦局に一喜一憂することなくと、軍の情報部はくりかえすが、一憂一憂ばかりなのにと反感を持っていた頃のことである。

山本戦死の真相が暗号解読による米軍の謀殺であるとは、戦後になるまで当の海軍が知らなかった。現在調査がすすみ、検屍記録まで明らかにされている。明白な事実は山本司令部が中攻機二機に分乗し、六機の零戦が護衛についていたところを、米戦闘機ロッキードP38十六機が襲撃し、中攻機はおとされ零戦は帰還、P38は一機のみが落とされたという事である。場所はラバウルを出発して一時間半後ブーゲンビル島南端のブイン上空であった。到着時間を解読で知った米軍は、山本が時間に正確な性格であることを知っていた。帰還した零戦の搭乗者は、懲罰的に過酷な命令を出され、右手首切断の負傷で戦列をはなれた柳谷謙治飛行兵長をのぞいた五人は戦死した。

山本の戦死を覚悟の自殺とする説ははじめからあった。生出寿氏は前掲書でそれを紹介するとともに否定された。これについて私なりの見解を次に述べてゆこうと思う。前にも記したが、山本は昭和十五年と十六年とに、近衛首相の質問にこたえて「半年や一年」あるいは「一年や一年半」は「ずいぶん暴れてごらんにいれます。しかし二年や三年となっては、まったく確信はもてません」と言っている。山本に好意的な人は、はじめ暴れて戦果をあげたあと、有利な立場で講和にもちこんでくれ、あとは駄目だという意味であったという。それならそうとはっきり言わない曖昧さは終生かわらなかった。もともと小室直樹氏のいうように、山本は必敗の信念の持主であった。戦争が長びいては困るのだ。しかしアメリカ人がやられっぱなしで講和に応じると思ったとしたら、大きなまちがいであった。この問答での山本の心理については前に論じた。

　この山本戦略を一撃講和というならば、山本の死後も廟堂密室は徹底的に固執した。いくら落ち目になっても、一撃を与えてから講和するんだといいつづけ、自他をあざむいて敗北をくりかえし、そのたびに戦線は本土に近づき、ついには本土決戦で一撃を与えてから終戦という狂態にいたるのである。さすがにその直前にくいとめられたが、それを御用史家評論家は終戦美談にしてしまった。

　山本の暴れるは半年もたずに空言と化してしまった。ミッドウェーの敗戦で、確信がもてない事態が二、三年早く到来してしまった。彼に人間としての誠意があったならば、当然近衛に対して、約束を守れなかったことを、率直にわびるべきであった。同時にそれは国民に対する約束でもあったのだから、「もう暴れる力が無くなりました」と正直に告白してわびるべきであった。その上で終戦活動に乗り出していたならば、彼も本当の英雄となっていただろう。無論生命の危険は伴うことである。しかし現実には、彼はそれをしなくても不慮の死をとげたのである。

　山本が誠実をつらぬくためには、まず敗戦の事実を明らかにしなければならなかった。その気があれば、昭和十七年六月十日の大本営発表の虚偽を訂正すべきであった。しかし大本営も山本も、最後までウソを通してしまった。ウソにウソを重ねて、国民をだまし、国民が気がついた時、連合艦隊は消滅してしまっていた。誠実という点で、山本はじめ海軍高級軍人の人格が疑われるのである。

故會田雄次氏は、日露戦争で旅順開城したステッセル将軍が、故国の軍法会議で死刑判決をうけ、後に減刑された例をあげ、日本では敗戦責任が問われたことがない、と嘆ぜられた（「正論」平成七年七月号）。ミッドウェー海戦出撃の直前に東京から呉まで芸者をよびよせるような醜行も、勝っておれば英雄色を好むと一笑に付されたかもしれない。斎戒沐浴どころか醜行のはてに天下分け目のいくさにのぞみ、為すこともなく大敗を喫した提督に対して、ステッセルのような死刑判決とまではゆかずとも、更迭の処分ぐらいはすべきであった。米海軍では敗戦はもとより、勝利の場合も疑問があれば査問委員会がひらかれていたのだ。

公表では勝っているのに、司令長官をクビにすることは出来ない。山本は腹心とともに処分を免れ、地位を保全しつつ、さらに愚戦をかさねてゆく。ガダルカナルの攻防に、せっかくの大和の巨砲を生かす道を考えず、航空機の消耗をつづけた。ガ島敗退後のい号作戦まで、愚戦はやむことが無かった。この作戦でラバウルを飛び立ったわが軍は、敵の諜者のいる島島の上空を、二、三時間もかけて飛行したあげく、敵の待ちかまえるガ島上空に到着し、十数分の滞空の後にはもう帰路につかねばならない。この無謀な航空戦のために、大切な空母機まで陸上にまわし、補充困難になってしまった。まさにミッドウェーの失敗の上ぬりである。昔なら家来が「殿、御乱心か」といさめるところだ。負けのこんだ博奕打ちが、勝負の勘をうしなっても、損をとりかえそうと、下手な勝負をつづけたようなものだった。

山本には博才があって、モナコのカジノで大当たりをとって、さわがれたという伝説がある。またブリッジの名人といわれた。しかし一方では彼のブリッジはブラフ（はったり）が身上で、それを見破れば組しやすかったという、横山一郎元少将の説もある。戦闘中作戦室での博奕については前に記した。唯一つの成功とされた真珠湾の戦果も、前述のように彼の大博奕であった。そして最後の賭けに負けたのだった。これを日本敗戦の第一原因にする人さえあり、ルーズヴェルトの宣伝もあって、日本は世界の悪者にされてしまった。佐藤賢了陸軍中将にいたっては、山本を論じて、「その罪万死に値す」といった。要するに彼は女好きの博奕打ちだけでいてくれた方が良かったのだ。

山本の人格において、唯一つよみすべきは、彼が自決を決意したことであろう。従来その根拠とされたのは、七か月前に書いた遺書である。「いざまてしばし若人ら死出の名残の一戦を華々しくも戦ひてやがてあと追ふわれなるぞ」と結ぶ。だがこれは決死の覚悟を示すものであるとも考えられる。

自決説に対する反論では、戦死の日まで山本の近くにいた人達が、彼の言動に自殺を思わせる兆候の片鱗もなかった事を証言しているのが、強い証拠とされる。だがこれは彼一流のブラフであったと私は解釈する。山本は作戦計画の肝腎な所でも、めったに肚のうちを人に示さず、そのための齟齬がしばしば批判される程であった。まして心の奥底の死への傾斜は誰にも見られたくない秘密であった。彼に自殺する気が無かったという人は、そのポーカーフェイスにだまされたのである。小心者の彼は南雲以上に自分の責任を感じ、山口の自決におくれをとったうしろめたさに、責められていた。死をいつも意識していたと思われる。だから第三艦隊司令長官の小沢治三郎中将の、零戦五十機の護衛をつけるという申し出をことわって、六機のみにした。しかもベテランを一人もえらばなかった。陸軍の第八方面軍司令官今村均中将が二か月前に中攻機に乗って来た時、山本と同じブイン上空で米戦闘機三十機におそわれ、危うく助かった話をして、直接山本に自重を求めたがきかなかった。二分間の戦闘ですべてはおわった。生出氏は山本が楽観しすぎていたため、隙をつかれて討たれたのだという。この見解にも山本のブラフがきいていると私は思う。

ミッドウェーの敗戦が公式に認められていない以上、山本は山口のような、まともな自決はできなかった。日本敗戦の責をとるにも、それとは知れない方法をとるしかなかった。五十機の護衛戦闘機を六機にしたのは、彼の最後の賭けではなかったか。モナコのカジノで大当たりをした彼の最期は、ロシアンルーレットであった。拳銃の弾倉に一発だけ弾丸を入れ、クルクル廻転させたあと、銃口をこめかみに当てて賭けるものである。この時P38と遭遇しなかったとしても、必ずや他日同じ賭けに出て、いずれは不慮の死をとげたであろう。暗殺のような自決によって、山本はのぞみ通り悲劇の英雄とされた。だが私は、彼が国民を信用せず、ミッドウェーで国民をあざむき、それをかくしたまま世を去ったことを、許すことは出来ない。おのれの無能のゆえに、大勢の若者を無駄に死なせた愚将の贖罪の道は、唯一つ和平に命を賭けることであったはずだ。

あとがき

昭和のはじまりは私の人生のはじまりでもあった。昭和二年に小学校に入学した私は、友にも師にも恵まれ、つらい事や悲しい事があっても、人並みにたのしい幼少の時を過ごすことが出来た。昭和という時代は希望にあふれているように感じられた。それを変えていったのは戦争である。小学五年の秋に満洲事変が、中学五年の夏に支那事変が始まった。旧制高校を卒業する時に大東亜戦争が始まり、大学卒業の年にそれが終わった。人生二十五年といわれていたが、多くの友がそのとしを待たずに亡くなった。私が生き残ったのは偶然の重なりによるものであるが、それ以上に身代りとなった同世代の人たちの犠牲によるものである。こんな敗け方をするために戦ったのではなかった。今の日本の姿は本当ではない。これでは死んだ友に会わす顔が無いではないか。そう思いながらいつしか馬齢をかさね、半世紀以上を過ごしてしまった。もはや生きて祖国の輝ける姿を見る望みは絶え果てた。戦死した若い友が、後事を託すと言い残した言葉を、老残の身で祈りと共に書きとどめる以外に道は無い。この書は私の敬愛し礼拝する祖国への遺書となった。

戦後しばらく、私は田舎の山野を自転車で走り廻る、出来たての医者であった。神聖な国土にむざむざと旧敵国の軍隊を跳梁させる屈辱をかみしめながら、やけくそで自転車をとばした。曲りきれずに小川にとびこんだ事もある。家では平家物語を耽読した。戦中戦後を移りあるいた持物の中に、たまたま残っていたからだが、註釈の無い原文を、わかってもわからなくても、くりかえし読んだ。今思いかえしてもあの時の心境に、あれほどぴったりしたものは無かった。多くの悲劇を残した戦争がすんだばかりの頃であった。

えびらに梅をかざった梶原源太景季のように、桜の小枝を胸にさした私の学友慶大生島澄夫海軍少尉は、昭和二十年四月五日宇佐空を飛び発って、沖縄特攻へ向かった。発進直前九九式艦爆の翼にかけ上がって別れの言葉を交わした早大生辻井弘少尉は、島君の目に涙があふれるのを見た。平家物語の一つ一つのエピソードが、現実と重ねあわさって、心にせまった。ついには「おごれる人も久しからず。ただ春の夜の夢のごとし。たけき者もつひにはほろびぬ。ひとへに風の前の塵に同じ」学生時代の私が国家の元兇、不倶戴天の敵とした東條首相は、軍政軍令まで掌握し、憲兵隊をつかって幕府を築いたが転落失脚、戦後は戦犯として囹圄の身となった。亀井勝一郎はそれを、敗れた武将が囚われて都大路を曳き廻されたとたとえた。諸行無常が身にしみた。

人生は悲劇なりとは、戦中をおくった私の前半生の実感であった。戦乱の世を叙事詩に昇華した平家物語に惹かれたのは当然であろう。戦争は私の人生を抹殺こそしなかったが、大きく変えてしまった。こんな大事はそうあるものではない。戦後はどうしてあんな事になってしまったのか、他に道は無かったのかという疑問をもちつづけ、史料をあさった。埋もれていた無名の人たちの手記を読み、残された想いをしのびつつ、何時の日かそれを集大成して、平家物語のようなものを書き上げたいという、大それた望みを持つようになった。しかしその望みも空しく、いたずらに歳月のみが過ぎてしまったことに愕然として、先年特攻五十年の鎮魂「神なき神風」を私家版で上梓した。学友たちを非業に死なせたものの正体はなんであったかを追及し、彼等の気持にせまろうとしたのであった。

小堀桂一郎氏がその書評を「月曜評論」にお寄せ下さった縁で、月刊誌になる前の同紙に書かせていただくことになった。目次のうち「敗戦を無条件降伏にした戦後の日本人たち」（原題「誰が無条件降伏にしたのか」）「明治の天佑と昭和の天佑」「阿川海軍と神津海軍」「山口多聞少将の最期」「山本五十六大将の最期」は「月曜評論」平成九年五月から十年十二月にかけて発表したものである。さらにテーミス社が続きをとり上げて、月刊「テーミス」に平成十二年七月号から半年間連載して下さった。それに加筆したのが「昭和の悲劇と米内光政」で、他は未発表である。米内光政にしぼって書くことをすすめて下さった「月曜評論」の中澤茂和氏、連載をして下さった「テーミス」の伊藤寿男氏に、心からの感謝を捧げたい。

多年の念願であった平家物語とは、似ても似つかぬ代物になってしまったが、文中どこかの断片に、平家物語の香りをかぎとって下さる読者がお一人でも居られたら、著者として望外のしあわせ、以て瞑すべしとしたい。

平成十四年五月三十一日

三村　文男（みむら　ふみお）
1920年兵庫県神戸市生まれ。満洲帝国建国大学中退。第一高等学校を経て、1945年東京帝国大学医学部卒業。勤務医を経た後、現在まで神戸市長田区で開業医を営む。戦記物、特に第二次世界大戦史の論評は鋭い。著書に『神なき神風』(テーミス)。『月曜評論』、『月刊テーミス』での連載も新しい視点で好評を博した。

米内光政と山本五十六は愚将だった
「海軍善玉論」の虚妄を糾す

2002年7月1日　初版第1刷発行
2006年8月15日　　第6刷発行

著　者　三村文男
発行者　伊藤寿男
発行所　株式会社テーミス
東京都千代田区一番町13-15　KGビル　〒102-0082
電話　03-3222-6001　Fax　03-3222-6715
印刷
製本　株式会社平河工業社

　ISBN4-901331-06-X